职业院校化工类专业"十四五"规划教材

化工设备

主　编◎张俊义

副主编◎王　葶　于　涛　谢古城

主　审◎李　平　初保卫

华中科技大学出版社
http://press.hust.edu.cn
中国·武汉

内 容 简 介

  全书内容共分为三篇九个模块,包括压力容器、化工管道、阀门、换热设备、塔设备、储存设备、离心泵和齿轮泵、离心压缩机和罗茨鼓风机、动设备机组对中找正。职业教育所培养的技术技能人才需要具备的是关于化工设备的基本知识、化工设备的常规操作与维护技能、化工设备的故障排除与检维修能力。据此,本教材内容在具体编写时采取如下策略:压力容器部分突出基础专业知识培养;化工管道、阀门和静设备突出结构识读、操作与维护;动设备突出原理理解、结构识读和检维修作业。本教材内容的知识与技能应用特征显著,符合职业教育技术技能人才培养的现实定位。

图书在版编目(CIP)数据

化工设备/张俊义主编.—武汉:华中科技大学出版社,2024.8
ISBN 978-7-5772-0538-0

Ⅰ.①化…　Ⅱ.①张…　Ⅲ.①化工设备-职业教育-教材　Ⅳ.①TQ05

中国国家版本馆 CIP 数据核字(2024)第 039131 号

化工设备
Huagong Shebei

张俊义　主编

策划编辑:聂亚文
责任编辑:王晓东　张会军
封面设计:孢　子
责任校对:王亚钦
责任监印:周治超
出版发行:华中科技大学出版社(中国·武汉)　　　电话:(027)81321913
    武汉市东湖新技术开发区华工科技园　　　邮编:430223
录　　排:武汉三月禾文化传播有限公司
印　　刷:武汉市籍缘印刷厂
开　　本:787mm×1092mm　1/16
印　　张:14.25
字　　数:326 千字
印　　次:2024 年 8 月第 1 版第 1 次印刷
定　　价:48.00 元

序言

化工设备是原料到产品得以顺利实现的硬件基础。化工设备是为化工生产服务的，典型化工设备的工作原理、结构、操作与维护等是化工生产技术技能人才应具备的基本专业知识。本教材对接职业教育技术技能人才培养实际需求，融入化工设备检维修作业"1+X"职业技能等级证书考核知识与技能内容，以化工生产领域主要化工设备为载体，以化工设备结构、原理、操作与维护、检维修技术等方面为主，突出专和精，每个模块力求贴近工作实际，对化工设备相关知识和技能点进行产业化应用并与实践融合，使教材内容有效对接职业教育实际。使用本教材教学，能够培养学习者化工设备职业基本素养和职业技能并达到触类旁通、迁移应用的效果。

本教材内容由宁夏工商职业技术学院张俊义、王荨、谢古城三位老师和中国石油天然气集团有限公司宁夏石化分公司技师于涛编写，由全国石油与化工教育教学名师、宁夏大学李平教授对理论部分进行审阅，由全国劳动模范、中国石油天然气集团有限公司技能专家初保卫对实践部分进行审阅。该教材可供职业院校化工类专业人才培养和企业职工培训使用。

由于编者水平有限，疏漏或欠妥之处在所难免，敬请读者提出宝贵意见和建议，以便本教材修订时补充更正。

目　　录

概　　述

化工生产过程中的各种装置由不同类型的设备所构成,化工产品是按照一定的工艺生产过程,利用与之相配套的化工设备进行生产的。以煤制烯烃生产过程为例,如图 0-1 所示,从煤到聚乙烯、聚丙烯的生产,大概要经历煤气化、CO 变换、合成气净化、甲醇合成、甲醇制烯烃、烯烃分离、聚合、混炼及挤压造粒等多个工段,每一个工段都由相应的设备来支撑,比如煤气化有气化炉,甲醇制烯烃和烯烃分离有各类塔设备,挤压造粒有挤压造粒机等。

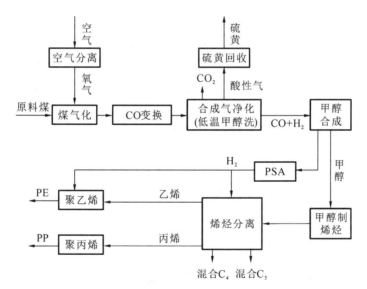

图 0-1　煤制烯烃工艺流程

当然,每一个工段也不只是需要一台或几台设备,实际上,每一个工段都需要很多设备,并为之配套相应的管路、阀门及仪表等硬件条件才能实现相应的工艺生产。可见,化工生产离不开化工设备,化工设备是化工生产必不可少的物质技术基础,是生产力的主要因素之一,是化工产品质量保证体系的重要组成部分。

化工生产工艺的进步会对化工设备提出更高的要求,进而推动化工设备的技术升级;化工设备的进步也会让受硬件基础限制的化工生产过程得以实现,进而提升化工生产工艺的技术水平,生产出许多新的产品,提高生产效率。比如,早期合成氨的规模化生产需求对高压往复式氮氢气压缩机和高压氨合成塔的研制提出技术要求；大型压缩机和超高压容器的研制成功，使人造金刚石的构想变成现实，使高压聚合反应得以实现。可见，化工设备与化工生产工艺是相辅相成、相互促进的关系。

化工生产过程复杂、工艺条件苛刻，介质大多易燃、易爆、有毒、腐蚀性强，加之生产装置大型化、生产过程具有连续性与自动化程度高等特点，要求化工设备既要能满足工艺过程的要求，又要能安全可靠地运行，同时还应具有较高的技术经济指标及便于操作和维护的特点。

1. 工艺性能要求

化工设备是为化工生产服务的，因此设备在结构形式和性能特点上应能在指定的生产条件下完成指定的生产任务。首先，应达到工艺指标，如反应设备的反应速度、换热设备的传热量、塔设备的传质效率、储存设备的储存量等；其次，还应有较高的生产效率和较低的资源消耗，化工设备的生产效率是用单位时间内单位体积所完成的生产任务来衡量的，如换热设备在单位时间内单位传热面积上的传热量、反应设备在单位时间单位容积内的产品数量等。资源消耗是指生产单位质量或体积产品所需的原料、燃料、电能等。化工设备选用时应从工艺、结构等方面考虑提高生产效率和降低资源消耗。

2. 安全性能要求

化工生产的特点要求化工设备必须要有足够的安全性。国内外生产实践表明，化工设备发生事故的频次较高，而且事故的危害性极大。为了保证化工设备安全可靠地运行，防止事故的发生，化工设备必须具有足够的强度、刚度和稳定性，良好的韧性、耐腐蚀性和可靠的密封性。

化工设备及其零部件要有足够的强度，以保证设备安全运行。设备是由一定的材料构成的，其安全性与材料的强度密切相关，在相同条件下，提高材料的强度可以减小设备的尺寸、减轻设备的重量。但是如果过分追求高强度材料，不仅使材料和制造成本增加，而且高强度钢一般韧性都较差，由于制造时的焊接等原因，不可避免地存在如裂纹、夹渣、气孔等缺陷，加之使用中产生的疲劳及应力腐蚀等，如果材料韧性差，可能因其本身的缺陷或在波动载荷作用下而发生脆性断裂，这就要求制造设备的材料要有良好的韧性，所以选材时要注意材料的综合性能。

化工设备的刚度与其结构、尺寸和材料的种类有关，强度足够的设备刚度不一定满足要求。刚度不足是化工设备失效的主要形式之一，如在法兰的连接中，若法兰刚度不足而发生过度的变形，将会导致密封失效，外压容器刚度不足，超过临界压力时将会使外压容器发生失稳。

化工设备必须要有可靠的密封性，否则易燃、易爆、有毒的介质泄漏，不仅使生产和设备本身受到损失，而且威胁操作人员的安全、污染环境，甚至引起爆炸，造成极其严重的后果。

耐腐蚀性也是保证化工设备安全运行的一个基本要求，化工生产中的酸、碱、盐腐蚀性很强，许多其他介质也都有程度不同的腐蚀性，腐蚀不仅使设备壁由厚减薄，而且有可能改变材料的组织和性能，因此要选择合适的耐腐蚀材料或采取相应的防腐蚀措施，以提高设备的使用寿命和运行的安全性。

3.使用和经济性能要求

化工设备在满足工艺要求和安全可靠运行的前提下,要尽量做到适用和经济合理。要求设备结构合理、制造简单,成本低廉,运输与安装方便,操作、控制及维护简便,基本建设投资和日常维护、操作费用低,以获得较好的综合经济效益。

本教材包含三篇九个模块,内容涉及压力容器,化工管道,阀门及典型动、静设备的工作原理、结构、操作与维护等知识。学习本教材内容,可以使学习者具备从事化工设备运行操作,工艺运行控制以及化工设备维护,主要化工设备零部件装配、更换和调整等工作所需的化工设备知识和技能基本职业能力。

第一篇

化工设备基础

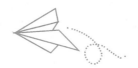

模块一 压力容器

在化工生产中,换热设备、塔设备、储存设备等不同类型的化工设备形状结构差异很大,尺寸大小千差万别,内部构件更是多种多样,且作用各不相同。但就其外形而言,它们都有一个承压的外壳,这个外壳就是压力容器,压力容器是化工设备外部壳体的总称。

《固定式压力容器安全技术监察规程》(TSG 21-2016)(简称《容规》)规定的压力容器应同时具备以下条件。

(1) 工作压力大于或等于 0.1 MPa。

(2) 容积大于或者等于 0.03 m³并且内直径(非圆形截面指截面内边界最大几何尺寸)大于或等于 150 mm。

(3) 盛装介质为气体、液化气体以及介质最高工作温度高于或等于其标准沸点的液体。

其中的工作压力是指在正常工作情况下,压力容器顶部可能达到的最高压力(表压力);容积是指压力容器的几何容积,即由设计图样标注的尺寸计算(不考虑制造公差)并且圆整,一般需要扣除永久连接在压力容器内部的内件的体积;容器内介质为最高工作温度低于其标准沸点的液体时,如果气相空间的容积大于或者等于 0.03 m³时,也属于本规程的适用范围。

需要注意的是,《容规》所适用条件定义下的压力容器并不代表所有压力容器,不在此规程适用范围的压力容器还有很多,如移动式压力容器、气瓶、氧舱;军事装备、核设施、航空航天器、铁路机车、海上设施和船舶以及矿山井下使用的压力容器;正常运行工作压力小于 0.1 MPa 的容器(包括与大气连通的在进料或者出料过程中需要瞬时承受压力大于或者等于 0.1 MPa 的容器);旋转或者往复运动的机械设备中自成整体或者作为部件的受压器室(如泵壳、压缩机外壳、涡轮机外壳、液压缸、造纸轧辊等);板式热交换器、螺旋板热交换器、空冷式热交换器、冷却排管;常压容器的蒸汽加热盘管、过程装置中的管式加热炉等。

▎知识与技能 1 压力容器类型

从不同的角度考虑,压力容器有不同的分类方法,常见的分类方法有以下几种。

1. 按压力等级分类

按承压方式分类,压力容器可分为内压容器与外压容器。内压容器又可按设计压力大小分为四个压力等级,具体划分如下。

低压容器:$0.1\ \text{MPa} \leqslant p < 1.6\ \text{MPa}$。

中压容器:$1.6\ \text{MPa} \leqslant p < 10\ \text{MPa}$。

高压容器:$10\ \text{MPa} \leqslant p < 100\ \text{MPa}$。

超高压容器:$p \geqslant 100\ \text{MPa}$。

在外压容器中,当容器的内压小于一个标准大气压时又称为真空容器。

2. 按用途分类

按压力容器在生产中的用途,可分为反应容器、换热容器、分离容器、储存容器等。

(1) 反应容器。主要用于完成介质的物理、化学反应的容器。如反应器、反应釜、聚合釜、合成塔、气化炉等。

(2) 换热容器。主要用于完成介质热量交换的容器。如管壳式余热锅炉、热交换器、冷却器、冷凝器、蒸发器、加热器等。

(3) 分离容器。主要用于完成介质流体中不同组分分离的容器。如分离器、过滤器、蒸发器、干燥塔等。

(4) 储存容器。主要用于储存或盛装气体、液体、液化气体等介质的容器。如液化气储罐、原油储罐、球罐等。

3. 按相对壁厚分类

按容器的壁厚可分为薄壁容器和厚壁容器。当筒体外径与内径之比 $D_\text{o}/D_\text{i} \leqslant 1.2$ 时,称为薄壁容器;$D_\text{o}/D_\text{i} > 1.2$ 时,称为厚壁容器。

4. 按支承形式分类

当容器采用立式支座支承时称为立式容器,用卧式支座支承时称为卧式容器。

5. 按材料分类

当容器由金属材料制成时称为金属容器,用非金属材料制成时,称为非金属容器。

6. 按几何形状分类

按几何形状分类,压力容器可分为圆筒形、球形、椭圆形、锥形、矩形等。

7. 按安全技术监察规程的要求分类

以上几种分类方法,都只是考虑了压力容器的某个方面,并不能全面准确地反映容器的整体技术和安全状态。为了技术管理和监督检查上区别对待不同安全要求的压力容器,在《容规》中,按照压力容器的压力等级、容积大小、介质的危害程度将压力容器分为Ⅰ、Ⅱ、Ⅲ类。其中第Ⅲ类压力容器最为重要,要求也最严格。而其中介质的性质对压力容器的影响尤为重要。

1) 介质分组

压力容器的介质分为以下两组。

第一组介质:毒性危害程度为极度或高度危害的化学介质、易爆介质、液化气体。

第二组介质:除第一组以外的介质。

2) 介质危害性

介质危害性指压力容器在生产过程中因事故致使人体与介质大量接触,发生爆炸或者因经常泄漏引起职业性慢性危害的严重程度,用介质毒性危害程度和爆炸危险程度表示。

(1) 毒性介质。

综合考虑急性毒性、最高容许浓度和职业性慢性危害等因素,极度危害介质最高容许浓度为小于 0.1 mg/m³;高度危害介质最高容许浓度为 0.1～1.0 mg/m³;中度危害介质最高容许浓度为 1.0～10.0 mg/m³;轻度危害介质最高容许浓度为大于或者等于10.0 mg/m³。

(2) 易爆介质。

易爆介质指气体或者液体的蒸气、薄雾与空气混合形成的爆炸混合物,并且其爆炸下限小于 10%,或爆炸上限和爆炸下限的差值大于或者等于 20%的介质。

(3) 介质毒性危害程度和爆炸危险程度的确定。

介质毒性危害程度和爆炸危险程度按照《压力容器中化学介质毒性危害和爆炸危险程度分类标准》(HG/T 20660—2017)确定。HG/T 20660—2017 没有规定的,由压力容器设计单位参照《职业性接触毒物危害程度分级》(GBZ 230—2010)的原则,确定介质组别。

3) 分类方法

(1) 基本划分。

压力容器的分类应当根据介质特征,按照以下要求选择类别划分图,再根据设计压力 p(单位 MPa)和容积 V(单位 m³),标出坐标点,确定压力容器类别。

第一组介质压力容器类别划分见图 1-1;第二组介质压力容器类别划分见图 1-2。

(2) 多腔压力容器分类。

多腔压力容器(如热交换器的管程和壳程、夹套压力容器等)应当分别对各压力腔进行分类,划分时设计压力取本压力腔的设计压力,容积取本压力腔的几何容积;以各压力腔的最高类别作为该多腔压力容器的类别并且按照该类别进行使用管理,但是应当按照每个压力腔各自的类别分别提出设计、制造技术要求。

(3) 同腔多种介质压力容器分类。

一个压力腔内有多种介质时,按照组别高的介质分类。

(4) 介质含量极小的压力容器分类。

当某一危害性物质在介质中含量极小时,应当根据其危害程度及其含量综合考虑,按照压力容器设计单位确定的介质组别分类。

(5) 特殊情况的分类。

坐标点位于图 1-1 或者图 1-2 的分类线上时,按照较高的类别划分;简单压力容器统一划分为第Ⅰ类压力容器。

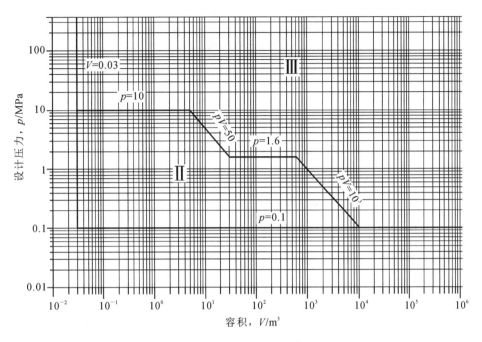

图 1-1　第一组介质压力容器类别划分

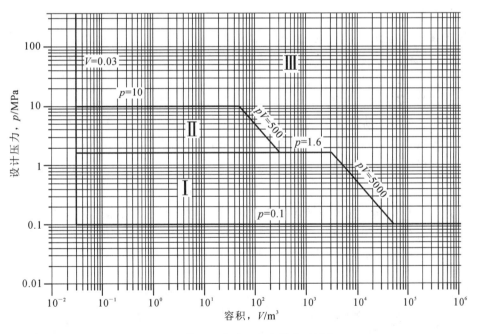

图 1-2　第二组介质压力容器类别划分

知识与技能 2　压力容器结构识读

压力容器一般由筒体、封头、支座、法兰、开孔接管、人孔、安全附件等组成,如图 1-3 所示。

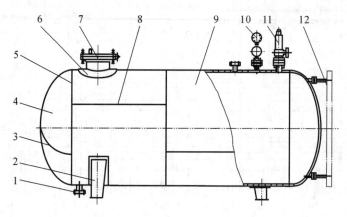

图 1-3　压力容器的总体结构

1—法兰;2—支座;3—封头拼接焊缝;4—封头;5—环焊缝;6—补强圈;7—人孔;8—纵焊缝;
9—筒体;10—压力表;11—安全阀;12—液面计

1.筒体

筒体是压力容器的主要组成部分,是储存物料,完成传质、传热或化学反应所需要的受压空间,其材质和几何尺寸由工艺性质和设计计算确定。低、中压压力容器的筒体一般采用圆筒形和球形结构,高压、超高压压力容器的筒体一般采用圆筒形结构。圆筒形筒体制造容易、安装内件方便,而且承压能力较好,是最常用的筒体结构。

由于压力容器的筒体存在与封头、法兰、鞍式支座(卧式容器)等相匹配的问题,对筒体公称直径定义如下:对于用钢板卷制而成的圆筒,公称直径就是其内径;对于用无缝钢管制作的圆筒,公称直径是钢管的外径。

2.封头

如图 1-4 所示,封头按其形状可分为凸形封头、锥形封头和平板封头。其中,凸形封头包括球形封头、蝶形封头和椭圆形封头三种。锥形封头分为无折边的和带折边的两种。平板封头根据它与筒体连接方式的不同也有多种结构。

(a) 球形封头　　(b) 蝶形封头　　(c) 椭圆形封头　　(d) 锥形封头　　(e) 平板封头

图 1-4　封头类型

在化工生产中最先采用的是平板封头、球形封头及无折边的锥形封头,这几种封头加工制造比较容易,但当压力较高时,在平板中央,或在封头与筒体连接处易产生变形甚至破裂,因此,这几种封头只能用于低压。

为了提高封头的承压能力,在球形封头或无折边的锥形封头与筒体连接的地方加一段小圆弧过渡,就形成了蝶形封头与带折边的锥形封头。这两种封头所能承受的压力与不带圆弧过渡的封头相比,要大得多。

随着生产的进一步发展,要求化学反应在更高的压力下进行,这就出现了半球形与椭圆形的封头。在封头形状发展的过程中,从承压能力的角度来看,半球形、椭圆形最好,蝶形、带折边的锥形次之,而球形、不带折边的锥形和平板形最差。

不同形状的封头之所以承压能力不同,主要是因为它们与筒体之间的连接过渡不同,导致边缘应力大小不同。在筒体与封头的连接处,筒体的变形和封头的变形不相协调,互相约束,自由变形受到限制,这样就会在连接处出现局部的附加应力,这种局部附加应力称为边缘应力。边缘应力随封头形状不同而异,但其影响范围都很小,只存在于连接边缘附近的局部区域,离开边缘稍远一些,边缘应力迅速衰减,并趋于零。正因为如此,在工程设计中,一般只在结构上做局部处理,如改善连接边缘的结构,对边缘局部区域进行加强,提高边缘区域焊接接头的质量及尽量避免在边缘区域开孔等。

3.法兰连接

在化工生产中,由于工艺要求及设备制造、安装、检修的方便,设备上的工艺接管与管道之间、管道与管道之间、某些设备的筒体与封头之间、筒体与筒体之间都需要采用可以拆卸的连接,常见的可拆连接有螺纹连接和法兰连接。由于法兰连接有较好的强度、刚度、密封性和耐腐蚀性,而且适用的尺寸范围较大,在设备和管道上都可使用,因此被广泛采用。

1）法兰连接结构

法兰连接是由一对法兰、一个垫片、数个螺栓和螺母组成,如图 1-5 所示。容器筒体与封头、筒体与筒体的连接所用的法兰称为压力容器法兰,管道与管道连接所用的法兰称为管法兰。法兰的外轮廓形状,除了最常见的圆形外,还有方形和椭圆形,如图 1-6 所示。方形法兰有利于把管子排列整齐紧凑,椭圆形法兰多用在阀门和小直径的高压管上。

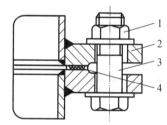

图 1-5　法兰连接的组成

1—螺母;2—法兰;3—螺栓;4—垫片

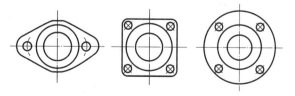

图 1-6　法兰的外轮廓形状

2）法兰连接的密封

法兰连接的失效主要表现为泄漏,因此对法兰连接不仅要确保各零件有一定的强度,使其在工作条件下长期使用不易损坏,更重要的是要求在工作条件下,法兰整个系统有足够的刚度,控制泄漏量在工艺和环境允许的范围内,即达到"密封不漏"。

流体在垫片处的泄漏有两种途径。一是流体通过垫片材料本体的毛细管渗漏,称为"渗透泄漏",它除了受介质的压力、温度、黏度、分子结构等流体状态的影响外,主要与垫片的结构和材质有关;另一种是流体沿着垫片与法兰的接触面泄漏,称为"界面泄漏",其泄漏量的大小主要与界面的间隙有关,是法兰连接泄漏的主要形式。法兰连接的密封就是在螺栓压紧力的作用下,使垫片产生变形填满法兰密封面上凹凸不平的间隙,阻止流体沿界面泄漏,达到密封的目的。

3) 法兰的结构类型

(1) 压力容器法兰的结构类型。

如图 1-7 所示,标准压力容器法兰有甲型平焊法兰、乙型平焊法兰和长颈对焊法兰 3 种类型,适用标准见《压力容器法兰、垫片、紧固件》(NB/T 47020~47027—2012)。

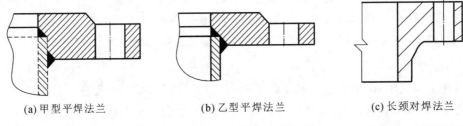

(a) 甲型平焊法兰　　　　　(b) 乙型平焊法兰　　　　　(c) 长颈对焊法兰

图 1-7　压力容器法兰类型

甲型平焊法兰是法兰盘直接与容器的筒体或封头焊接,法兰的刚度较小,容易变形,易引起密封失效,所以适用于压力较低、筒体直径较小的情况,甲型平焊法兰适用的公称压力为 0.25~1.6 MPa,温度为 −20~300 ℃。乙型平焊法兰是法兰盘先与一个厚度大于筒体壁厚的短节焊接,短节再与筒体或封头焊接,这样增加了法兰的刚度,因此适用于压力较高、筒体直径较大的场合。乙型平焊法兰适用的公称压力为 0.25~4.0 MPa,温度为 −20~350 ℃。长颈对焊法兰用根部增厚且与法兰盘为一整体的颈取代了乙型平焊法兰中的短节,更有效地增大了法兰的刚度,适用的压力更高,长颈对焊法兰适用的公称压力 0.6~6.4 MPa,温度为 −70~450 ℃。

压力容器法兰的密封面有平面型、凹凸型和榫槽型 3 种形式,如图 1-8 所示。其中甲型平焊法兰只有平面型和凹凸型,乙型平焊法兰和长颈对焊法兰 3 种形式都有。

(2) 管法兰的结构类型。

管法兰包括带颈平焊法兰、带颈对焊法兰、承插焊法兰、板式平焊法兰、平焊(对焊)环松套法兰、整体法兰、(衬里)法兰盖等,适用标准见《钢制管法兰、垫片、紧固件》(HG/T 20592~20635—2009)。其中,以板式平焊法兰、带颈平焊法兰和带颈对焊法兰最为常用,如图 1-9 所示。

管法兰的密封面有突面、凹面或凸面、榫面或槽面、全平面和环连接面 5 种形式,如图 1-10 所示。

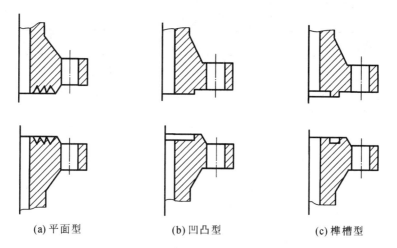

(a) 平面型   (b) 凹凸型   (c) 榫槽型

图 1-8 压力容器法兰密封面形式

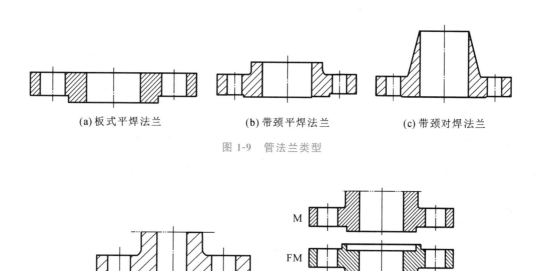

(a) 板式平焊法兰   (b) 带颈平焊法兰   (c) 带颈对焊法兰

图 1-9 管法兰类型

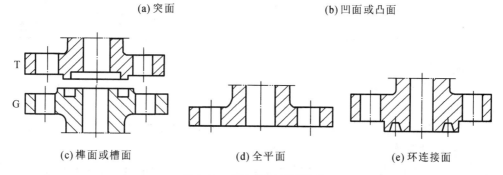

(a) 突面   (b) 凹面或凸面

(c) 榫面或槽面   (d) 全平面   (e) 环连接面

图 1-10 管法兰密封面形式

常用管法兰类型及密封面形式适用范围见表 1-1。

表 1-1　常用管法兰类型及密封面形式适用范围(摘录)

法兰类型	密封面形式	公称压力 PN								
		2.5	6	10	16	25	40	63	100	160
板式平焊法兰(PL)	突面(RF)	DN10~DN2000	DN10~DN600							
	全平面(FF)	DN10~DN2000	DN10~DN600							
带颈平焊法兰(SO)	突面(RF)		DN10~DN300	DN10~DN600						
	凹面(FM)凸面(M)			DN10~DN600						
	榫面(T)槽面(G)			DN10~DN600						
	全平面(FF)		DN10~DN300	DN10~DN600						
带颈对焊法兰(WN)	突面(RF)				DN10~DN2000	DN10~DN600		DN10~DN400	DN10~DN350	DN10~DN300
	凹面(FM)凸面(M)				DN10~DN600			DN10~DN400	DN10~DN350	DN10~DN300
	榫面(T)槽面(G)				DN10~DN600			DN10~DN400	DN10~DN350	DN10~DN300
	全平面(FF)				DN10~DN2000					
	环连接面(RJ)							DN15~DN400		DN15~DN300

4) 标准法兰的选用

法兰由于使用的面广、量大,为了便于批量生产,提高生产效率,降低生产成本,保证质量和便于互换,我国有关部门制定了法兰的相关标准。法兰作为一种标准件进行生产和使用,其公称直径和公称压力是标准法兰的两个基本参数。

(1) 法兰的公称直径。

公称直径是为了使用方便将容器及管子标准化以后的标准直径,用"DN"表示。压力容器法兰的公称直径是指与法兰相配套的容器或封头的公称直径。管法兰的公称直径是指与其相连接的管子的公称直径,它既不是管子的内径,也不是管子的外径,而是接近管子内外径的某个整数。无缝钢管和化工厂常用的水、煤气输送钢管(有缝管)的公称直径见表1-2和表1-3。

表1-2 无缝钢管的公称直径 （单位:mm）

公称直径 DN	80	100	125	150	175	200	225	250	300	350	400	450	500
外径 D_o	89	108	133	159	194	219	245	273	325	377	426	480	530
无缝钢管做筒体时公称直径 DN				159		219		273	325	377	426		

表1-3 化工厂常用的水、煤气输送钢管(有缝管)的公称直径

公称直径 DN	mm	6	8	10	15	20	25	32	40	50	70	80	100	125	150
	in	$\frac{1}{8}$	$\frac{1}{4}$	$\frac{3}{8}$	$\frac{1}{2}$	$\frac{3}{4}$	1	$1\frac{1}{4}$	$1\frac{1}{2}$	2	$2\frac{1}{2}$	3	4	5	6
外径 D_o	mm	10	13.5	17	21.25	26.75	33.5	42.5	48	60	75.5	88.5	114	140	165

（2）法兰的公称压力。

法兰的公称压力是指某种材料制造的法兰,在一定的温度下所能承受的最大工作压力,用"PN"表示,是法兰承载能力的标志。

压力容器法兰的公称压力是指在规定的螺栓材料和垫片的基础上,用Q345R钢制造的法兰,在200 ℃时所允许的最大工作压力。如公称压力1.6 MPa的压力容器法兰,就表明用Q345R钢制造的法兰,在200 ℃时所允许的最大工作压力为1.6 MPa。同样是在200 ℃,若所选法兰的材料比Q345R差,则最大允许工作压力低于其公称压力;若所选法兰的材料优于Q345R,则最大允许工作压力就高于其公称压力。同样是用Q345R钢制造的法兰,当使用温度高于200 ℃时,则最大允许工作压力低于其公称压力。不同类型压力容器法兰的公称压力与最大允许工作压力的关系见表1-4、表1-5。

表1-4 甲型、乙型法兰适用材料及最大允许工作压力(摘录) （单位:MPa）

公称压力 PN	法兰材料		工作温度/℃			
			−20～200	250	300	350
0.25	板材	Q235B	0.16	0.15	0.14	0.13
		Q235C	0.18	0.17	0.15	0.14
		Q245R	0.19	0.17	0.15	0.14
		Q345R	0.25	0.24	0.21	0.20
	锻件	20	0.19	0.17	0.15	0.14
		16Mn	0.26	0.24	0.22	0.21
		20MnMo	0.27	0.27	0.26	0.258

公称压力 PN	法兰材料		工作温度/℃			
			−20~200	250	300	350
0.6	板材	Q235B	0.40	0.36	0.33	0.30
		Q235C	0.44	0.40	0.37	0.33
		Q245R	0.45	0.40	0.36	0.34
		Q345R	0.60	0.57	0.51	0.49
	锻件	20	0.45	0.40	0.36	0.34
		16Mn	0.61	0.59	0.53	0.50
		20MnMo	0.65	0.64	0.63	0.60

表 1-5　长颈法兰适用材料及最大允许工作压力(摘录)　　　　(单位:MPa)

公称压力 PN	法兰材料 (锻件)	工作温度/℃					
		−20~200	250	300	350	400	450
1.6	20	1.16	1.05	0.94	0.88	0.81	0.72
	16Mn	1.60	1.53	1.37	1.3	1.23	0.78
	20MnMo	1.74	1.72	1.68	1.60	1.51	1.33
	15CrMo	1.64	1.56	1.46	1.37	1.30	1.23
	14Cr1Mo	1.64	1.56	1.46	1.37	1.30	1.23
	12Cr2Mo1	1.74	1.67	1.60	1.49	1.41	1.33
2.5	20	1.81	1.65	1.46	1.37	1.26	1.13
	16Mn	2.50	2.39	2.15	2.04	1.93	1.22
	20MnMo	2.92	2.86	2.82	2.73	2.58	2.45
	20MnMo	2.67	2.63	2.59	2.50	2.37	2.24
	15CrMo	2.56	2.44	2.28	2.15	2.04	1.93
	14Cr1Mo	2.56	2.44	2.28	2.15	2.04	1.93
	12Cr2Mo1	2.67	2.61	2.5	2.33	2.20	2.09

　　对于管法兰,当公称压力 PN≤4 MPa 时,公称压力指用 20 号钢制造的法兰在100 ℃时所允许的最高无冲击工作压力;当公称压力 PN≥6.3 MPa 时,公称压力指 Q345 钢制造的法兰在 100 ℃时所允许的最高无冲击工作压力。当温度高于 100 ℃时,最高无冲击工作压力低于公称压力。但无论哪种材料的法兰,在任何温度下,其最高无冲击工作压力均不超过公称压力,这一点与压力容器法兰不同。管法兰的公称压力与最高无冲击工作压力的关系见表 1-6。

表 1-6 管法兰的最高无冲击工作压力(摘录) （单位：MPa）

公称压力 PN	法兰材料类别	工作温度/℃								
		≤20	100	150	200	250	300	350	400	425
0.25	Q235	0.25	0.25	0.225	0.2	0.175	0.15			
	20	0.25	0.25	0.225	0.2	0.175	0.15	0.125	0.088	
	Q345	0.25	0.25	0.245	0.238	0.225	0.2	0.175	0.138	0.113
0.6	Q235	0.6	0.54	0.48	0.42	0.36				
	20	0.6	0.54	0.48	0.42	0.36	0.3	0.21		
	Q345	0.6	0.59	0.57	0.54	0.48	0.42	0.33	0.27	
1.0	Q235	1.0	1.0	0.9	0.8	0.7	0.6			
	20	1.0	1.0	0.9	0.8	0.7	0.6	0.5	0.35	
	Q345	1.0	1.0	0.98	0.95	0.9	0.8	0.7	0.55	0.45
1.6	Q235	1.6	1.6	1.44	1.28	1.12	0.96			
	20	1.6	1.6	1.44	1.28	1.12	0.96	0.8	0.56	
	Q345	1.6	1.6	1.57	1.52	1.44	1.28	1.12	1.88	0.72

（3）法兰的选用。

在工程应用中,除特殊工作参数和结构要求的法兰需要自行设计外,一般都是选用标准法兰,这既可以减少容器设计的计算量,也可增加法兰的互换性,降低成本,提高制造质量。因此,合理地选用标准法兰是非常重要的。法兰的选用就是根据容器或管道的设计压力、设计温度及介质特性等条件由法兰的标准来确定法兰的类型、材料、公称直径、公称压力、密封面的形式,垫片的类型、材料及螺栓、螺母的材料等。

压力容器法兰的选用步骤如下。

① 根据法兰标准中的公称压力和容器的设计压力,且按设计压力小于等于公称压力的原则就近选择一个公称压力,若设计压力非常接近这一公称压力且设计温度高于200 ℃,则可提高一个公称压力等级,从而初步确定法兰的公称压力。

② 由法兰公称直径、容器设计温度和以上初定的公称压力查《压力容器法兰、垫片、紧固件》(NB/T 47020～47027—2012),并考虑不同类型法兰的适用温度,初步确定法兰的类型。

③ 由工作介质特性、容器的设计温度,结合容器所用材质对照法兰标准中规定的压力容器法兰常用材料确定法兰的材料。

④ 由法兰类型、材料、工作温度和初步确定的公称压力查表 1-4 或表 1-5,得到允许的最大工作压力。

⑤ 比较:若所得最大允许工作压力大于等于设计压力,则原初步确定的公称压力就是所选法兰的公称压力,若最大允许工作压力小于设计压力则提高公称压力或调换优质材料,使得最大允许工作压力大于等于设计压力,从而最后确定出法兰的公称压力和类

型(因有时公称压力提高会引起类型的改变)。

⑥ 由工作介质特性查表 1-7 确定密封面形式,密封面形式代号见表 1-8。

⑦ 由法兰类型及工作温度查标准中的"法兰、垫片、螺柱、螺母材料匹配表"确定垫片、螺柱、螺母的材料。

表 1-7　压力容器法兰密封面形式

介质特性		密封面形式
一般介质		平面
易燃、易爆、有毒介质		凹凸面
剧毒介质		榫槽面或法兰焊唇的焊死结构
真空系统	真空度＜660 mmHg	平面
	真空度 660～759 mmHg	凹面/凸面、榫面/槽面
	高真空的严格场合	法兰焊唇的焊死结构

表 1-8　压力容器法兰密封面形式代号

密封面形式	代号
突面	RF
凹面	F
凸面	M
榫面	T
槽面	G

管法兰的选用步骤:

① 按管法兰与相连接的管子应具有相同公称直径的原则,确定管法兰的公称直径。

② 先按同一设备的主体、接管、法兰应具有相同的设计压力的原则,确定法兰的设计压力,再按法兰设计压力小于等于公称压力的原则就近选择一个公称压力,若设计压力非常接近这一公称压力则可提高一个公称压力等级,从而初步确定管法兰的公称压力。

③ 由公称压力和法兰材料(由接管材料和设计温度确定)查表 1-6,得出管法兰的最高无冲击工作压力。

④ 比较:若所得最高无冲击工作压力大于等于设计压力,则原初步确定的公称压力就是所选法兰的公称压力,若最高无冲击工作压力小于设计压力则提高公称压力等级,使得最高无冲击工作压力大于等于设计压力,从而最后确定出管法兰的公称压力和类型(因有时公称压力提高会引起类型的改变)。

⑤ 由公称直径、公称压力,查表 1-1 或管法兰标准中相关表格,结合介质特性确定管法兰类型和密封面形式。

⑥ 查《钢制管法兰、垫片、紧固件》(HG/T 20252～20635—2009)确定垫片、螺柱、螺母的材料。

4. 开孔与补强

1）开孔类型及对容器的影响

为了实现正常的操作和安装维修,需要在容器的筒体和封头上开设各种孔。如物料进出口接管孔,安装安全阀、压力表、液面计的开孔,为了容器内部零件的安装和检修方便所开的人孔、手孔等。

容器开孔以后,不仅使容器的整体强度削弱,而且由于容器结构的连续性被破坏,使孔边缘局部区域内的应力显著增加,其最大应力值有时可达正常器壁应力的数倍,这种局部应力增大的现象称为应力集中。在开孔边缘除了应力集中现象外,开孔焊上接管后,在接管上的其他外载荷、容器材质及制造缺陷等各种因素的综合作用下,开孔接管处往往会成为容器的破坏源。因此对容器开孔应予以足够的重视,采取适当的补强措施,以保证其具有足够的强度。

2）对容器开孔的限制

容器开孔后在孔边产生了应力集中,而应力集中的程度取决于开孔的大小、容器的壁厚及直径等因素。若开孔很小且有接管,这时接管可以使强度的削弱得以补偿,但若开孔过大、特别是薄壁容器,应力集中很严重,补强则较为困难。为此《压力容器》(GB 150—2011)对在容器上开孔作了如下限制。

(1) 当圆筒内径 $D_i \leqslant 1500$ mm 时,开孔最大直径 $d \leqslant D_i/2$,且 $d \leqslant 520$ mm;当圆筒内径 $D_i > 1500$ mm 时,开孔最大直径 $d \leqslant D_i/3$,且 $d \leqslant 1000$ mm。

(2) 凸形封头或球形封头上开孔时,开孔最大直径 $d \leqslant D_i/2$。

(3) 锥形封头上开孔时,开孔最大直径 $d \leqslant D_i/3$,D_i 为开孔中心处锥形封头内径。

(4) 在椭圆形或碟形封头的过渡区开孔时,孔的中心线宜垂直于封头表面。

(5) 壳体开孔满足下列全部条件时,可不另行补强(不采取专门的补强措施)。

① 设计压力不超过 2.5 MPa。

② 两相邻开孔中心的间距(对曲面间距以弧长计算)应不小于两孔直径之和的两倍。

③ 接管外径不超过 89 mm。

④ 接管最小壁厚满足表 1-9 的要求。

表 1-9　开孔接管的最小壁厚

接管外径/mm	25	32	38	45	48	57	65	76	89
最小壁厚/mm		3.5			4.0		5.0		6.0

3）补强结构

容器上开孔若不能满足以上可不另行补强的条件,就需要采取专门的补强措施。常用的补强结构有补强圈补强、厚壁接管补强和整锻件补强,具体结构如图 1-11 所示。

(1) 补强圈补强。

补强圈补强又称贴板补强,如图 1-11 中的(a)、(b)、(c)所示,在接管处容器的内外壁上围绕着接管焊上一个圆环板,使容器局部壁厚增大,降低应力集中,起到补强的作用。补强圈补强结构简单、制造容易、价格低廉、使用经验成熟,在中低压容器上被广泛使用。

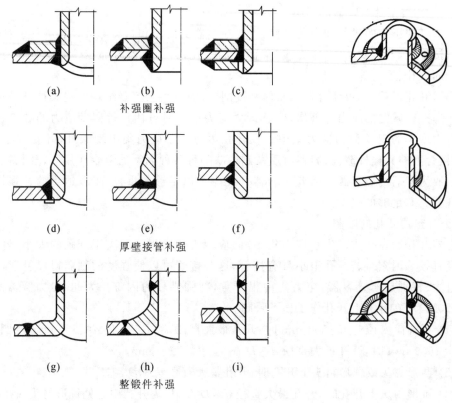

图 1-11 补强结构

补强圈补强与厚壁接管补强和整锻件补强相比存在如下缺点。

① 补强圈补强金属不够集中,补强效果不够理想。由于补强圈是在一定区域内平均补强,故在应力集中较大的孔边补强作用显得不足,在离开孔边较远处则显得多余,没有使补强金属集中在最需要补强的部位。

② 补强圈与壳体之间存在着静止的空气层,传热效果差,在壳体与补强圈之间容易引起温差应力。

③ 补强圈与壳体焊接,形成内、外两圈封闭的焊缝,增大了焊件的刚性,不利于焊缝冷却时的收缩,容易在焊接接头处造成裂纹,特别是对焊接裂纹敏感性高的高强度钢则更为突出。

④ 补强圈没有真正与壳体形成一个整体,所以抗疲劳性能较差。

鉴于以上缺点,补强圈补强只有在同时满足以下三条时才可应用。

① 被补强壳体材料的标准拉伸强度不超过 540 MPa。

② 被补强壳体的名义厚度不超过 38 mm。

③ 补强圈的厚度不超过壳体的名义厚度的 1.5 倍。

（2）厚壁接管补强。

厚壁接管补强如图 1-11 中的（d）、（e）、（f）所示，在开孔处焊上一个特意加厚的短管，这样可有效地降低开孔周围应力集中的程度，采用插入式接管补强效果更佳。

厚壁接管补强结构简单、焊缝少，接头质量容易检验，补强效果好。目前已被广泛应用于高强度低合金钢容器的结构。当用于重要设备时，在确保焊接质量的前提下，焊缝应采用全焊透结构，这种形式的补强效果接近于整锻件补强。

（3）整锻件补强。

整锻件补强是在开孔处焊上一个特制的整体锻件，如图 1-11 中的（g）、（h）、（i）所示，补强金属集中在应力最大的部位，采用对接焊接且使接头远离应力集中区域，补强效果最好，特别是抗疲劳性好。但锻件加工复杂且成本高，所以只用在重要的设备上。

5.人孔、手孔及接管

1）人孔和手孔

为了设备内部构件的安装和检修方便，需要在设备上设置人孔或手孔。人孔和手孔都是标准件，石油化工行业常用的人孔、手孔标准是《钢制人孔和手孔》（HG/T 21514～21535—2014），它与管法兰标准《钢制管法兰、垫片、紧固件》（HG/T 20592～20635—2009）相对应。公称直径和公称压力是人孔、手孔的两个基本参数，标准人孔、手孔的选用方法和管法兰类似。人孔的结构形式与设备的操作压力、介质特性及人孔盖的开启方式等有关，化工设备上常用的人孔结构如图 1-12 至图 1-15 所示。人孔公称直径为 400～600 mm，其中公称直径 DN400 的人孔最常用，室外设备和寒冷地区的设备人孔直径可选大一点。

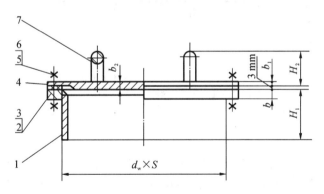

图 1-12 常压人孔

1—筒节；2—法兰；3—垫片；4—法兰盖；5—螺栓；6—螺母；7—把手

常压人孔是最简单的一种人孔，用于常压设备上。对于受压容器，当人孔轴线与水平面平行时可选垂直吊盖人孔或回转盖人孔；当人孔轴线垂直于水平面时可选水平吊盖人孔或回转盖人孔。当容器的内径为 450～900 mm 时，一般不考虑设置人孔，可开设手孔。设备内径大于 900 mm 时至少应设置一个人孔；设备内径大于 2500 mm 时，顶盖与筒体上至少应各开设一个人孔。

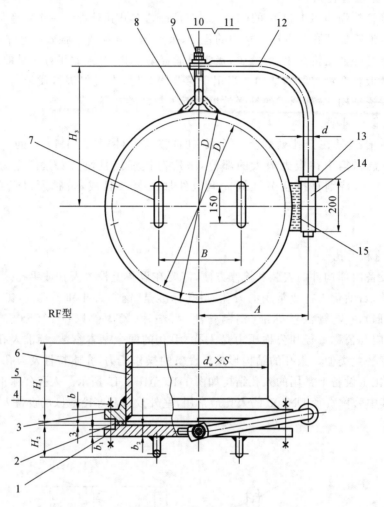

图 1-13　垂直吊盖带颈平焊法兰人孔(单位:mm)

1—法兰盖;2—垫片;3—法兰;4—六角头螺栓(全螺纹螺柱);5,10—螺母;6—筒节;7—把手;8—吊环;9—吊钩;
11—垫圈;12—转臂;13—环;14—无缝钢管;15—支承板

2) 接管

化工设备上使用接管大致可分为两类。一类是通过接管与供物料进出的工艺管道相连接,这类接管一般都是带法兰的短接管,直径较粗,如图 1-16 所示。接管伸出长度 L 需要考虑保温层的厚度及便于安装螺栓等因素,可按表 1-10 选取。接管上焊缝与焊缝之间的距离不得小于 50 mm,对于铸造设备的接管可与设备一起铸出,如图 1-17 所示。

对于直径较小、伸出长度较大的接管,则应采用管接头进行加固。对于 DN≤25 mm,伸出长度 L≥200 mm,以及 DN=32～50 mm,伸出长度 L≥300 mm 的任意方向的接管,均应设置支撑筋板,如图 1-18 所示,筋板支撑尺寸见表 1-11。

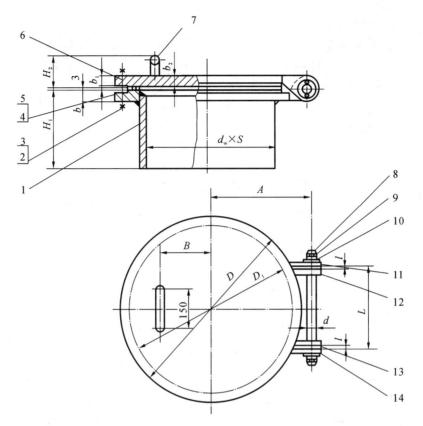

图 1-14　回转盖板式平焊法兰人孔(单位:mm)

1—筒节;2—六角头螺栓(全螺纹螺柱);3—螺母;4—法兰;5—垫片;6—法兰盖;7—把手;8—轴销;

9—销;10—垫圈;11、14—盖轴耳;12,13—法兰轴耳

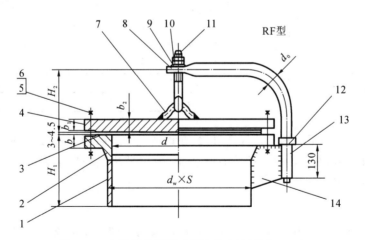

图 1-15　水平吊盖带颈对焊法兰人孔(单位:mm)

1—筒节;2—法兰;3—垫片;4—法兰盖;5—全螺纹螺柱;6、10—螺母;7—吊环;8—转臂;9—垫圈;

11—吊钩;12—环;13—无缝钢管;14—支承板

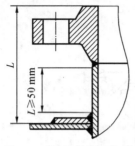

图 1-16　带法兰的短接管

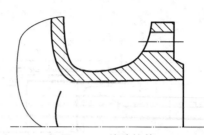

图 1-17　铸造接管

表 1-10　接管伸出长度　　　　　　　　　　　　　　　　　　（单位：mm）

保温层厚度	接管公称直径	最小伸出长度 L	保温层厚度	接管公称直径	最小伸出长度 L
50～75	10～100	150	126～150	10～50	200
	125～300	200		70～300	250
	350～600	250		350～600	300
76～100	10～50	150	151～175	10～150	250
	70～300	200		200～600	300
	350～600	250			
101～125	10～150	200	176～200	10～50	250
	200～600	250		70～300	300
				350～600	350
				600～900	400

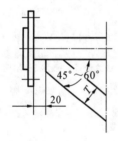

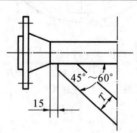

图 1-18　支撑筋板结构

表 1-11　筋板支撑尺寸　　　　　　　　　　　　　　　　　　（单位：mm）

筋板长度	200～300	301～400
筋板宽度 B×筋板厚度 T	30×3	40×5

　　另一类接管是为了控制工艺操作过程,在设备上需要装设一些接管,以便和压力表、温度计、液面计等相连接。此类接管直径较小,可用带法兰的短接管,也可用带内、外螺纹的短管直接焊在设备上。

　　6.支座

　　支座的作用是支承固定容器,不同的容器可采用不同类型的支座。对大中型的卧式容器常用鞍式支座,大型的塔式容器常用裙式支座,小型容器常用的支座有支承式支座、耳式支座、腿式支座等。

　　1）鞍式支座

　　鞍式支座有焊制和弯制两种结构形式。焊制鞍式支座是由一块底板、一块腹板、若干个筋板,在大部分情况下还有一块垫板所组成;弯制鞍式支座底板和腹板是用同一块钢板弯制,有时也有筋板和垫板。当容器的公称直径大于 900 mm 时采用焊制鞍式支座,当公称直径在 900 mm 以下时,可采用弯制鞍式支座,也可采用焊制鞍式支座。鞍式支座的结构及在卧式容器中的应用如图 1-19 所示,图 1-19(d)分别给出了带垫板(左侧)和不带垫板(右侧)的两种结构。一台卧式容器一般都是用两个鞍式支座来支承,为了使容器在壁温变化时能沿其轴线自由收缩,所以一个用固定式(F 型),另一个用滑动式(S 型)。固定式鞍座底板上的螺栓孔是圆形的,滑动式鞍座底板上的螺栓孔是长圆形的,其长度方向与筒体轴线方向一致。双鞍座支承的卧式容器必须是固定式鞍座和滑动式鞍座搭配使用,滑动式鞍座在安装时先将第一个螺母拧到底后退回一圈,再用第二个螺母锁紧。

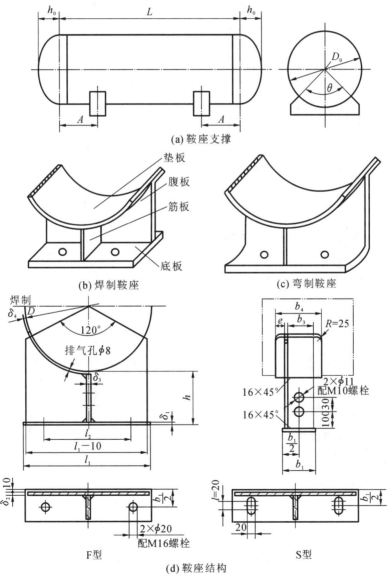

图 1-19　鞍式支座的结构及在卧式容器中的应用(单位:mm)

2）裙式支座

裙式支座结构如图 1-20 所示，它是由裙座体、引出孔、检查孔、基础环和螺栓座（筋板、盖板、垫板、地脚螺栓）等组成。当塔设备的直径较大时用圆筒形裙式支座；塔径较小且承载较大时，为了能配置较多的地脚螺栓和承载面积较大的基础环，则需要采用圆锥形裙式支座。

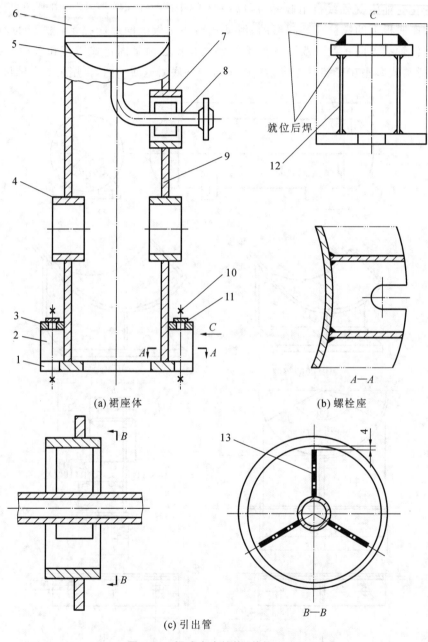

(a) 裙座体　　　　　　(b) 螺栓座

(c) 引出管

图 1-20　裙式支座结构（单位：mm）

1—基础环；2—地脚螺栓座；3—盖板；4—检查孔；5—封头；6—塔体；7—引出孔；8—引出管；
9—裙座体；10—地脚螺栓；11—垫板；12—筋板；13—支承板

3）其他类型支座

除了以上介绍的鞍式支座和裙式支座外，小型卧式容器也可采用支承式支座，大直径的薄壁卧式容器及真空操作的卧式容器常采用圈式支座；小型的立式容器可采用支承式支座、耳式支座和腿式支座，其结构如图1-21至图1-23所示。

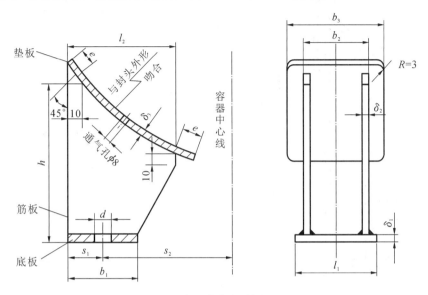

图 1-21　支承式支座(单位:mm)

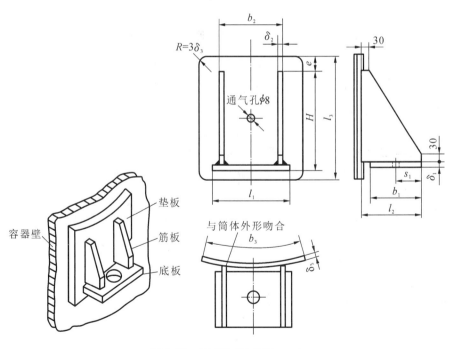

图 1-22　耳式支座(单位:mm)

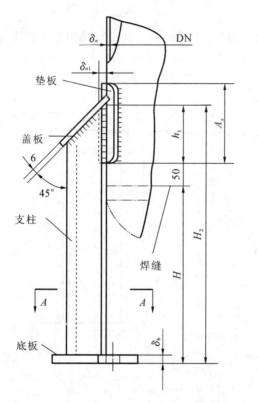

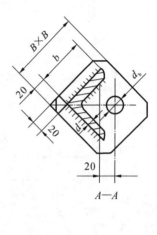

$A—A$

图 1-23　腿式支座

课后思考

1.何为压力容器？按照《容规》的规定，压力容器应同时具备什么条件？

2.按照《容规》，如何对压力容器进行分类？

3.简述压力容器的基本组成。

4.法兰连接的主要失效形式是什么？流体在法兰垫片处的泄漏途径有哪些？

5.压力容器法兰有哪几种？说明它们各自的特点及应用场合。

6.压力容器法兰、管法兰的公称直径指的是什么？公称压力如何规定？

7.压力容器法兰与管法兰的选用步骤是什么？

8.为什么要在容器上开孔？开孔后对容器有什么影响？开孔后的补强结构有哪几种？

9.在容器上设置人孔、手孔的作用是什么？常见的人孔有哪几种？各适用于什么场合？

10.常见的容器支座有哪几种？各适用什么类型的容器？

★ 素质拓展阅读 ★

压力容器的主要制造工艺

压力容器的制造工艺包括原材料的准备、划线、下料、弯曲、成形、边缘加工、装配、焊接、检验等。

一、原材料的准备

钢材在划线前,首先要对钢材进行预处理。钢材的预处理是指对钢板、管子和型钢等材料的净化处理、矫形和涂保护底漆。

净化处理主要是对钢板、管子和型钢在划线、切割、焊接加工之前和钢材经过切割、坡口加工、成形、焊接之后清除其表面的锈迹、氧化皮、油污和焊渣等。

矫形是对钢材在运输、吊装或存放过程中所产生的变形进行矫正的过程。

涂保护底漆主要是为提高钢材的耐蚀性、防止氧化、延长零部件及装备的寿命,在表面涂上一层保护涂料。

二、划线

划线是压力容器制造过程的第一道工序,它直接决定了零件成形后的尺寸精度和几何形状精度,对以后的组对和焊接工序有着很大的影响。

划线是在原材料或经初加工的坯料上划出下料线、加工线、各种位置线和检查线等,并打上(或写上)必要的标志、符号。划线工序通常包括对零件的展开、放样和打标记等环节。划线前应先确定坯料尺寸。坯料尺寸由零件展开尺寸和各种加工余量组成。确定零件展开尺寸的方法主要有以下几种:

(1)作图法:用几何制图法将零件展开成平面图形。

(2)计算法:按展开原理或压(拉)延变形前后面积不变原则推导出计算公式。

(3)试验法:通过试验公式决定形状较复杂零件的坯料展开尺寸,这种方法简单、方便。

(4)综合法:对过于复杂的零件,可对不同部位分别采用作图法、计算法来确定坯料展开尺寸,有时也可用试验法配合验证。

制造容器的零件可分为两类:可展开零件和不可展开零件,如圆形筒体和椭圆形封头就分别属于可展开零件与不可展开零件。

三、切割

切割也称下料,是指在划过线的原材料上把需要的坯料分离下来的工序。切割方法有机械切割和热切割两种。

1.机械切割

机械切割主要包括剪切、锯切等,其特点是在切割过程中机械力起主要作用。

(1)剪切。

剪切是将剪刀压入工件中,使剪切应力超过材料的抗剪强度而达到剪断的目的。这种方法效率高、切口精度高,只要材料硬度和尺寸合适均可采用,但距切口附近2~3 mm的金属有明显硬化现象。按被剪切的平面形状,可分为直线剪切和曲线剪切。其中利用直线形长剪刃进行的剪切有两种,分别为平口剪和斜口剪。

在平口剪中,两直线切削刃平行,剪切过程沿切削刃长度同时进行,故剪切力大且冲击性强,适用于剪切厚而窄的条料。

在斜口剪中,两直线切削刃斜交成一定角度,剪切过程沿切削刃长度逐步进行,故剪切力比平口剪在剪相同厚度的工件时要小,冲击性降低,适用于剪切薄而宽的板料。

在设备制造中,剪切直线形工件多采用龙门剪床。该剪床使用方便、送料简单、剪切速度快、精度高。

(2)锯切。

锯切属于切削加工,所用的设备有砂轮锯、圆盘锯等。锯切一般多用于管件和型材的切割。

2.热切割

(1)氧气切割。

氧气切割简称气割,也称火焰切割。氧气切割时需要一个预热火焰,但只有火焰并不能实现切割,关键在于还要有高速纯氧气流。

(2)等离子切割。

等离子切割是利用高温、高速等离子焰流来熔断材料以形成切口,它属于热切割中的高温熔化切断。它不受物性限制,既可切割金属也可切割非金属,但主要用于切割不锈钢、铝、铜、镍及其合金。

四、成形

1.筒体的成形

筒体是由若干筒节通过环向焊缝焊接构成,筒节是通过板材卷圆和纵向焊缝焊接而成。筒节卷圆也称滚圆或卷板,是筒节的基本制造方法。滚弯原理是利用卷板机对钢板施以连续均匀的塑性弯曲以获得圆柱面。

2.封头的成形

封头成形的方法主要有冲压法、旋压法和爆炸成形法三种。目前常用的方法是冲压法和旋压法。

五、焊接

焊接是通过加热或加压,或两者兼用,使焊件达到原子间结合并形成永久接头的工艺过程。世界每年钢材消耗量的50%都有焊接工序的参与。

焊接可分为三大类:熔焊、压焊和钎焊。

1.熔焊

将要焊接的工件局部加热至熔化,冷凝后形成焊缝而使构件连接在一起的加工方法称为熔焊,它包括电弧焊、气焊、电渣焊、电子束焊、激光焊等。熔焊的使用较为广泛,大多数的低碳钢、合金钢都采用熔焊的方法焊接。特种熔焊还可以焊接陶瓷、玻璃等非金属。

2.压焊

焊接过程中必须要施加压力(可能加热也可能不加热)才能完成的焊接称为压焊,其加热的主要目的是使金属软化,靠施加压力使金属塑变,让原子接近到相互稳固吸引的距离,这一点与熔焊时的加热有本质的不同。压焊包括电阻焊、摩擦焊、超声波焊、冷压焊、爆炸焊、扩散焊、磁力焊。其特点是焊接变形小、裂纹少、易实现自动化等。

3. 钎焊

钎焊是指将熔点比母材低的钎料加热至熔化,但加热温度低于母材的熔点,用熔化的钎料填充焊缝、润湿母材并与母材相互扩散形成一体的焊接方法。钎焊分硬钎焊和软钎焊。硬钎焊的加热温度大于 450 ℃,抗拉强度大于 200 MPa,经常用银基、铜基钎料,适用于工作应力大、环境温度高的场合,比如硬质合金车刀、地质钻头的焊接。软钎焊的加热温度小于 450 ℃,抗拉强度小于 70 MPa,适用于工作应力小、工作温度低的环境,比如电路的锡基钎焊。

模块二　化工管道

化工管道是化工生产中所使用的各种管道的总称,其主要作用是输送和控制流体介质。化工管道按工艺要求将各台动、静设备相连接以完成生产过程,是化工生产的大动脉,保持管道的畅通是保证化工生产正常进行的重要环节,化工管道如图 2-1 所示。

图 2-1　化工管道

化工管道是由管子、管件和阀门等按一定的排列方式构成的,也包括一些附属于管路的管架、管卡、支承等辅件。

按制造管子所使用的材料不同,管子可分为金属管、非金属管和复合管,其中,以金属管占绝大多数。

① 金属管主要有钢管(包括合金钢管)、铸铁管和有色金属管(铜管、铅管、铝管)等,其中钢管分为有缝钢管(俗称水煤气管)和无缝钢管。

② 非金属管主要有陶瓷管、水泥管、玻璃管、塑料管、橡胶管等。

③ 复合管指的是金属与非金属两种材料复合组成的管子。

管子的规格通常用“外径×壁厚”来表示,如 $\phi 38 \ mm \times 2.5 \ mm$ 表示此管子的外径为 38 mm,壁厚为 2.5 mm。标准化的管子有公称直径和公称压力两个重要参数,公称直径用“DN”表示。如 DN100 表示该管公称直径为 100 mm,它是内径的近似值,习惯上也用“in”(英寸)表示。公称压力是指管子在基准温度下允许的最大工作压力。

管件是管子与管子之间的连接部件,通过连接管子以达到延长管路、改变管路方向或直径、连接支管、合流堵塞管道或封闭管路等目的。如利用法兰、活接头、螺纹短节等管件可延长管路;利用各种弯头可改变管路方向;利用三通或四通可连接支管;利用异径管(大小头)或内外螺纹接头(管衬)可改变管径;利用管帽或管堵可堵塞管道等。常见的管件如图 2-2 所示。

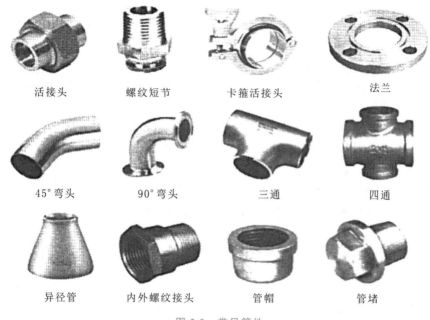

活接头　　　　　螺纹短节　　　　　卡箍活接头　　　　　法兰

45°弯头　　　　　90°弯头　　　　　三通　　　　　四通

异径管　　　　　内外螺纹接头　　　　　管帽　　　　　管堵

图 2-2　常见管件

阀门是用来启闭和调节流量及控制安全的部件,详见模块三。

知识与技能 1　化工管道的检修

1.化工管道的检查

1)检查周期

管道外部检查每年一次。Ⅰ、Ⅱ、Ⅲ类管道 3～6 年全面检查一次。各企业可根据管道实际技术状况和监测情况,适当调整全面检查周期,但最长不得超过 9 年;高压、超高压管道的全面检查,一般 6 年进行一次;使用期限超过 15 年的Ⅰ、Ⅱ、Ⅲ类管道,经全面检查,技术状况良好,经单位技术总负责人批准,仍可按原定期限检查,否则应缩短检查周期;停用 2 年以上需复用的管道,外部检查合格后方可使用。

2)检查内容

(1)外部定时检查项目。

① 管道有无裂纹、腐蚀、变形、振动严重、损坏等问题,如发现有裂纹,必须进行射线探伤。

② 法兰有无偏斜、紧固件是否齐全、有无松动等异常现象。

③ 绝热层、防腐层的完好情况。

④ 输送易燃、易爆介质的管道,每年必须检查一次防静电接地电阻。法兰间的接触电阻应小于 0.03 Ω,管道对地电阻不得大于 100 Ω。

（2）全面检查项目。

① 包括外部检查的全部项目。

② 对管道易受冲刷、腐蚀的部位定点测厚。Ⅰ、Ⅱ类管道的弯头应 100% 测厚;Ⅲ类管道弯头应 50% 测厚;每个测厚部位至少选三点进行。

③ 管道焊缝须进行射线或超声波探伤抽查:Ⅰ类管道抽查 20%;Ⅱ类管道抽查 10%;Ⅲ类管道的石油气、氢气、液化气管道抽查 5%。抽查中如发现超标缺陷,应根据缺陷状况和管道使用条件进行处理。

④ 高温及受交变应力部位的管道、紧固件,应进行宏观检查,并做磁粉探伤抽查。

⑤ 对出现超温、超压、可能影响金属材料和结构强度的管道;以蠕变控制为前提设计的使用寿命、使用期限已接近设计寿命的管道;有可能引起氢腐蚀的管道等。此外还必须进行全面理化检验,必要时取样检验。检验内容包括化学成分、力学性能、焊缝及热影响区的硬度、冲击韧性和金相,并根据检验结果确定能否继续使用。为便于取样检验,应在Ⅰ、Ⅱ类管道中设置可拆卸的监测管段。

⑥ 管道严密性试验,试验压力为操作压力的 1.0 倍,可与装置停检后贯通试压一并进行。

（3）焊缝抽查。

首先抽查弯头、三通、管道与容器的焊接连接处和排放阀接管根部的焊缝连接处等应力集中、工作条件苛刻的部位;然后抽查已发现有表面缺陷的焊缝及安装施工时存在隐患的焊缝等。上述焊缝必须进行射线或超声波探伤检查。

（4）管道特别部位的检查。

① 生产流程的要害部位,如加热炉出口、塔底部、反应器底部、高温高压机泵、压缩机的进出口等处的管道。

② 管道上易被忽视的部位及"盲肠"部位。

③ 工作条件苛刻、受交变应力的管道。

（5）管材检查。

管子、管件及紧固件应符合技术要求,必须有出厂合格证明书。合金钢管、高压管及其管件、紧固件的合格证明书必须包括如下内容。

① 材料的化学成分和力学性能。

② 处理条件及检验结果。

③ 管件焊缝焊前预热、焊后热处理及检验结果。

④ 外形尺寸检查结果。

⑤ 探伤结果。

管子、管件及紧固件外观检查应符合下列要求。

① 无裂纹、缩孔、夹渣、折叠和重皮等缺陷。

② 锈蚀或凹陷深度不超过管子壁厚的负偏差。

③ 螺纹无滑丝、松旷、密封面无损伤。

④ 合金钢管应有标记。

高压管子、管件及紧固件除应做上述几项检查外,还应做如下检查。

① 高压管子在管子两端测量外径及壁厚,其偏差应符合要求。

② 高压管子没有出厂探伤合格证时,应逐根进行探伤。如有探伤合格证,但经外观检查发现有缺陷时,应抽查 10％。如仍有不合格者,则应逐根进行探伤。表面缺陷可打磨消除,但壁厚减薄量不得超过实际壁厚的 10％,且不超过管子的负偏差。

③ 高压管道的螺栓、螺母应抽检硬度和力学性能,其值应符合下列要求。

a.螺栓、螺母每批各取两件进行硬度检查,若有不合格,必须加倍检查。如仍有不合格则应逐件检查。当直径大于或等于 M30,且工作温度高于或等于 500 ℃ 时,逐件进行检查。

b.螺母硬度不合格者不得使用。

c.螺栓硬度不合格者,应取该批螺栓中硬度值最高和最低者各一件校验力学性能。若有不合格,再取硬度最接近的螺栓加倍校验,如仍有不合格,则该批螺栓不得使用。

(6) 焊接材料检查。

① 焊接材料应具有出厂质量合格证,并按有关规定进行复验。

② 焊接材料不得锈蚀,药皮不得变质受潮,合金钢焊条标志明显。

③ 焊接材料的化学成分、力学性能应与母材匹配。对于非奥氏体不锈钢的异种钢材的焊接材料,宜选择强度不低于较低强度等级、韧性不低于较高材质的焊条。而一侧为奥氏体不锈钢时,焊接材料镍含量较该不锈钢高一等级。

2.管道检修程序及安全注意事项

1) 管道检修工作的一般程序

管道检修的一般程序大致有:检修前的准备、管道检修及更换、质量检验与检测、试压、吹扫与清洗、防腐与保温、竣工验收、资料交付与投运等主要环节,在这里仅就检修前的准备工作进行阐述,其他环节可参考相关的规范、规程的有关规定。管道检修前的准备主要包括如下工作。

① 管道的缺陷、故障检查确认交底。

② 准备齐全的图纸和技术资料,制定的修理方案经技术负责人批准,并且得到使用单位的认可。

③ 材料和工机具的准备,核对管道材料的质量证明文件,并进行外观检查。

④ 系统停车后用盲板将待修管道与非同步检修的管道及设备隔断。

⑤ 物料排放、吹扫、置换彻底,分析合格且施工现场符合有关安全规定后,交出检修。

2) 管道检修安全注意事项

管道的检修往往是与生产运行中的各种设备及容器连接在一起的,并且由于输送介质较复杂,稍有不慎就会发生事故。同时,管道检修同其他检修工作相比具有流动性大、作业面宽、施工环境复杂的特点。因此,除严格按照管道检修工作的一般程序进行外,应注意以下安全事项。

(1) 管道系统拆除的安全要求。

① 拆除前,应对管道系统或需拆除管段的腐蚀和损坏情况,系统内外的连接情况以及地面、地下情况,都要进行全面的检查,在全面了解、检查的基础上制定可靠的拆除方案。

② 依据审批的拆除方案,办理停止运行、动火、动土等手续,待各种手续批准后,方可开始拆除。

③ 拆除作业应在科学有序、统一指挥下进行。容器、管道的拆除顺序:切断物料来源、放净介质、清洗、置换、拆管道和阀门、拆支架和托架、拆除容器。

④ 拆除工作中应重点防范高处坠落、物体打击、摔跌和刺割、中毒等事故的发生。

⑤ 当工作温度高于 250 ℃ 的管道温度降至 150 ℃ 时,应在需拆卸的螺栓上浇机械油。

⑥ 拆卸的高压螺栓、螺母及可重复使用的垫片应清洗干净并逐个检查。

⑦ 拆卸时应保护各部位密封面,敞口法兰应予以封闭保护。

⑧ 拆卸管道应做好支撑,以防脱落和变形。

(2) 作业人员的安全防护。

① 凡进入施工现场的作业人员,必须按要求穿戴好劳保用品,高空作业、电气焊作业、电工作业应遵守相关的安全技术要求。

② 在检修有窒息性、毒性、刺激性、腐蚀性介质的管道时,除了应有良好的通风或除尘设施外,作业人员还应戴好口罩、防护镜或防毒面具等用品。对于进入空气停滞、通风不畅的死角,应对作业区的气体取样分析,确认合格后方可进行施工。

③ 在潮湿阴暗场所以及有水的金属容器内作业时,应做好绝缘工作,照明灯的电压应为 12 V 安全电压,并设防护罩。同时,作业人员不得少于 2 人。

④ 对于多层交叉作业的管道施工,应有专用的防护棚或其他隔离设施,上下方各种操作人员必须戴安全帽。

⑤ 搬运或起吊管线时,要注意起吊物与电线之间的间距,特别是要远离裸露的电线。对于较长管线的起吊,应有人扶稳后起吊,并用绳子牵引,严禁在空中打转、甩动。

⑥ 现场射线探伤要设立警戒线和禁行牌,防止无关人员进入。

⑦ 在检修过程中若由于某种原因,不能连续作业时:中断时间在 24 小时以内的,应在恢复检修前重新进行分析检查;当中断时间在 24 小时以上时,需重新办理手续,按规定的处理程序经分析检验合格后,才可恢复检修。

(3) 维修用工具安全要求。

检修中经常使用的工具有照明灯具、手动工具、电动工具、焊接工具、梯子等。所用工具应经常维护保养,使之处于良好状态;在存在易燃、易爆或粉尘的容器内,手动工具应不易产生火花,电动工具应有可靠的接地,最好使用风动工具;焊接时应进行通风换气;梯子上端应固定在管道或容器壁上,下端要采取防滑措施等。

（4）防腐保温施工安全要求。

① 在有毒气体场所施工，必须在有专人监护下才能进行作业。

② 溶剂、油漆等易燃物应由专人保管，作业地或这些物品存放地的 10 m 范围内不得动火。

③ 油漆库或工房内的电气设备应为防爆型，若用量少，也可为防护型。

④ 在进行防腐保温作业时，应重点防止火灾、爆炸、中毒、触电、烫伤、灼伤、高处坠落、刺伤、喷溅伤、化学伤事故的发生。

知识与技能 2　管道加工、安装及检修方法

1. 管道加工的技术要求

1) 管道预制

（1）管子的切割。

① 切口表面应平整，无毛刺、凹凸、缩口、熔渣、氧化铁等。

② 管端切口平面与管子轴线的垂直度小于管子直径的 1%，且不超过 3 mm。

③ 合金钢管、不锈钢管、公称直径小于 50 mm 的碳素钢管，以及焊缝质量等级为Ⅰ、Ⅱ级钢管的坡口，一般应采用机械切割。如采用气割、等离子切割等，必须对坡口表面打磨修整，去除热影响区，其厚度一般不小于 0.5 mm。有淬硬倾向的管道坡口应 100% 探伤，工作温度低于或等于 −40 ℃ 的非奥氏体不锈钢管坡口 5% 探伤，不得有裂纹、夹渣等。

④ 清除坡口表面及边缘 20 mm 内的油漆、污垢、氧化铁、镀锌层毛刺，并不得有裂纹、夹渣等缺陷。

⑤ 手工电弧焊及埋弧自动焊的坡口型式和尺寸应符合要求。

⑥ 不等壁厚的管子、管件组对，较薄件厚度小于 10 mm、厚度差不大于 3 mm，及较薄件厚度大于 10 mm，厚度差大于较薄件的 30% 或超过 5 mm 时，应按规定削薄厚件的边缘。

⑦ 高压钢管或合金钢管应有标记。

（2）管子弯制。

① 弯管最小弯曲半径、壁厚减薄率、弯曲部位椭圆度、弯曲角度偏差、中低压管弯管内侧坡高等要满足相关要求。

② 弯曲的钢管表面不得有裂纹、划伤、分层、过热等现象，管内外表面应平滑、无附着物。

③ 褶皱弯管波纹应分布均匀、平整、不歪斜。

④ 碳素钢管、合金钢管在冷弯后，应按规定进行热处理。有应力腐蚀倾向的弯管（如介质为苛性碱等），不论壁厚大小，均应做消除应力热处理。对有晶间腐蚀要求的奥氏体不锈钢管，热处理后应从同批管子中取两件试样做晶间腐蚀倾向试验。如有不合格，则应全部重新热处理，热处理次数不得超过 3 次。

⑤ 高压管子弯制后,应进行无损探伤,如需热处理,应在热处理后进行。

(3) 高压管的螺纹及密封面加工。

① 螺纹表面不得有裂纹、凹陷、毛刺等缺陷。有轻微机械损伤或断面不完整的螺纹,全长累计不应大于 1/3 圈。螺纹牙高减少应不大于其高度的 1/5。

② 法兰用手拧入,不应松动。

③ 管端锥角密封面不得有划痕、刮伤、凹陷等缺陷,锥角偏差不应大于±0.5°,须用样板作透光检查。密封面用标准透镜垫做印痕检查时,印痕不得间断或偏移。

④ 管端平面密封面端面与管中心线应垂直,其偏差值应满足要求。高压管子自由管段长度允许偏差为±0.5 mm,封闭管段允许偏差为± 3 mm。

⑤ 螺纹表面及密封面等的粗糙度应满足要求。

2) 管道的焊接

管道的焊接着重介绍以下几点,其余见有关焊接规范要求。

① 焊工须按规定取得相应资格证。施焊后在每道焊缝结尾处打上焊工印记。不允许打钢印的管道应在竣工图上记载。

② 焊接接头不得强行组对,对口内壁应平齐,其错边量偏差要符合要求;焊接接头不得有焊渣、飞溅物、裂纹、气孔等;焊接在管子、管件上的组对卡具,其焊接材料及工艺措施应与正式焊接相同。

③ 焊接时必须执行焊接工艺,不得在恶劣天气环境下施焊;在焊件表面引弧或试验电流,低温管道、不锈钢及淬硬倾向较大的合金钢焊件表面不得有电弧擦伤等缺陷。对Ⅰ、Ⅱ类管道和对管内清洁度要求高的管道,应采用氩弧焊打底。

④ 焊缝无损探伤数量应符合要求,对同一焊工所焊同一规格管道的焊缝按比例抽查;若抽查不合格,应对该焊工所焊全部同类焊缝进行无损探伤。焊缝同一部位返修次数,对碳素钢管一般不超过 3 次;对合金钢管、不锈钢管一般不超过 2 次。

⑤ 焊缝经处理后,应对焊缝、热影响区和母材按比例进行硬度抽查。马鞍管焊缝除应做焊接工艺保证外,Ⅰ、Ⅱ、Ⅲ类管道应按要求着色检查。

3) 橡胶衬里管道的修理

① 管道内表面应平整光滑,局部凹凸不得超过 3 mm。棱角部分须打磨成半径不小于 3 mm 的圆弧。

② 管口焊接宜采用双面对接焊缝,贴衬表面焊缝凸出表面不应大于 2 mm。焊缝与母材呈圆滑过渡。

③ 直管、三通及四通的最大允许长度应符合要求。

④ 弯头、弯管的弯曲半径一般应为管外径的 3.5～4 倍,弯管角度应不小于 90°,且只允许在一个平面上弯曲。

⑤ 公称直径等于或大于 100 mm 的弯头或弯管,可使用压制弯头或焊制弯头。单面焊缝必须焊透。

⑥ 超长弯头、液封管、并联管等复杂管段,应分段用法兰连接;三通、四通、弯头、弯管及异径管等管件,宜设置松套法兰。

⑦ 衬里管道不得使用褶皱弯管;异径管不得采用抽条法制作;法兰密封面不宜车制

水线。

2.管道安装的技术要求

1）中、低压管道

（1）脱脂的管子、管件和阀门，其内外表面不得被油迹污染。

（2）法兰、焊缝及其他连接件的设置应便于检修，并不得紧贴墙壁、楼板或管架。管道穿过墙、楼板或其他建筑物时应加套管。套管内的管段不允许有焊缝。穿墙套管长度不应小于墙的厚度。穿楼板的套管应高出地面 20～50 mm。必要时在套管与管道间隙内填入石棉或其他不可燃的材料。

（3）管道安装前管内不得有异物。不锈钢管道须经酸洗、钝化合格后方能使用。管道安装后，不得使设备承受过大的附加应力。与传动设备连接的管道一般应从设备一侧开始安装，其固定焊接口应远离设备。管道系统与设备最终连接时，应在设备上安设表以监视位移，转速大于 6000 r/min 时，其位移值应小于 0.02 mm；转速小于或等于6000 r/min时，其位移值应小于 0.05 mm。需预拉伸（压缩）的管道与设备最终连接时，设备不得产生位移。

（4）输送可燃的气体和液体的管线不得穿过仪表室、化验室、变电所、配电室、通风机室和惰性气体压缩机房。可燃气体放空管应加静电接地措施，并需在避雷设施之内。埋地的管道须经试压合格，并经防腐处理后方能覆盖。有热（冷）位移的管道，在开始热（冷）负荷运转时，应及时对各支、吊架逐个检查，应牢固可靠、移动灵活、调整适度、防腐良好。

（5）安装垫片时，应将法兰密封面清理干净，垫片表面不得有径向划痕等缺陷，并不得装偏；高温管道的垫片两侧涂防咬合剂，同一组法兰不应加两个垫片。

（6）螺栓组装要整齐、统一，螺母应对称紧固，用力均匀。螺栓应露出螺母 2～3 丝。采用螺纹连接的管道，拧紧螺纹时，不得将密封材料挤入管内。高温或低温管道在试运时若需热紧或冷紧，螺栓紧固要适度。

（7）对接的管子应平直，在距对口 200 mm 处测量，允许偏差 1 mm/m，全长允许偏差不超过 10 mm。管子间净距允许偏差 5 mm，且不妨碍保温（冷）。立管垂直度偏差应不大于 2‰，且不大于 15 mm。

（8）法兰密封面不得有径向划痕等影响密封性能的缺陷，密封面间平行度偏差不大于法兰外径的 1.5‰，密封面间隙应略大于垫片厚度，螺栓应能自由穿入。对不锈钢和合金钢螺栓、螺母，或管道工作温度高于 250 ℃时，螺栓、螺母应涂防咬合剂。

（9）阀门手轮安装方位应便于操作，禁止倒装。止回阀、截止阀、节流阀和减压阀应按要求安装，走向正确。安全阀安装不得碰撞，阀门与管道焊接时，阀门应处于开启状态。

2）高压管道

高压管道安装的技术要求除包括中、低压管道的全部内容外，还应满足下列要求：

（1）管道支架和吊架衬垫应完整、垫实、不偏斜。

（2）螺纹法兰拧入管端，管端螺纹倒角应外露。

（3）安装前，管子、管件的内部及螺栓、密封件应认真清洗。密封件应涂上密封剂，螺纹部分应涂上防咬合剂。

（4）合金钢管材质标记清楚准确。

3. 管道检修的一般方法

1）管道积垢的清理

管道内表面因接触不同的工艺介质，容易淤积、粘连、沉积各种物料，严重时会造成管道的堵塞。目前常用的积垢清理方法有机械清洗、化学清洗和高压水冲洗等。

2）管道壁厚减薄的修理

（1）对腐蚀凹陷及介质冲刷而造成的局部壁厚减薄可视情节轻重采用补焊或局部更换管段的方法处理。采用补焊方法处理时，应符合焊接技术标准及安全要求。

（2）对于全面性壁厚减薄的管道，当测出的实际壁厚普遍小于管道允许的最小壁厚时，应降压使用或作报废处理。

3）管道裂纹的修理

（1）对于管道管壁上的表面裂纹，若裂纹深度小于壁厚的 10%，且不大于 1 mm 时，可用砂轮机打磨修复消除，修磨区应与管壁表面圆滑过渡。

（2）对于深度不超过壁厚 40% 的裂纹，在裂纹的深度范围内铲出焊接坡口，进行补焊修复。

（3）对于深度超过壁厚 40% 的裂纹，应在整个壁厚范围内开出坡口后进行补焊。补焊时，应事先在裂纹两端各钻出一个直径稍大于裂纹宽度的止裂孔，补焊前后应按有关的焊接质量要求进行检查。

4）更换管段（件）

对于腐蚀严重、局部壁厚减薄较多、应力集中部位、裂纹较宽的管段，应该首先考虑停车处理，而后更换管段（件）。切割的管段（件）长度应比裂纹长度至少长 50～100 mm，且应不短于 250 mm。

5）焊缝缺陷修复

焊缝的未焊透、未熔合、气孔、夹渣、尺寸超差等缺陷可用打磨、铲除并补焊的方法消除。

6）附件的修理

（1）管道法兰、阀门等密封面如损伤，可对其密封面进行切削加工或研磨消除。

（2）高压管道的螺栓、螺母出现局部毛刺、伤痕时，可进行修磨。但是，当伤痕累计超过一圈螺纹时，则应按规定更换。

7）管道泄漏的处理

管道的泄漏有两种情况：一种是管道连接件的泄漏，如连接法兰、连接螺纹、阀门体及填料的泄漏；另一种是管段上的泄漏，如焊口、流体转向弯头、腐蚀孔等部位。

无论是何种管道泄漏，一般采取以下方法及措施进行恢复。

（1）对穿透裂纹和腐蚀穿孔部位进行补焊。

（2）更换泄漏管段。

（3）做管箍或打卡子。

（4）更换密封部位失效的填料。

（5）更换或修复损坏、变质的密封垫片。

（6）更换或加工修复不平整的法兰密封面或法兰。

（7）紧固螺栓进行消除。

（8）采用可靠的密封胶进行涂抹消除。

（9）带压堵漏（包含有注剂式带压密封技术、带压焊接堵漏、粘贴式带压堵漏、磁压式带压堵漏等）。

需要说明的是管道的泄漏，一般情况下是停止运行，按正规方法进行泄漏的排除。但是，对于连续生产的化工企业来说此方法显然是不可取的，要进行不停车处理，只有确认管道内的介质为低压及非易燃、易爆且无毒时才能进行。

虽然带压堵漏技术是在不影响生产、不中断系统运行情况下进行的，但并不是任何时候都可取，比如，毒性极大介质的泄漏、因裂纹产生的泄漏点的堵漏保证不了裂纹的不扩展、由于介质泄漏而造成螺栓承受高于原设计使用温度的泄漏点等。

4. 管道试验与验收

1）管道试验应具备的条件

（1）管道及支架、吊架等设施施工完毕，检修记录齐全并经过检验合格，试验用的临时加固措施确认安全可靠。

（2）试验用压力表必须校验合格，精度不低于 1.5 级，压力表的量程为最大被测压力的 1.5～2 倍。压力表的设置不少于两块。

（3）将不参与试验设备、仪表、管道等进行隔离，安全阀、爆破片应拆除。

此外，局部修理的管道，在以工艺条件保证施工质量的条件下，也可以和整个装置贯通试压一起进行。

2）耐压试验

耐压试验包括液压试验、气压试验和严密性试验。工业管道、长输管道、公用管道的耐压试验方法如下。

（1）耐压试验工艺流程。

试验前的检验工作→试验前的准备工作→强度试验及中间检查→严密性试验及中间检查→泄漏量试验或真空试验→拆除盲板、临时管道及压力表并将管道复位→填写试压记录。

（2）耐压试验前的检查工作。

① 现场质检人员在耐压试验前确认一切要求的工序、热处理和无损检验已合格，一切不合格项已经纠正。

② 现场质检人员在耐压试验前应当核实交工资料，质控资料经各专业责任人员签字认可，工艺管线外观质量组织有关人员全面检查。

③ 现场质检人员至少在耐压试验的三天前通知建设单位和监检单位，以便到现场检查。

④ 对输送剧毒流体的管道及设计压力大于 10 MPa 的管道在耐压试验前，下列资料应经建设单位复查。

a.管道组成件质量证明书。

b.管道组成件的检验和试验。

c.管子加工记录。

d.焊接检验及热处理记录。

e.设计修改及材料代用文件。

（3）试验前的准备工作。

① 装设临时管线,接通试压水源或气源,连通压力试验系统,装设空气排放阀和排水阀,水压试验时排气阀应设置在受压的管线最高位置,以便注入水时可将管内的空气排尽,排水阀应设置在管线最低位置。

② 装设压力表,试验用的压力表需经校验合格,并在质检期内,其精度不得低于1.5级,表的满刻度值应为被测最大压力的1.5～2倍,水压试验压力表应在最低点和最高点至少各装一块,压力表指示盘应被操作人员和检查人员看到。

③ 管道受检部位应清除妨碍检验的污物,保持受检部位清洁和表面干燥。

④ 对受试管道螺栓进行紧固,所有低压管道和不能承受试验的压力管道、设备及附件用盲板断开。

⑤ 管道上的膨胀节设置临时约束装置,管道进行临时加固。

⑥ 拆除管道上的安全阀、爆破片及仪表元件。

⑦ 试压方案已经获得批准,并进行技术交底。

（4）耐压试验方法及要求。

① 管道系统强度及严密性试验的试验压力见表2-1。

表 2-1　管道系统强度及严密性试验的试验压力

管道分类	执行标准	管道敷设方式及管材		设计压力/MPa	强度试验及压力/MPa		严密性试验及压力/MPa	
					水压	气压	水压	气压
工业管道	GB 50235—2010	真空		$P<0$	0.2		0.1	
		地上管道	钢管	$P\leqslant0.6$	$1.5P$ 且 $\leqslant0.4$	$1.15P$	P	P
				$P>0.6$	$1.5P$	由设计或甲方定	P	P
			钢管承受外压管道	$P\leqslant0.6$	$1.5(P_内-P_外)$ 且 $\leqslant0.2$	$1.15P$	P	P
				$P>0.6$	$1.5(P_内-P_外)$	由设计或甲方定	P	P
		埋地管道	钢管	P 任意	$1.5P$	—	P	—
			铸铁管	$P\leqslant0.5$	$2P$	—	P	—
				$P>0.5$	$P+0.5$	—	P	—
长输管道	GB 50369—2014	钢管		P 任意	$1.25P$ 且 $\leqslant2$	$1.25P$	P	P

管道分类	执行标准	管道敷设方式及管材	设计压力/MPa	强度试验及压力/MPa		严密性试验及压力/MPa	
				水压	气压	水压	气压
城镇燃气管道	GB/T 51455—2023	钢管	$P \leqslant 5$ kPa	—	$1.5P$ 且 $\leqslant 0.3$	—	20 kPa
			$P > 5$ kPa	—	$1.5P$ 且 $\leqslant 0.3$	—	$1.15P$ 且 $\leqslant 100$ kPa
		铸铁管	$P \leqslant 5$ kPa		$1.5P$ 且 $\leqslant 0.05$	—	20 kPa
			$P > 5$ kPa		$1.5P$ 且 $\leqslant 0.05$	—	$1.15P$ 且 $\leqslant 100$ kPa
聚乙烯燃气管道	CJJ 63—2018	聚乙烯管	中压管道		$1.5P$ 且 $\leqslant 0.03$		$1.15P$
			低压管道		$1.5P$ 且 $\leqslant 0.05$		$1.15P$ 且 $\leqslant 20$ kPa
供热管网	CJJ 28—2014	钢管	蒸汽管道	$1.5P$ 且 $\leqslant 0.6$	—	P	—
			热水管道	$1.25P$ 且 $\leqslant 0.6$	—	P	—

② 液压试验应遵守下列规定。

a.液压试验应使用洁净水,当对奥氏体不锈钢管道或对连接有奥氏体不锈钢的管道或设备进行试验时,水中氯离子含量不得超过 25 ppm。当采用可燃液体介质进行试验时,其闪点不低于 50 ℃。

b.试验时,环境温度不低于 5 ℃,当环境温度低于 5 ℃时,应采取防冻措施。

c.当管道与设备作为一个系统进行试验,管道的试验压力等于或小于设备的试验压力时,应按管道的试验压力进行试验。当管道的试验压力大于设备的试验压力,且设备的试验压力不低于管道压力 1.15 倍时,经建设单位同意,可按设备的试验压力进行试验。

d.对位差较大的管道,应将试验介质的静压计入试验压力中。液体管道的试验压力以最高点为准,但最低点的压力不得超过管道组件的承受力。

e.液压试验应缓慢升压,待达到试验压力后,稳压 10 min,再将试验压力降至设计压力,停压 30 min,目测压力不降、无渗漏为合格。

f.长输管道液压试验应分阶段升压,当升压至强度试验压力 1/3 时,停压 15 min;再升至强度试验压力 2/3 时,停压 15 min,再升至强度试验压力,稳压 4 h,其压降不得大于 1％强度试验压力为合格。然后降至工作压力进行严密性试验,稳压 24 h,其降压不得大于 1％试验压力为合格。

　　g. 冬季试压时,应采取防冻措施,试验结束后立即排水并进行吹扫,防止水结冰冻裂管道。

　　③ 气压试验应遵守下列规定。

　　a. 试验前必须用空气进行预试验,试验压力宜为 0.2 MPa。

　　b. 试验时应逐步缓慢增加压力,当压力升至试验压力的 50％时,如未发现异状或泄漏,继续按试验压力的 10％逐级升压,每级稳压 3 min,直至试验压力,稳压 10 min,再将压力降至设计压力,停压时间应根据查漏工作需要而定。采用涂刷洗衣粉水的方法检查,如无泄漏则为合格。

　　c. 聚乙烯燃气管道进行强度试验时,应缓慢升压,达到试验压力后稳压 1 h,目测不降压为合格。

　　d. 燃气管道气密性试验时间宜为 24 h。

　　e. 埋入地下的燃气管道的气密性试验宜在回填至管顶以上 0.5 m 后进行。

　　f. 长输管道用气体作介质时,试验压力应均匀缓慢上升,每小时升压不得超过 1 MPa,当试验压力大于 3 MPa 时,分三次升压,即在压力分别为 30％、60％试验压力时停止升压,并稳压 30 min 后,对管道进行观察,若未发现问题,便可继续升压直至试验压力。当试验压力为 2～3 MPa 时,分两次升压,在压力为 50％试验压力时,稳压 30 min 进行观察,若未发现问题可继续升压直至试验压力。在试验压力下应稳压 6 h,其压降小于 2％试验压力,则强度试验合格。然后将压力降到工作压力进行严密性试验,当管道内气体温度与周围介质的温度相同后,稳压 24 h 检查,若无渗漏,且压降率不大于允许压降率,则严密性合格。

　　④ 输送剧毒、有毒流体、可流体的管道必须进行泄漏性试验。泄漏性试验应按相关规范进行。

　　⑤ 真空系统在压力试验合格后,还应按设计文件规定进行 24 h 的真空试验,增压率不大于 5％。

　　⑥ 对于操作温度高于 200 ℃的碳素钢和操作温度高于 300 ℃的合金钢,其强度试验压力应乘以温度修正系数$[\sigma_1]/[\sigma_2]$。试验压力 P_s 按下式计算

$$P_s = 1.5[\sigma_1]/[\sigma_2]$$

式中：P_s——工作压力(MPa);

　　　　$[\sigma_1]$——试验温度下管材的许用应力(MPa);

　　　　$[\sigma_2]$——设计温度下管材的许用应力(MPa)。

　　当$[\sigma_1]/[\sigma_2]$大于 6.5 时,取 6.5;当 P_s 在试验温度下,产生超过屈服强度的应力时,应将试验压力 P_s 降至不超过屈服强度的最大压力。

　　⑦ 供热管网因气温过低等因素导致用水进行强度试验有困难时,可用气压试验代替,但必须采取有效的安全措施,在设计单位同意后,应报请主管部门批准。

　　(5) 耐压试验中的检验。

①　在试压过程中质检人员对所有焊缝及连接处用目视检查,确认是否渗漏。

②　稳压过程中发现的渗漏部位应做出明显的标记并予以记录,待泄压后处理,具体要执行相关规范。

③　城镇燃气管道强度试验可由施工单位会同建设单位进行;气密性试验应由燃气管理单位、施工单位、建设单位联合进行。

（6）拆除及复位。

①　试验合格后应缓慢泄压排尽积液和气体。

②　拆除压力表、临时管道、盲板后,进行管道复位。

（7）记录。

在压力试验过程中填写管道系统压力试验记录。

3）管道验收

（1）检修记录准确、齐全。

（2）管道油漆完好无损,附件灵活好用,运行一周无泄漏。

（3）提交相关技术资料和记录。

知识与技能 3　化工管道检修后的保温、保冷和涂色处理

1.化工管道的保温、保冷检修条件

化工管道必须在试压、除垢、涂漆、固定等合格后方能进行绝热施工,具有下列工况之一的绝热工程必须进行检修,同时必须做好人身安全保护工作。

（1）管道的保温外表面散热损失或局部温度超过要求。

（2）保护层破损或出现漏水、渗水现象。

（3）金属保护层的表面防腐漆或玻璃布保护层上的漆明显脱落。

（4）管道的保冷层表面出现结霜或结水珠的现象。

（5）绝热系统中的支架、吊架等部件破损或严重错位。

2.保温材料的选用注意事项

（1）绝热层保温材料的导热系数、密度、耐燃性、膨胀性、防潮性等要符合要求,其允许使用温度必须高于正常操作时的介质最高温度;其化学性能稳定,对金属不得有腐蚀作用。

（2）防潮层材料应蒸气渗透率低,防水、防潮、密封性能好,有一定的耐热性和抗冻性。

（3）保护层材料应防水、防潮、不易燃烧,化学稳定性好,强度高,外观整齐美观,使用年限长。保温或保冷层厚度的选用应满足相应要求。

（4）使用周期短的管道宜采用纤维材料保温;使用周期长的管道宜采用硬质材料保温。聚氨酯泡沫塑料一般不宜采用。

（5）高温管道宜采用复合结构,一般内设硅酸铝,外包岩棉或超细玻璃棉。埋地管道不应采用软质材料或半软质材料保温。深冷保冷宜采用泡沫玻璃。

3. 保温、保冷检修施工的注意事项

（1）保冷应在注入冷介质之前进行。

（2）需要定期检修的焊接部位，应自焊缝中心线起两侧各留出 150 mm 的距离；法兰、阀门等与管道的连接处应留有拆卸间隙，预留尺寸为螺栓长度加 25 mm。

（3）杜绝绝热材料出现水浸、雨淋的现象。

（4）在保冷结构中，销钉或钩钉不得穿透保冷层。

（5）保温、保冷检修施工的要求与质量标准要查阅相关规程。

4. 化工管道及其绝热保护层表面的油漆工程

1）检查内容

是否有失光、变色、严重的粉化、龟裂、爆皮、剥落、大面积鼓泡、锈蚀的现象。

2）检修前的准备

备齐图纸、技术资料、机具、工具、检查仪器、材料和劳保用品；做好管道的除锈和涂料的调配等工作。

3）选择合适的涂料

具有产品合格证，且必须在有效期内。

4）施工要求

（1）涂漆前应清除掉管道表面的油脂、腐蚀产物、氧化皮、电焊药皮、焊瘤、焊渣、旧漆层、飞溅物、粉尘等。

（2）经酸处理的管道应立即用水冲洗、中和钝化、干燥。

（3）管道表面处理，应根据涂料产品说明书或防锈底漆的特性要求进行。

（4）涂漆的种类、层数、颜色及标志应符合要求。

（5）无特殊要求的一般涂底漆两遍、面漆两遍，涂刷时层间应纵横交错；每遍漆膜不宜太厚，每涂一遍应进行检查；每遍漆自然干燥后再进行下道工序。

5）质量标准

涂层附着牢固，表面颜色和光泽要一致，不得有针孔、气泡、堆积、皱皮和漏涂等缺陷。

课后思考

1. 管子的规格如何表示？常见的管件有哪些？

2. 管道的检查内容包括哪些？

3. 管道检修的安全注意事项主要有哪些？

4. 简述中、低压管道安装的技术要求。

5. 简述管道泄漏的修复措施。

6. 管道耐压试验的工艺流程是什么？

★ 素质拓展阅读 ★

安全意识:化工安全检修的重要性

实现化工安全检修不仅可以确保检修作业的安全,防止重大事故发生,保护职工的安全和健康,而且还可以促进检修作业按时、按质、按量完成,确保设备的检修作业质量,使设备投入运行后操作稳定、运转率高,杜绝事故的发生以及污染环境,为安全生产创造良好条件。为此,在检修前务必做好检修前停车的安全技术处理和检修前停车后的安全技术处理。

一、检修前停车的安全技术处理

停车方案一经确定,应严格按照停车方案确定的停车时间、步骤、工艺变化幅度,以及确认的停车操作顺序表,有组织、有秩序地进行。装置停车阶段进行得顺利与否,一方面影响安全生产,另一方面将影响装置检修作业能否如期安全进行以及安全检修的质量。

装置停车的主要安全技术处理如下:

第一,严格按照预定的停车方案停车。按照检修计划并与上下工序及有关工段保持密切配合,严格按照停车方案规定的程序停止设备的运转。第二,泄压要缓慢适中。泄压操作应缓慢进行,在压力未泄尽之前,不得拆动设备。第三,装置内物料务必排空。在处理排放残留物料前,必须查看排放口情况,不能使易燃、易爆、有毒、有腐蚀性的物料排入下水道或排到地面上,应向安全地点或贮罐中排放设备、管道中的残留物料,以免发生事故或造成污染。同时,设备、管道内的物料应尽可能倒空、抽净,排出的可燃、有毒气体如无法收集利用应排至火炉烧掉或进行其他处理。第四,控制适宜的降温、降量速度。降温、降量速度应按工艺的要求进行,以防高温设备发生变形、损坏等事故。如高温设备的降温,不能立即用冷水等直接降温,而应在切断热源之后,以适量通风或自然降温为宜。降温、降量的速度不宜过快,尤其在高温条件下,温度、物料量急剧变化会造成设备和管道变形、破裂,引起易燃、易爆、有毒介质泄漏,导致发生火灾爆炸或中毒事故。第五,开启阀门的速度不宜过快。开启阀门时,打开阀门头两扣后要停片刻,使物料少量通过,观察物料畅通情况,然后再逐渐开大阀门,直至达到要求为止。开启蒸汽阀门时要注意管线的预热、排凝和防水击等。第六,高温真空设备停车步骤。高温真空设备的停车,必须先消除真空状态,待设备内介质的温度降到自燃点以下时,才可与大气相通,以防空气进入引发燃烧、燃爆事故。第七,停炉作业严格依照工艺规程规定。停炉操作应严格依照工艺规程规定的降温曲线进行,注意各部位火嘴熄火对炉膛降温均匀性的影响。火嘴未全部熄灭或炉膛温度较高时,不得进行排空和低点排凝,以免可燃气体进入炉膛引发事故。同时,装置停车时,操作人员要在较短的时间内开关很多阀门和仪表,为了避免出现差错,必须密切注意各部位温度、压力、流量、液位等参数的变化。

二、完全切断该设备内的介质来源

进入化工设备内部作业,必须对该设备停产,在对单体设备停产时要保障所有介质不能发生内漏。由于设备长时间使用,许多与该设备连接的管道阀门开关不到位,会出现内漏现象,尤其是气体阀门。检修人员进入设备作业后,如对管道检查不仔细,一旦发生漏气、漏液现象,特别是煤气、氨气、酸气、高压气、粗苯等易燃、易爆、高温、高压物质发生内漏,将造成着火、爆炸、烧伤、中毒等严重事故,所以工作人员一定要认真确认与设备连接的所有管道,对一些易燃、易爆、易中毒、高温、高压介质的管道要在阀后加盲板。

三、置换设备内有毒、有害气体

对含有有毒、有害、易燃、易爆气体的设备进行置换。一般用于置换的气体有氮气、蒸气,要优先考虑用氮气置换。因为蒸气温度较高,置换完毕后,还要凉塔,使设备内温度降至常温。对于一些含有高温液体的设备,首先应考虑放空,再采用打冷料或加冷水的方式将设备降至常温。对有压力的设备要采用泄压的方法,使设备内气体压力降至常压。

四、正确拆卸人孔

在对检修设备进行介质隔断、置换、降温、降压等工序后,要进行严格的确认、检测,在确保安全的情况下再拆卸人孔;对于有液体的设备,拆人孔时,要拆对角螺栓,拆到最后四条对角螺栓时,要缓慢拆卸,并尽量避开人孔侧面,防止液体喷出伤人;对于有易燃、易爆物质的设备,禁止用气焊切割螺栓;对于锈蚀严重的螺栓要用手锯切割;对于粗苯油罐等装置上设新人孔或开新手孔的情况下,禁止用气焊或砂轮片切割,要采用一定配比浓度的硫酸,周围用蜡封的手段开设新的人孔、手孔等。

五、正确劳保着装

劳动保护并不是简单的穿上工作服即可,在进入化工设备内部作业时,劳保服必须起防护作用,有一定的防护要求。在易燃、易爆的设备内,应穿防静电工作服,穿着要整齐,扣子要扣紧,防止起静电火花或有腐蚀性物质接触皮肤,工作服的兜内不能携带尖角或金属工具,一些小的工具,如角度尺等应装入工具袋。

安全帽必须保证帽带扣锁紧,帽子穿戴合适,由于在设备内部作业施工空间不足,很可能会出现碰头现象,还要保证帽芯与帽壳间留有一定缝隙,防止坠物打击帽子后帽芯不能将帽壳与头隔开,帽壳直接压在头上造成伤害。因此,帽芯内部要留有足够的缓冲距离。

正确穿戴劳保手套,在一些酸、碱等腐蚀性较强的设备内作业要穿戴防酸、碱等防腐手套,手套坏了要及时更换,尤其是在夏季作业手出汗多,手套的绝缘性能降低和出现打滑现象,所以应多备几副手套。

劳保鞋要采用抗静电鞋和防砸鞋。所穿的大头皮鞋,鞋底应采用缝制,不要用钉制,同时要考虑鞋的防滑性能,鞋带要系紧,保证行走方便。

在有条件的塔内工作时,尽量在作业范围的塔底铺设一些石棉板或胶皮,这样既防滑又隔断了人与设备的直接接触。

化工设备在检修前进行以上安全技术处理即可为化工设备检修作业的顺利进行提供良好的作业环境,为确保检修作业的安全以及检修后设备的正常运转提供可靠保证。

化工生产的特点决定了化工设备检修作业具有作业复杂,技术性强,风险大的特点,只有在检修前对化工装置进行一系列的安全技术处理,消除可能存在的各种危险,才能确保检修作业的顺利进行,保证检修的质量,为安全生产创造良好条件。

模块三 阀门

1. 阀门的主要作用

(1) 启闭作用。切断或连通管内流体介质的流动。

(2) 调节作用。改变管路阻力,调节管内流体的流速,使流体通过阀门后产生很大的压降。

(3) 安全保护作用。当管路或设备内超压时,及时自动泄压排放,维持管路或设备内的压力,达到安全保护作用。

(4) 控制流向作用。分配及控制流体的流量和流向等。

2. 阀门的种类

阀门的种类很多,常用阀门的种类有下列几种分类:

(1) 根据阀门的驱动方式可分为手动、电动、气动和自动阀门等多种。

(2) 根据与管路连接的形式,阀门可分为法兰连接阀、螺纹连接阀、焊接连接阀和承插连接阀等。

(3) 根据工作压力可分为真空阀(工作压力低于标准大气压)、低压阀(公称压力 PN ≤1.6 MPa)、中压阀(公称压力 PN 为 2.5～6.4 MPa)、高压阀(公称压力 PN 为 10～80 MPa)、超高压阀(公称压力 PN≥100 MPa)。

(4) 根据阀门的使用用途可分为截断类阀、止回类阀、安全类阀、调节类阀、分流类阀和特殊用途类阀等。

① 截断类阀:如闸阀、截止阀、旋塞阀、球阀、蝶阀、针型阀、隔膜阀等。截断类阀又称闭路阀,其作用是接通或截断管路中的介质。

② 止回类阀:如单向阀,止回类阀属于一种自动阀门,其作用是防止管路中的介质倒流、防止泵及驱动电机反转,以及容器介质的泄漏。

③ 安全类阀:如安全阀、防爆阀、事故阀等。安全类阀的作用是防止管路或装置中的介质压力超过规定数值,从而达到安全保护的目的。

④ 调节类阀:如调节阀、节流阀和减压阀。调节类阀的作用是调节介质的压力、流量等。

⑤ 分流类阀:如分配阀、三通阀、疏水阀。分流类阀的作用是分配、分离或混合管路中的介质。

⑥ 特殊用途类阀：如清管阀、放空阀、排污阀、排气阀等。

（5）根据工作温度可分为高温阀（$t > 450\ ℃$）、中温阀（$120\ ℃ < t \leqslant 450\ ℃$）、常温阀（$-30\ ℃ < t \leqslant 120\ ℃$）、低温阀（$t \leqslant -30\ ℃$）。

（6）根据阀体制作材质又可分为铸铁阀、铸钢阀、锻钢阀和不锈钢阀等。

▌知识与技能 1　常见阀门结构识读

1.截止阀

截止阀（图 3-1）是利用阀盘来控制阀门启闭的。

特点：结构复杂，价格较贵；操作可靠，不甚费力；易于调节流量或截断通道；流体流动的阻力系数较大；启动缓慢，无水锤现象。

应用：应用比较广泛，主要用于蒸气管路中，故又称气门，也可用于给水、压缩空气、真空及物料管路中，它可精确地调节流量和严密地截断通道。但它不能用于介质黏度较大、易结焦、含悬浮物与结晶的料液管路中，积聚在阀盘与阀座之间的固体颗粒，不仅会阻止阀盘与阀座的闭合，而且会使两者的接触面磨损，造成泄漏现象。

2.闸阀

闸阀（图 3-2）又称闸板阀或闸门阀，是利用闸板来控制阀门启闭的。

图 3-1　截止阀　　　　　　　　　　图 3-2　闸阀

特点：结构复杂，尺寸较大，价格较高；水力阻力最小；开启缓慢，无水锤现象；易于调节流量；闭合面磨损较快，研磨较难。

应用：化工厂应用较广，主要用于大直径的给水管路上，故又称水门，也可用于压缩空气、真空管路和 $120\ ℃$ 以下的低压气体管路，但不能用于介质中含沉淀物的管路，很少用于蒸汽管路。

3.旋塞阀

旋塞阀（图 3-3）是利用带孔的锥形栓塞来控制阀门启闭的。主要启闭零件是带孔的锥形栓塞和阀体，它们以圆锥形的压合面相配，栓塞顶上有方头，当扳手套在方头上旋转栓塞时,即可开通或截断管路,起到启闭的作用。根据介质流动方向的不同,旋塞可分为直通旋塞阀和三通旋塞阀等。在直通旋塞阀内,流体的流向不变;在三通旋塞阀内,流体的流向取决于栓塞的位置,可以使三路全通、三路全不通或任意两路通。因此,在某些管路中,一个三通旋塞阀最多可以起到三个直通旋塞阀的作用。

特点:结构简单;启闭迅速;阻力甚小;转动费力(对于大直径的旋塞而言);研磨费工。

应用:输送较小压力下流动的液体管路(因急启或急闭旋塞时能产生水锤现象)。

4.球阀

球阀(图 3-4)结构与旋塞阀相似,带孔的球体是球阀中主要关闭件。

图 3-3　旋塞阀　　　　　　　　　　　　图 3-4　球阀

特点:操作方便,开关迅速,旋转 90°即可开关;流动阻力小;结构比闸阀、截止阀简单,零件少,重量轻,密封面比旋塞阀易加工,且不易擦伤,密封性能高。缺点是不能用于调节精细流量。

应用:适用于低温、高压及黏度较大的介质和要求开关迅速的部位。

5.蝶阀

蝶阀(图 3-5)是靠旋转手柄通过齿轮带动阀杆,转动杠杆和松紧弹簧使阀门板达到启闭目的的。当关闭阀门板时,手柄应按顺时针方向旋转。当阀门板关闭后,旋转锁紧装置的手柄锁紧阀门板,保证密封面不漏气。优点是结构简单,维修方便,当阀门渗漏时,只需要更换橡胶密封圈,不须进行机加工。缺点是不能用来精确地调节流量,橡胶密封圈容易老化失去弹性。

6.止回阀

止回阀(图 3-6)又称止逆阀或单向阀。止回阀是一种根据阀前阀后介质的压力差而自动启闭的阀门,它的作用是使介质只做一定方向的流动,阻止其逆向流动。

图 3-5　蝶阀

止回阀可用于泵和压缩机的管路上、疏水器的排水管上,以及其他不允许介质做反方向流动的管路上。

7.安全阀

安全阀是一种根据介质工作压力而自动启闭的阀门,当工作压力超过规定值时,它能自动开启,将过量介质排出;当压力恢复正常,阀盘又能自动关闭。

安全阀根据平衡内压方式不同分为杠杆重锤式和弹簧式两种。

杠杆重锤式安全阀(图 3-7):利用重锤的重量通过杠杆的放大作用所产生的压力来平衡内压,根据工作压力的大小确定重锤的重量和杠杆的长度,调整后用铁盒罩住。

图 3-6 止回阀　　　　　　　图 3-7 杠杆重锤式安全阀

弹簧式安全阀(图 3-8):根据工作压力的大小来调整弹簧的压力,调好后,即可用锁紧螺母固定,套上安全护罩。

弹簧式安全阀按开启高度不同分微启式和全启式两种,微启式:主要用于液体介质的场合;全启式:突然全启,用于气体和蒸汽介质的场合。

8.减压阀

减压阀(图 3-9)的作用是降低设备和管道内介质的压力,使之成为所需的压力,并能依靠介质本身的能量,使出口压力保持稳定。

9.疏水阀

疏水阀(图 3-10)不仅能自动地间歇地排出蒸汽管道、加热器、散热器等蒸汽设备系统中的冷凝水,还能防止蒸汽泄出,故又称凝液排除器、阻汽排水阀或疏水器。

图 3-8 弹簧式安全阀　　　图 3-9 减压阀　　　图 3-10 疏水阀

▌知识与技能2 阀门的检修

1.阀门检修的一般步骤

（1）熟悉阀门在管路中的工作情况，主要是介质的性质和工作压力。

（2）阀门拆卸之前，对有方向性的阀门，应在阀体一端的法兰和管路相对应的法兰上做好标记，以便确定安装时的方向。

（3）拆卸。

（4）清洗、检查阀体和全部阀件。

（5）根据情况，更换、修复部分阀件；研磨密封面；修复中心法兰、端法兰密封面；更换或填加填料，更换垫片。

（6）按照正确的方法和顺序进行装配。

（7）进行密封性能和强度等试验。

（8）进行阀体的刷漆防腐。

（9）验收。

2.阀门的检修规程

1）阀门检修规程的内容与适用范围

一般阀门检修规程的内容包括阀门的检修周期与内容、检修的质量标准、试验与验收、维护与故障处理；适用范围主要包括工作压力、温度范围、阀门类型等。

阀门的检修周期，应根据生产装置的特点、介质性质、腐蚀速度和运行周期等，由各个企业自行确定。检修内容如上面检修步骤中所包含各项。

2）检修前的准备

（1）准备相关的技术资料。

（2）准备相关的机具、量具和材料。

（3）清理干净阀体内的介质，并符合安全规定。

3）检修的一般规定

（1）阀门应挂牌，标明检修的编号、工作压力、工作温度及介质。

（2）拆卸下的阀门配件，若有方向和位置要求的应该核对或打上标记。

（3）全部阀件都应进行清洗和除垢。

（4）非金属材料的密封面损坏后，应该更换。

（5）密封面研磨所需的研具材料及磨料的选用应参照相应资料。

（6）工作温度过高的螺栓及垫片应涂上防咬合剂。

（7）铜垫片安装前应做退火处理。

（8）螺栓安装要整齐；拧紧中心法兰螺栓时，闸阀、截止阀应在开启状态下进行。

4）检修的质量标准

（1）阀门名牌要完整，安全阀铅封应无损伤。

（2）阀门的铸件部分不得有裂纹、严重缩孔或夹渣等缺陷。

（3）阀门的锻件加工面应该无夹层、重皮、裂纹、斑疤等缺陷。

（4）阀门的焊接件焊缝应该无裂纹、夹渣、气孔、咬肉或成型不良等缺陷。

（5）阀门螺栓无松动、应露出螺母 2～3 个扣。转动系统零部件应该齐全、好用。

（6）密封面应该用显示剂检查接触面印痕：对于闸阀、截止阀和止回阀，印痕线应均匀连续，宽度不小于 1 mm；对于球阀，印痕面应该均匀连续，且宽度不小于阀体密封环外径；对于安全阀，密封面检修后的累积减薄量不大于 2 mm；对于氨阀，密封面的堆焊层厚度不小于 2 mm；检修后的密封面的粗糙度不低于 1.6，安全阀不低于 0.4。

（7）阀座与阀体连接应牢固，严密无渗漏；阀板与导轨配合适度，在任意位置无卡阻、脱轨，阀体中法兰凹凸缘的最大配合间隙应符合要求；法兰密封面洁净无划伤；钢圈垫与密封槽接触面应着色检查，印痕线连续；法兰应平行，安装间距符合要求；法兰、螺栓、垫片选用恰当；有拧紧力矩要求的螺栓，应按规定的力矩拧紧，拧紧力矩误差不应大于±5％；填料压盖、填料底套与填料函孔及填料压盖内径与阀杆的最大配合间隙应符合要求；填料压盖无损坏、变形。

（8）阀杆与启闭件的连接要牢靠、不脱落；阀杆端部与阀板的连接在阀门关闭时，阀板与阀体应对中。

（9）阀杆表面应无凹坑、刮痕和轴向沟纹；阀杆头部不应有凹陷和变形；阀杆全长直线度、圆度等的公差值应符合要求；安全阀阀杆端部球面应圆滑；安全阀弹簧表面无裂纹，弹簧两端支撑平面与轴线应垂直。

（10）阀杆螺母的外圆与支架孔的最大配合间隙应符合要求；手轮、轴承压盖均不得松动。

（11）填料对口要切成 30°斜角，相邻两圈填料的对口错开 120°，并应逐道压紧；填料压好后，填料压盖压入填料箱不小于 2 mm，外露部分不小于填料压盖可压入高度的 2/3；填料装好后，阀杆的转动和升降应灵活、无卡阻、无泄漏。

（12）阀门的组装。平行式双闸板阀门的撑开机构，当闸板达到关闭位置时，该机构应能迅速撑开，使其与阀体密封面吻合，工作时，双闸板不得分离和脱落；安全阀阀体中法兰与导向套的配合应对中；指示机构和限位机构应定位准确；驱动装置的安装应灵活好用；对有方向性的阀门，如截止阀、节流阀、止回阀等不得装反；在水平管路上安装阀门，阀杆一般应安装在上半周范围，以防介质泄漏伤害到操作者。

5）试验与验收

（1）压力试验中的注意事项。

① 密封试验时，密封面不得涂润滑脂，但允许涂一层黏度不大于煤油的防护剂。

② 奥氏体不锈钢阀门以水为试验介质，其氯离子含量不得超过 25 ppm，碳素钢和 Q345R 钢阀门水温不低于 5 ℃，其他低合金钢不低于 15 ℃。

③ 用气压试验代替水压试验时，应经过有关部门的批准，并采用相应的安全防护措施。

④ 压力试验完毕后，及时排除阀腔内的积液。

（2）一般阀门的压力试验。

① 试验介质。

a.壳体、高压上密封和高压密封试验,用水、煤油或黏度不高于水的非腐蚀性液体。

b.低压密封和低压上密封试验,用空气或惰性气体。

② 试验压力。

a.壳体试验压力为公称压力的1.5倍。

b.高压密封试验和高压上密封试验压力为公称压力的1.1倍。

c.低压密封和低压上密封试验压力为0.6 MPa。

d.止回阀的密封试验压力为公称压力。

③ 试验的持续时间与允许最大泄漏量应符合相关要求。

（3）安全阀的压力试验。

安全阀的压力试验主要包括强度压力试验、整定压力（或开启压力）试验和密封压力试验,具体要求可根据实际情况查阅相关资料。

（4）验收。

① 阀门随装置运行一周,各项指标达到技术标准或能满足生产要求。

② 阀门达到完好标准后,安全阀铅封合格。

③ 提交阀门压力试验记录,安全阀整定压力试验记录和验收单,并有使用单位和检修单位签字,一式两份,各方存档。

6）日常维护

（1）定时检查阀门的油杯、油嘴、阀杆螺纹和阀杆螺母的润滑。

（2）定时检查阀门的密封和紧固件,发现泄漏和松动应及时处理。

（3）定期清洗阀门的气动和液动装置。

（4）定期检查阀门的防腐层、保温或保冷层,发现损坏应及时处理。

知识与技能 3　阀门缺陷的检修方法

阀门缺陷的检修方法主要有:补焊、粘补、更换填料、更换垫片、带压堵漏、研磨密封面等。下面以阀门的阀体和阀盖、填料函泄漏以及阀门密封面的修理为主进行介绍。

1. 阀体和阀盖的修理

阀体与阀盖构成阀门的外壳,当有局部缺陷时,先将缺陷处附近的金属去掉,然后选用相应的焊条进行补焊。对受力不大、温度不高部位的缺陷,也可以采用环氧树脂等黏合剂进行粘补修理。

阀体与阀盖间垫片损坏后的更换,应将新垫片涂上机油调和的石墨粉,然后放正均匀压紧在阀体与阀盖间。

2. 填料函泄漏的修理

填料函在工作时有轻微泄漏时,可将阀门关闭,再通过填料压盖进一步压紧填料。如果泄漏严重,则应将旧填料取出,之后,对于小型阀门,把绳状新填料按顺时针方向装填到填料函内阀杆周围,压紧填料压盖即可;对于大型阀门,最好采用方形断面填料,按斜切口切成在填料函内盘成圈稍有间隙的长度（填料被压紧时间隙消失）,分层装入填料函内阀杆周围,各层的接口应互相错开120°,并在每层填料之间加少许石墨粉,达到装填层数后对称上紧填料压盖螺栓,保证压盖不倾斜且均匀压紧填料,同时转动阀杆,以使填料与阀杆均匀接触,并防止压得过紧。

填料函泄漏严重又不允许拆卸修理时,可采用带压堵漏的方法。带压堵漏是指发现生产系统中的介质泄漏后,在无须停车和降低操作压力及温度的情况下所进行的密封操作,即不停车密封。具体做法是在泄漏部位装上夹具,以便在泄漏处周围建立一个密封腔,然后用一高压注射枪把密封剂注入密封腔内,直到充满整个空间,并使腔内密封剂的挤压力与泄漏介质压力相平衡,以堵塞泄漏孔腔和通道,挡住介质外泄。同时密封剂在介质温度作用下,迅速固化,从而消除泄漏,在原泄漏部位上建立起一个固定的、新的密封结构,其过程见图3-11。

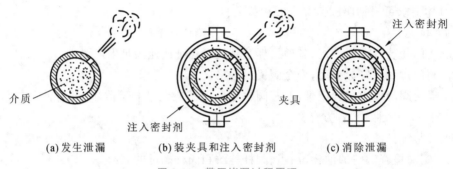

图 3-11　带压堵漏过程原理

3.阀门密封面的修理

密封面常因摩擦、腐蚀、划伤等而损坏,当损坏深度大于0.2 mm时,应更换密封件或堆焊后研磨;深度在0.05~0.2 mm时,应先车削加工,再进行研磨;深度小于0.05 mm时,可直接进行研磨。

阀门研磨可以用阀门本身的阀瓣、阀座对研,也可以分开用专门的研磨工具进行研磨,磨具的硬度应比工件的硬度低,以使磨料能部分嵌入磨具,常用的磨具材料有铸铁、软钢、铜等。研磨剂是由磨料和研磨液调和而成的混合剂,磨料有碳化硅、碳化硼、三氧化二铝等,按颗粒粗细分级,一般粗研时用100~280号磨粉,细研时用W40~W7的磨粉。阀门修理中常用市场销售的研磨膏,是由磨料和润滑剂调配而成,可根据需要选用,使用时若研磨膏太稠,可加煤油稀释。

研磨时在密封面上均匀涂一层很薄的研磨膏或混有机油的磨料,再与擦净的磨具接触做相对运动,一般是正反交替作90°转动6~7次,然后将修理件或磨具的原始位置转换120°~180°,再继续研磨,这样换5~8次位置研磨后,用汽油或煤油洗掉废磨料,再涂上较细的磨料继续研磨,直到合格为止。研磨时应保证施加在磨具上的压力和速度均匀,一般粗研时可用较大压力和较低速度,细研时用较小压力和较高速度。

4.阀门常见故障、原因及其消除方法

阀门在运行过程中的故障多种多样,表3-1列出了常见的几种故障、故障产生原因及消除方法。

表 3-1 阀门常见故障、故障产生原因及消除方法

故障现象	故障产生原因	消除方法
阀门开不动	填料过紧,压盖偏斜	调整填料函螺栓的松紧,压盖压正
	阀杆弯曲,阀杆螺纹损坏、积垢	矫直阀杆、修理阀杆螺纹并除垢
	闸阀关闭力量太大或阀杆热膨胀	边敲击阀体法兰,边旋转手轮
	支架轴承压盖松脱顶住手轮	重新固定轴承压盖
	寒冷季节冻凝	蒸汽适当加热阀门
填料泄漏	填料压盖松	压紧填料压盖
	填料不足	增加填料
	填料技术性能不符合要求或老化失效	更换填料
	阀杆粗糙、弯曲,有轴向沟纹或磨损、腐蚀	提高表面光洁度,矫直阀杆,修掉沟纹或更换新阀杆
中心法兰泄漏	法兰螺栓紧固不均	螺栓扭矩一致
	垫料技术性能不符合要求	更换垫料
	法兰密封面有缺陷	修理密封面
阀门内漏	阀内掉进异物,密封面沾上异物	除掉异物
	阀杆端部的球面变形或悬空	修理球面
	双闸板闸阀的撑开机构磨损	修复撑开机构
	密封面损坏	研磨
阀盖与阀体结合面泄漏	螺栓松动	拧紧螺栓
	两端面偏斜	对称均匀的拧紧螺栓
	垫片损坏	更换垫片
	结合面损坏	修理结合面

课后思考

1.按结构特征分类,常见的阀门有哪些？列表指出其各自特点及应用场合。

2.简述阀门检修的质量标准。

3.简述阀门填料函泄漏的修理方法。

★ 素质拓展阅读 ★

永不止步的阀门技术发展

一、关于阀门

阀门是用以控制流体流量、压力和流向的装置，是管道输送系统中的控制部件。被控制的流体可以是液体、气体、气液混合体或固液混合体。阀门的控制功能是依靠驱动机构或流体驱使启闭件升降、滑移、旋摆或回转以改变流道面积的大小来实现的。

阀门的用途广泛，从最简单的截止阀到极为复杂的自控系统中所用的各种阀门。阀门与人们的日常生活有密切的关系，例如自来水管用的水龙头、液化气灶用的减压阀都是阀门。阀门也是各种机械设备如内燃机、蒸汽机、压缩机、泵、气压传动装置、液压传动装置车辆、船舶和飞行器中不可缺少的部件。

二、阀门的诞生

早在战国末年，人们为了从盐井中吸卤水制盐，制作出了最原始的柱塞阀防止卤水走漏。在埃及和古希腊时期，人们在开发了复杂的水利系统后，便将阀门升级为旋塞阀和柱塞阀，防止水的逆流。在文艺复兴时期，著名工程师达·芬奇设计的沟渠、灌溉项目和其他大型水力系统项目中就使用了阀门，这对阀门事业发展有很大的贡献。

三、阀门在工业中的应用

1769 年瓦特发明了蒸汽机使阀门正式进入了机械工业领域，蒸汽机上大量采用旋塞阀、安全阀、止回阀和蝶阀。

18 世纪到 19 世纪，蒸汽机在采矿业、冶炼、纺织、机械制造等行业的迅速推广，使得对阀门数量以及质量的要求日益增加，于是出现了滑阀。相继出现的带螺纹阀杆的截止阀和带梯形螺纹阀杆的楔式闸阀，是阀门发展中的一次重大突破，这两类阀门的出现不仅满足了当时各个行业对阀门压力及温度不断提高的要求，而且初步满足了对流量调节的要求。此后，电力、石油、化工、造船行业的兴起，各种高、中压阀门得到了迅速发展。

第二次世界大战后，由于各种特殊材料，包括聚合材料、润滑材料、不锈钢和钴基硬质合金的发展，古老的旋塞阀和蝶阀获得了新的应用，根据旋塞阀演变的球阀和隔膜阀得到迅速发展。截止阀、闸阀和其他阀门品种增加，质量提高，使得阀门制造业逐渐成为机械工业的一个重要分支。

四、国内阀门工业的发展

我国阀门工业起步较晚。在 20 世纪 60 年代才开始研制单座阀、双座阀等产品，主要仿制苏联的产品。由于机械工业落后，机械加工精度低，因此，产品泄漏量较大，但尚能满足当时工业生产过程的一般控制要求。

20 世纪 70 年代开始，随着工业生产规模的扩大，一些大型石油化工企业在引进设备的同时，也引进一些控制阀，为国内的控制阀制造厂商指明了开发方向。到了 80 年代，随着我国改革开放政策的贯彻和落实，阀门制造技术和产品质量得到了迅速的提高，生产出了各种类型的套筒阀、偏心旋转阀，我国开始研制精小型调节阀。在 20 世纪 90 年代时，我国的调节阀工业也在引进和消化国外的先进技术后开始飞速发展，填补了一些特殊工业控制的空白,使我国调节阀工业水平提高,缩短了与国外的差距。后期随着现代核工业、石油化学工业、电子工业和航天工业的发展,以及流程工艺自动控制和远距离流体输送的发展,促进了现代低温阀、真空阀、核工业用阀和各种调节阀的发展。用于远距离控制和程序控制的阀门驱动装置的应用也越来越多。

2010年后,随着我国经济建设的不断发展,我国阀门制造企业逐渐有了足够的资本和成本进行高新技术的研发,我国阀门制造行业由此开始进入由中低端阀门铸造向中高端阀门定制化制造的转型过程。

全球工业制造行业智能化趋势明显,阀门制造行业也正在朝着智能化、自动化的方向发展。我国阀门制造行业目前正处于转型期,一方面,在以人工智能等新兴科技为核心技术的第四次工业革命的推动下,阀门制造行业逐步向智能化方向转型;另一方面,随着我国研发能力的不断提升,我国阀门制造行业正逐步向高端阀门进行"攻坚"。

随着中国经济高质量发展,工业化程度越来越高,对于高性能阀门的需求也日益增长。过去,由于中国阀门的生产技术不足,在高性能阀门方面中国较多地依赖于进口国外产品。未来,随着中国工业阀门企业研发能力的增强和技术的进步,中国高性能阀门产品的国产化率将会不断提高。

第一篇

静设备部分

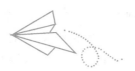

模块四　换热设备

换热设备是指使具有不同温度的两种或两种以上流体之间传递热量的设备,又称热交换器、换热器。在工业生产中,换热器的主要作用是使热量由温度较高的流体传递给温度较低的流体,使流体温度达到工艺流程规定的指标,以满足生产过程的需要。换热器是化工、炼油、煤化工、动力、食品、轻工、原子能、制药、航空及其他许多工业部门广泛使用的一种通用设备。在化工厂中,换热器的投资占总投资的 $10\%\sim20\%$,在炼油厂中,该项投资占总投资的 $35\%\sim40\%$ 。适用于不同介质、不同工况、不同温度、不同压力的换热器,因其结构类型不同,换热器的具体分类如下。

1.换热器按传热原理分类

(1)间壁式换热器:间壁式换热器是温度不同的两种流体在被壁面分开的空间里流动,通过壁面的导热和流体在壁表面的对流进行换热。间壁式换热器有管壳式、板式、套管式和其他类型。

(2)蓄热式换热器:蓄热式换热器通过固体物质构成的蓄热体,把热量从高温流体传递给低温流体,热介质先通过加热固体物质达到一定温度后,冷介质再通过固体物质被加热,从而达到热量传递的目的。蓄热式换热器有旋转式、阀门切换式等。

(3)流体连接间接式换热器:流体连接间接式换热器是由在两个间壁式换热器中循环的热载体连接起来的换热器,热载体在高温流体换热器和低温流体换热器之间循环,在高温流体换热器接受热量,在低温流体换热器把热量释放给低温流体。

(4)直接接触式换热器:直接接触式换热器是使两种流体直接接触进行换热的设备,如冷水塔、气体冷凝器等。

2.换热器按用途分类

(1)加热器:加热器是把流体加热到必要的温度,但加热流体没有发生相的变化。

(2)预热器:预热器通过预先加热流体,为工序操作提供标准的工艺参数。

(3)过热器:过热器用于把流体(工艺气或蒸汽)加热到过热状态。

(4)蒸发器:蒸发器用于加热流体达到沸点以上温度,使流体蒸发,一般有相的变化。

▍知识与技能 1　管壳式换热器结构识读

1.管壳式换热器类型

管壳式换热器按其结构分为固定管板式换热器、浮头式换热器、U 形管式换热器、填料函式换热器等。

（1）固定管板式换热器。

固定管板式换热器主要是由壳体、管束、管板、管箱及折流板等组成,管束和管板是刚性连接在一起的。所谓"固定管板"是指管板和壳体之间也是刚性连接在一起,相互之间无相对移动,具体结构如图 4-1 所示。这种换热器结构简单、制造方便、造价较低,在相同直径的壳体内可排列较多的换热管,而且每根换热管都可单独进行更换和管内清洗,但管外壁清洗较困难。当两种流体的温差较大时,会在壳壁和管壁中产生温差应力,一般当温差大于 50 ℃时就应考虑在壳体上设置膨胀节以减小或消除温差应力。

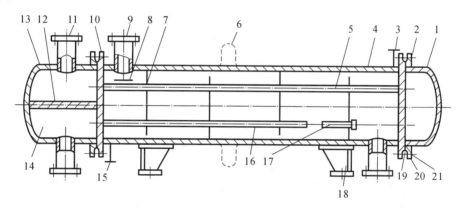

图 4-1　固定管板式换热器结构

1—封头;2—法兰;3—排气口;4—壳体;5—换热管;6—膨胀节;7—折流板;8—防冲板;
9—壳程接管;10—管板;11—管程接管;12—隔板;13—封头;14—管箱;15—排液口;16—定距管;
17—拉杆;18—支座;19—垫片;20,21—螺栓、螺母

固定管板式换热器适用于壳程流体清洁、不易结垢、冷热流体温差不太大的场合。

（2）浮头式换热器。

浮头式换热器的一端管板是固定的,与壳体刚性连接,另一端管板是活动的,与壳体之间并不相连,其结构如图 4-2 所示。活动管板一侧称为浮头,浮头的具体结构如图 4-3 所示。浮头式换热器的管束可从壳体中抽出,故管外壁清洗方便,管束可在壳体中自由伸缩,所以无温差应力;但结构复杂、造价高,浮头处若密封不严会造成两种流体混合且不易察觉。

浮头式换热器适用于冷热流体温差较大,介质易结垢常需要清洗的场合。在化工生产中使用的各类管壳式换热器中浮头式最多。浮头式重沸器与浮头式换热器结构类似,见图 4-4。壳体内上部空间是供壳程流体蒸发用的,所以也可将其称为带蒸发空间的浮头式换热器。

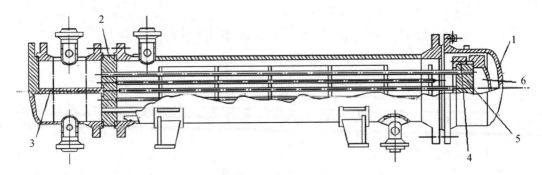

图 4-2　浮头式换热器结构

1—封头;2—固定管板;3—隔板;4—浮头钩圈法兰;5—浮动管板;6—浮头封头

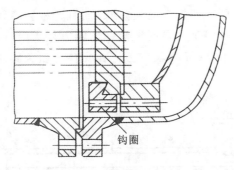

图 4-3　浮头结构示意图

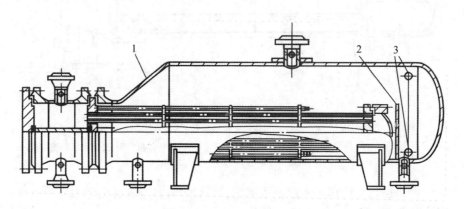

图 4-4　浮头式重沸器

1—偏心锥壳;2—堰板;3—液面计接口

（3）U 形管式换热器。

U 形管式换热器不同于固定管板式换热器和浮头式换热器,只有一块管板,换热管做成 U 字形、两端都固定在同一块管板上;管板和壳体之间通过螺栓固定在一起,其结构如图 4-5 所示。这种换热器结构简单、造价低,管束可在壳体内自由伸缩,无温差应力,也可将管束抽出清洗且还节省了一块管板;但 U 形管管内清洗困难且管子更换也不方便,由于 U 形弯管半径不能太小,故与其他管壳式换热器相比布管较少,结构不够紧凑。

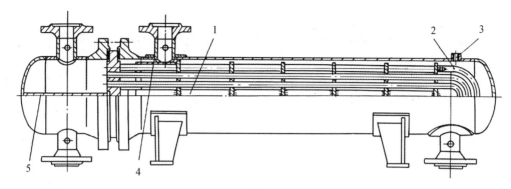

图 4-5 U 形管式换热器结构

1—中间挡板；2—U 形换热管；3—排气口；4—防冲板；5—分程隔板

U 形管式换热器适用于冷热流体温差较大或管内清洁不结垢的高温、高压、腐蚀性较大的流体的场合。

（4）填料函式换热器。

填料函式换热器与浮头式换热器很相似，只是浮动管板一端与壳体之间采用填料函密封，如图 4-6 所示。这种换热器管束也可自由伸缩、无温差应力，具有浮头式的优点且结构简单、制造方便、易于检修清洗，特别是对腐蚀严重、温差较大而经常要更换管束的冷却器，采用填料函式比浮头式和固定管板式更为优越；但由于填料密封性所限，不适用于壳程流体易挥发、易燃、易爆及有毒的情况。目前所使用的填料函式换热器直径大多在 700 mm 以下，大直径的用得很少，尤其在操作压力及温度较高的条件下采用更少。

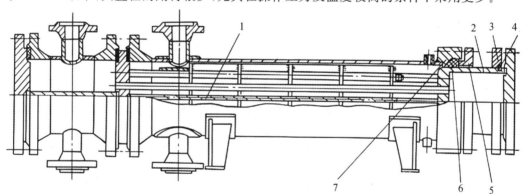

图 4-6 填料函式换热器结构

1—纵向隔板；2—浮动管板；3—活套法兰；4—部分剪切环；5—填料压盖；6—填料；7—填料函

2.管壳式换热器结构

（1）管、壳程。

管壳式换热器工作时，一种流体走管内称为管程，另一种流体走管外（壳体内）称为壳程。管内流体从换热管一端流向另一端一次，称为一管程；对于 U 形管式换热器，管内流体从换热管一端经过 U 形弯曲段流向另一端一次，称为两管程。两管程以上就需要在管板上设置分程隔板来实现分程，常用的是单管程、两管程和四管程。

（2）换热管及其在管板上的排列。

换热管是管壳式换热器的传热元件，它直接与两种介质接触。常用换热管为碳钢和低合金钢管，规格有 $\phi19\ mm\times2\ mm$、$\phi25\ mm\times2.5\ mm$、$\phi38\ mm\times3\ mm$、$\phi57\ mm\times3.5\ mm$；不锈钢管有 $\phi25\ mm\times2\ mm$、$\phi38\ mm\times2.5\ mm$。采用小管径、布管数量多、单位体积的传热面积增大、金属耗量少，结构紧凑，传热效率也稍高一些，但制造较麻烦，且小直径管子易结垢，不易清洗。所以一般对清洁流体用小直径的管子，黏性较大的或污浊的流体采用大直径的管子。

在相同传热面积下，换热管越长则壳体、封头的直径和壁厚就越小，性价比越好；但换热管过长，性价比不再显著且清洗、运输、安装都不太方便。换热管的长度规格（单位 m）有 1.5、2.0、3.0、4.5、6.0、7.5、9.0、12.0，化工生产中 6 m 长的换热管最常用。换热器一般都采用光管，为了强化传热，也可用螺纹管、带钉管及翅片管等。

换热管在管板上的排列形式有正三角形、转角正三角形、正方形和转角正方形等。如图 4-7 所示。三角形排列布管多，结构紧凑，但管外清洗不便；正方形排列便于管外清洗，但布管较少，结构不够紧凑。一般在固定管板式换热器中多用三角形排列，浮头式换热器多用正方形排列。

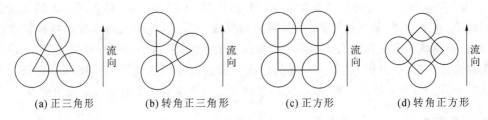

(a)正三角形　　(b)转角正三角形　　(c)正方形　　(d)转角正方形

图 4-7　换热管的排列形式

（3）管板和管子的连接。

管板是换热器的主要部件之一，一般采用圆形平板，在板上开孔并装设换热管。管板还起分隔管程和壳程空间、避免冷热流体混合的作用。管板和管子的连接方式有胀接和焊接，对于高温高压下常采用胀、焊并用的方式。

胀接连接是利用管子与管板材料的硬度差，使管孔中的管子在胀管器的作用下直径变大并产生塑性变形，而管板只产生弹性变形，胀管后管板在弹性恢复力的作用下与管子外表紧紧贴合在一起，达到密封和紧固连接的目的，如图 4-8 所示。

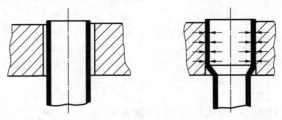

图 4-8　胀管前后示意图

由于胀接是靠管子的变形来达到密封和压紧的一种机械连接方法，当温度升高时，由于蠕变现象的作用可能引起接头脱落或松动，发生泄漏。因此，胀接适用于换热管为碳钢、管板为碳钢或低合金钢、设计压力不超过 4 MPa、设计温度不超过 300 ℃,且无特殊要求的场合。

焊接连接是将换热管的端部与管板焊在一起,工艺简单、不受管子和管板材料硬度的限制,且在高温高压下仍能保持良好的连接效果,所以对于碳钢或低合金钢,温度在 300 ℃ 以上的场合,大都采用焊接连接,如图 4-9 所示。当温度在 300 ℃ 以上时,蠕变造成胀接残余应力松弛,将使胀口失效。目前广泛采用焊接加胀接的方法,它能够提高接头的抗疲劳性能,并且能消除应力腐蚀和间隙腐蚀,从而延长接头的使用寿命。

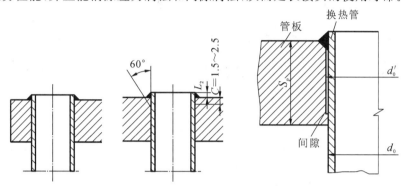

图 4-9   管板与换热管的焊接连接(单位:mm)

(4) 管箱。

管箱位于壳体两端,其作用是控制及分配管程流体。管箱的结构如图 4-10 所示,其中(a)图所示结构适用于较清洁的介质,因检查及清洗管子时只能将管箱整体卸下,故不够方便;(b)图所示结构为在管箱上装有箱盖,只要拆下箱盖即可进行清洗和检查,所以工程应用较多,但材料用量较大;(c)图所示结构是将管箱与管板焊成整体,这种结构密封性好,但管箱不能单独拆下,检修、清洗都不方便,实际应用较少。管箱的结构、密封形式、法兰连接和管箱上开孔等都是设计时应多加考虑的问题。这些部件的好坏,直接影响换热器的效率。在高压下,应尽量减小各种开口尺寸,以便采用较小尺寸的法兰连接。在高温下,还应尽可能地减少法兰连接。因为在高温下,特别是当温度超过 500 ℃ 时,材料的强度便急剧下降,从而导致连接的法兰和螺栓都设计得十分粗大。

(5) 壳体及其与管板的连接。

管壳式换热器的壳体大多是一个圆筒形状的容器,器壁上焊有接管,供壳程流体进入和排出之用。直径小于 400 mm 的壳体,通常用钢管制成,大于 400 mm 时都用钢板卷焊而成。

在壳程进口接管处常装有防冲板(或称缓冲板),以防止进口流体直接撞击管束上部的管排。这种撞击会侵蚀管子,并且会引起振动。图 4-11 所示为两种进口接管和防冲板的布置。

不同类型的换热器其壳体与管板的连接方式不同,如图 4-12 所示。在固定管板式中,两端管板均与壳体采用焊接连接且管板兼作法兰用,在浮头式、U 形管式及填料函式换热器中采用可拆连接,将管板夹持在壳体法兰和管箱法兰之间,这样便于管束从壳体中抽出进行清洗和维修。

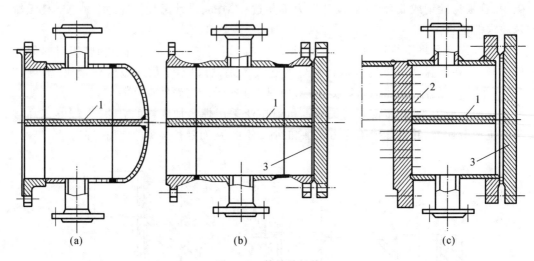

图 4-10 管箱的结构

1—隔板；2—管板；3—箱盖

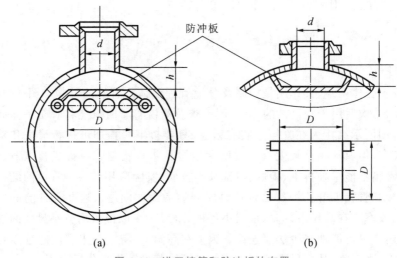

图 4-11 进口接管和防冲板的布置

（6）折流板。

折流板的作用是引导壳程流体反复地改变方向做错流流动或其他形式的流动，并可调节折流板间距以获得适宜流速，提高传热效率。另外，折流板还可起到支撑管束的作用。

常用折流板有弓形和圆盘-圆环形两种，其中弓形的有单弓形、双弓形及三弓形，单弓形和双弓形应用最多。折流板结构如图 4-13 所示。

弓形缺口的高度应使流体通过时的流速与横向流过管束时的流速相当，一般取缺口高度 h 为壳体直径的 0.2~0.45 倍。当卧式换热器的壳程为单相清洁流体时，折流板缺口应水平上下布置。若气体中含有少量液体时，则应在缺口朝上的折流板的最低处开通液口，见图 4-14(a)；若液体中含有少量气体时，则应在缺口朝下的折流板最高处开通气

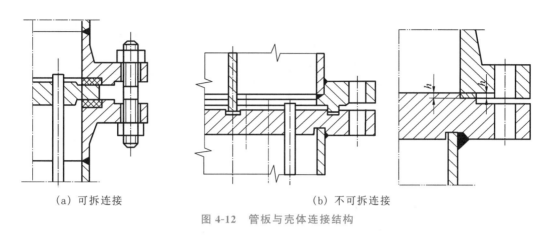

(a) 可拆连接   (b) 不可拆连接

图 4-12 管板与壳体连接结构

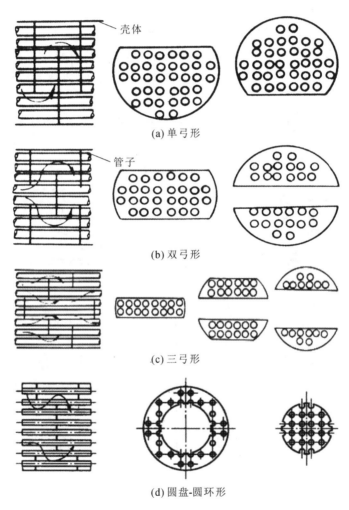

(a) 单弓形

(b) 双弓形

(c) 三弓形

(d) 圆盘-圆环形

图 4-13 折流板结构

口,见图 4-14(b);当壳程为气、液共存或液体中含有固体物料时,折流板缺口应垂直左右布置,并在折流板最低处开通气口,见图 4-14(c)。

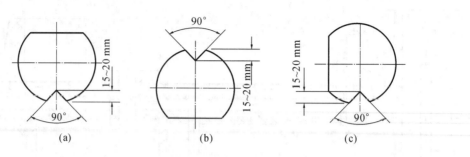

图 4-14 折流板缺口布置

圆盘-圆环形折流板相较弓形折流板结构复杂,加工制作略难,且不便于清洗,一般用于压力较高和物料清洁的场合。

弓形折流板和圆盘-圆环形折流板虽然成形简单,开孔容易,但壳程压力大,存在流动滞死区,易结垢、传热效率低等缺陷,目前出现了一些新型折流板,如螺旋折流板,见图 4-15。它是由多个螺旋板片组合成的封闭流道连续型螺旋折流板,它与弓形折流板相比,虽然成本增加,但壳程传热效益,壳程阻力、壳程结垢速率、振动噪音等均有改善。

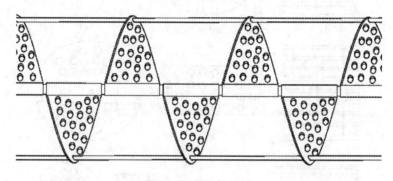

图 4-15 螺旋折流板

折流板的最小间距应不小于圆筒内径的 1/5,且不小于 50 mm。最大间距应不大于圆筒内直径。

从传热角度看,有些换热器不需要设置折流板。但是为了增加换热管刚度,防止管子振动,通常也设置一定数量的支持板(按折流板一样处理)。

折流板的固定是通过拉杆和定距管来实现的。拉杆是一根两端皆带有螺纹的长杆,一端拧入管板。折流板穿在拉杆上,各板之间则以套在拉杆上的定距管来保持板间距离。最后一块折流板可用螺母拧在拉杆上予以紧固。也有采用螺纹与焊接相结合连接或全焊接连接的。

▌知识与技能 2 板式换热器结构识读

板式换热器作为高效、紧凑的换热设备,大量地应用于工业生产中。板框式换热器是常见的板式换热器,俗称可拆卸板式换热器,它由板片、端板、上下导杆、密封垫片、支柱等构成,如图 4-16(a)所示。

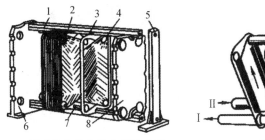 

(a) 板式换热器结构分解示意图　　　　(b) 板式换热器流程示意

图 4-16　板框式换热器

1—上导杆;2—密封垫片;3—板片;4—角孔;5—前支柱;6—固定压紧端板;7—下导杆;8—活动压紧端板

板片是传热元件,冷、热流体通过板间形成的流道完成热交换。板片为有波纹、密封槽和角孔的金属薄板,波纹的形式有水平平直波纹、斜波纹、竖直波纹、球形波纹、人字形波纹和方形波纹,人字形波纹板片如图 4-17 所示。波纹不仅可强化传热,而且可以增加薄板的刚性,从而提高板式换热器的承压能力。由于流体呈湍流状态,故可减轻沉淀物或污垢的形成,起一定的"自洁"作用。

图 4-17　人字形波纹板片

板片悬挂在上、下导杆之间,板片的数量、顺序和方向按设计要求而定。板片的周边和角孔处有密封槽,供放置(粘贴或嵌入)密封垫片用。固定压紧端板与支柱通过上、下导杆连成一体,称为"框架"。拧紧夹紧螺母和螺柱时,板片被推向固定压紧端板,直至达到规定的压紧尺寸为止。如果需要,可以卸去夹紧螺母和螺柱,推开活动压紧端板,取下板片和密封垫片,进行清洗或更换。

密封垫片的作用是在板片之间防止流体向外泄漏,并按设计要求密封一部分角孔,使冷、热流体按各自的流道流动。

固定压紧端板(有时包括活动压紧端板和中间隔板)的角部设有 2 个或 4 个接口,并与板片上的相应角孔连通,供换热流体流动。单程板式换热器的接口全部位于固定压紧板上,便于拆卸和维修。两种流体在板框式换热器内的流动状况如图 4-16(b)所示。

板式换热器具有传热效率高、结构紧凑、使用灵活、清洗和维护方便、能精确控制换热温度等优点,应用广泛。其缺点是不易密封、承压能力低、使用温度受密封材料耐温性能的限制,流道狭窄、易堵塞,处理量小,流动阻力大。

知识与技能 3　空气冷却器结构识读

空气冷却器(简称"空冷")是以环境空气作为冷却介质横向掠过翅片管外,使管内高温工艺流体得到冷却或冷凝的设备。采用空气冷却代替水冷却进行介质的冷却或冷凝不仅可以节约用水,还可以减少水污染。此外,空气冷却器还具有维护费用低、运转安全可靠、使用寿命长等优点。

1. 类型

空气冷却器通常按以下几种形式进行分类。

(1) 按管束布置方式分为立式、水平式、斜顶式等。

(2) 按通风方式分为鼓风式、引风式和自然通风式。

(3) 按冷却方式分为干空冷、湿空冷和干湿联合空冷。

(4) 按防寒防冻方式分为热风内循环式、热风外循环式、蒸汽伴热式等。

(5) 按风量控制方式分为百叶窗调节式、可变角调节式和电机调速式。

图 4-18 是常用的水平鼓风式、水平引风式和斜顶鼓风式空气冷却器。

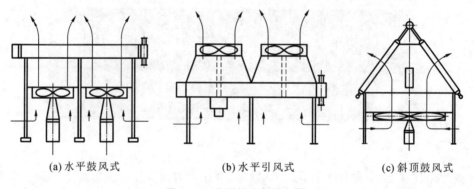

(a) 水平鼓风式　　　　　(b) 水平引风式　　　　　(c) 斜顶鼓风式

图 4-18　常用的空气冷却器

水平鼓风式空气冷却器适用于任何场合,管束水平放置,为防止冷凝液滞留管中,管子应倾斜 3°或 1%。鼓风式风机叶轮呈水平放置,置于管束下方,进入叶片的是冷空气。引风式风机叶轮呈水平放置,置于管束上方,进入叶片的是热空气。水平鼓风式和水平引风式空气冷却器的优点是结构简单,安装方便,管内热流体和管外空气分布比较均匀;缺点是占用面积较大,管内流体流动阻力较斜顶鼓风式空气冷却器大。

斜顶鼓风式空气冷却器适用于任何场合,风机叶轮呈水平放置,置于管束下方,进入叶片的是冷空气。斜顶鼓风式空气冷却器的优点是管内热流体和管外空气分布比较均匀,传热系数比水平式略高,管内流体流动阻力小,占地面积较小;缺点是结构略复杂。

2.基本结构

空气冷却器的基本结构如图 4-19 所示,构成部件包括管束、风机、百叶窗、构架、风箱、附件等。管束包括管箱、换热管、管束侧梁及支持梁等;风机包括轮毂、叶片、支架及驱动机构等;百叶窗包括窗叶、调节机构及百叶窗侧梁等;构架是用于支撑管束、风机、百叶窗及其附属件的钢结构;风箱是用于导流空气的组装件;附件如蒸汽盘管、梯子、平台等。

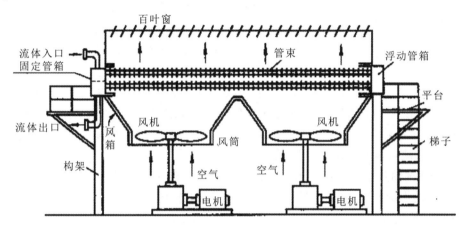

图 4-19　空气冷却器的基本结构

1）管束

（1）管束的基本要求、结构和型号。

管束是空气冷却器的核心部件,空气横向掠过管束以冷却管内的热流体,达到换热目的。管束主要由翅片管、管箱及框架组成,是一个刚性的、独立的结构,应设计成可以完整地在空气冷却器的构架上进行装卸,其造价约占空气冷却器主体的 60%。

对管束的基本要求如下。

① 管束应为独立结构,便于整体装卸。

② 管束应有适应翅片管热膨胀的措施。

③ 管束在构架上的横向位置,至少在两边各有 6 mm 或一边有 12 mm 的移动量。

④ 最低一排翅片管下面应设支持梁;支持梁间距不应超过 1.8 m,且与管束侧梁用螺栓(或焊接)固定,支持梁部位的各排翅片管应有支撑件。

⑤ 用于冷凝的单管程管束的翅片管应向流体出口方向倾斜,倾斜度最少为 1:100。多程冷凝器管束的管子不必倾斜。

⑥ 管束中凡产生空气旁流的部位,当间隙超过 10 mm 时,均应设置挡风件。挡风件厚度不小于 3 mm,且须固定。

（2）翅片管。

翅片管是空气冷却器的核心和关键部件,其性能优劣直接影响空气冷却器的性能。事实上,正是由于翅片管的出现,才使空气冷却器得以发展。

翅片管形式应根据使用条件来选择,常用的有以下几种。

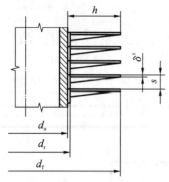

图 4-20　L 型翅片管

① L 型翅片管。L 型翅片管是通过把弯成 L 形的铝带拉紧后缠绕在芯管上制造而成,如图 4-20 所示。钢管铝翅片流体最高温度在 180 ℃ 以下,铝管铝翅片流体最高温度在 150 ℃ 以下。钢管铝翅片最高使用压力低于 32 MPa,铝管铝翅片最高使用压力低于 0.25 MPa。L 型翅片管的优点是制造简单,价格便宜,使用广泛;缺点是翅片易松动,增大接触热阻,在湿式空气冷却时寿命较短,不适于在湿空气或在振动较大的机械中使用。

② LL 型翅片管(图 4-21)。LL 型翅片管互相重叠的翅片根部与管壁接触良好,保证了对管壁的完全覆盖,可防止大气对管子表面的接触和腐蚀,使用温度有一定提高。传热性能和抵抗大气腐蚀能力高于 L 型翅片管,可应用于湿式空气冷却器。LL 型翅片管的优点是可以部分克服 L 型翅片管翅片易松动、接触热阻大的缺点,保证了对管壁的完全覆盖,传热性能比 L 型翅片管略好;缺点是加工难度增大,价格略高。

③ 镶嵌式翅片管(又称 G 型翅片管)(图 4-22)。铝片嵌入钢管表面被挤压的深 0.25～0.5 mm 的螺旋槽中,同时将槽中挤出的金属用滚轮压回翅片根部。镶嵌式翅片管的最大优点是传热效率高(比 L 型翅片高约 20%),工作温度可达 350～400 ℃,翅片温度可达 260 ℃,缺点是不耐腐蚀,造价较高,如果压接不良(槽缘不贴紧铝翅片),传热性能会大大降低。

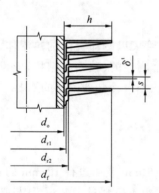

图 4-21　LL 型翅片管

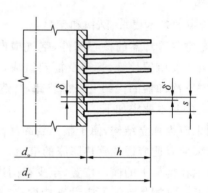

图 4-22　镶嵌式翅片管

上述三种翅片管的结构尺寸见表 4-1。

表 4-1　L 型、LL 型、G 型翅片管结构尺寸

	L 型翅片管		LL 型翅片管		G 型翅片管	
	高翅片	低翅片	高翅片	低翅片	高翅片	低翅片
基管外径 d_o/mm	25	25	25	25	25	25
翅根直径 d_r/mm	26	25.8				
d_{r1}/mm			26	25.8		
d_{r2}/mm			27	26.6		
翅片外径 d_f/mm	57	50	57	50	57	50

	L 型翅片管		LL 型翅片管		G 型翅片管	
	高翅片	低翅片	高翅片	低翅片	高翅片	低翅片
翅片高度 h/mm	16	12.5	16	12.5	16	12.5
翅片厚度 δ/mm	0.5	0.4	0.5	0.4	0.5	0.4
翅片厚度 δ'/mm	0.25	0.2	0.25	0.2	0.2	0.2
最高使用温度/℃	150	150	170	170	350	350

注:本表所列翅片管的翅片间距(mm)为:3.6、3.2、2.8、2.5、2.3。

④ 滚花型翅片管。滚花型翅片管是 L 型翅片管的另一种类型,由于在制造中多了两道滚花工艺,使其综合性能有所提高。滚花型翅片管的主要优点是传热性能高,接触热阻小;翅片与管子接触面积大,贴合紧密、牢靠,能保持性能长期不变;翅片根部抗大气腐蚀能力强;管束维护方便,制造容易。

⑤ 双金属轧制翅片管。双金属轧制翅片管是较为理想的抗腐蚀的管子,完全克服了 L 型、LL 型翅片管的缺点。双金属轧制翅片管的内外管可以分别选材,内管根据热流体腐蚀情况和压力选定,如碳钢管、不锈钢管、合金钢管、黄铜管等。外管可选用既有较好的延展性、较强的抗大气腐蚀能力,又有良好的传热性能的金属管,一般选用铝管和铜管,经过轧制的内外管可以完全紧密结合在一起。双金属轧制翅片管除可用于管内为高腐蚀性流体外,还可用于管内湿式空气冷却器以抵抗管外侧的腐蚀。这种翅片管的优点是抗腐蚀性能好,使用寿命长,传热效率高,压降小,翅片整体性和刚度高。由于翅片牢固,不易变形,可用高压水清洗。缺点是造价高,重量大,当轧制质量不佳时,会导致内外管接触不良,使传热效果恶化。

(3)管箱。

管箱是被冷却介质的集流箱,是空气冷却器的受压容器。

① 管箱的基本要求。

管箱的允许工作压力见表 4-2。

表 4-2　管箱允许工作压力

管箱形式	允许工作压力/MPa
可卸盖板式,可卸盖帽式	≤6.4
丝堵式	≤20
集合管式	≤35

a.同一管箱上流体进出口之间温差满足表 4-3 的规定时,应采用分解管箱、U 形管结构或其他可以减少温度应力的措施。

表 4-3　管箱钢材适用温度范围

钢材类型	进出口温差/℃
碳素钢	>110
奥氏体钢	>80

b.板制空气冷却器管箱各板的厚度应不小于表 4-4 的规定。

表 4-4　板制空气冷却器管箱各板的厚度的规定　　　　　　（单位：mm）

名称	碳素钢及低合金钢	高合金钢
管板	20	16
丝堵板	20	16
盖板	25	25
顶板,底板,端板	12	10
管程隔板,加强板	12	6

c.管箱各管程的流通横截面积应大于或等于相应管程翅片管的流通面积。

d.管箱中的横向流速应不超过接管中的流速。

对于管束运行中的热变形问题,通常将管束两端的管箱分别做成固定式和浮动式两种,依靠浮动管箱沿管轴线方向的自由浮动来消除热应力。

另外,在多管程空气冷却器运行中,介质进出口温差很大,进口端管排的热变形将远比出口端管排的大,有可能使管束产生弯曲,如图 4-23(a)所示。因此,当碳素钢管束的进出口温差超过 110 ℃时,应采用分解管箱,如图 4-23(b)和图 4-24 所示。

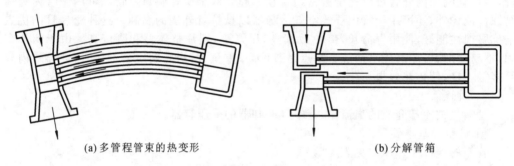

(a)多管程管束的热变形　　　　　　　　　　　(b)分解管箱

图 4-23　多管程管束的热变形和分解管箱

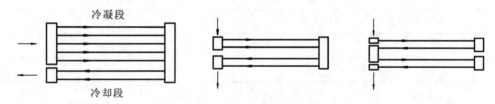

图 4-24　分解管箱的几种形式

② 管箱类型。

a.丝堵式管箱如图 4-25 所示。管子与管板采用胀接,密封好,在每根翅片管管端处有一丝堵(即螺塞),便于装配时胀接翅片管,也便于检修时清扫。丝堵式管箱作为管箱的基本类型,因为制造简单,广泛应用于中、低压管束,用于汽油、煤油、柴油和其他轻质油品、溶剂及介质污垢系数不大于 0.0086 m² · K/W 的各种场合。这种管箱的优点是可以通过丝堵孔进行胀管和清洗管内污物,缺点是丝堵及垫圈数量较多,加工量较大。

b.可卸盖板式管箱如图 4-26 所示,也称为法兰式管箱。可卸盖板式管箱用于易凝介质及污垢系数大于 0.0086 m² · K/W 的介质,制造技术要求较丝堵式管箱高。这种管箱的优点是对翅片管和管箱的清扫方便,一般用于黏度较大或比较脏的介质。缺点是密封面较大,容易产生泄漏,故其盖板、法兰都较厚,用料多,使用压力较丝堵式低,我国标准规定使用压力不大于 2.5 MPa。

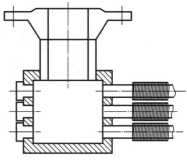

图 4-25　丝堵式管箱

c.可卸帽盖式管箱如图 4-27 所示。可卸帽盖式管箱和可卸盖板式管箱都属于法兰型管箱,其区别在于可卸盖板式管箱不移动管线即可打开盖板,而可卸帽盖式管箱则需将管线移动后才能打开法兰。可卸盖板式管箱适用于椭圆形翅片管束,对翅片管的装配和检修更为方便。

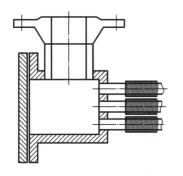

图 4-26　可卸盖板式管箱

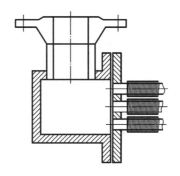

图 4-27　可卸盖帽式管箱

③ 管子与管箱的连接。

管子与管箱的连接,有胀接、焊接及胀焊结合三种类型。胀接由于加工效率高,质量可靠,费用低,多被采用,丝堵式管箱几乎全部采用胀接型。

焊接型有密封焊、强度焊,用于管内流体渗透性较强的介质。密封焊又分表面式、内壁式和半内壁式。通常碳钢与碳钢之间采用半内壁式焊接,不锈钢与不锈钢之间采用内壁式焊接。

焊胀结合型用于设计压力大于 14 MPa 的介质,这种方式要求胀接之后,要在管板表面上施焊,不允许在管板孔中的尖槽式密封面上施焊。

2)风机

由于空气冷却器需要的风量很大,而需要的压头却不是很大,空气冷却器上均采用低压轴流风机,由叶片、轮鼓、支架、传动机构、风筒及电动机等组成。空气冷却器风机的典型结构见图 4-28。

风机在空气冷却器的传热中起着关键的作用,风机性能的优劣是衡量空气冷却器性能优劣的重要标志。标准化风机,一般标准直径为 1.5～9.14 m,每台风机的叶片数为 4～12 枚,以 4～6 枚为最多。叶片角调节范围为 45°,风机叶片角度有手调和自调两种。为了控制风机的噪声,风机叶片速度不得超过 60 m/s。

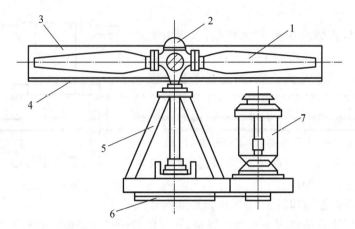

图 4-28 空气冷却器风机的典型结构

1—叶片；2—轮毂；3—风圈；4—防护网；5—支架；6—传动装置；7—动力装置

（1）风机的驱动机构。

一般采用电动机风机驱动，动力传送方式主要是三角皮带、伞形齿轮等。

（2）风机的运行方式。

鼓风式：空气先经风机再至管束，使用温度为−40～80 ℃。

引风式：空气先经管束再至风机，使用温度为−40～120 ℃。

（3）风机的调节方式。

调角式：停机手调，运行中手调，运行中用压缩空气遥控或仪表自控。

调速式：运行中遥控或仪表自控。

（4）风机的传动方式。

风机的传动方式有直接传动和齿轮传动。

直接传动：电机与风机叶轮直连，要求采用多极电机，效率高，适用于调速式风机。

齿轮传动：运行可靠，效率较高，构造复杂，噪声较大。

（5）风机的叶片。

风机的叶片有两种：玻璃纤维增强塑料（玻璃钢）叶片和铸铝叶片，前者得到广泛地应用，强度好，但耐温性差，适用于各种叶型截面，制造精度高，空气效率高。后者的强度及耐温性均好，应用范围不及前者，由于重量因素使其只能用于薄冀型叶片，空气效率较低。

3）百叶窗

百叶窗由框架、窗叶、操纵机构和机械执行机构组成。

（1）框架。百叶窗均采用矩形外形，框架亦采用矩形结构，框架构件可采用螺栓连接或焊接装配。为符合运输规定，允许分段制造，现场装配，但必须保证分段结构具有足够的刚度。碳钢钢板框架的厚度不应低于 3.5 mm，铝板框架的厚度不应低于 4.0 mm。

（2）窗叶（或称叶片）。窗叶结构有薄板型和翼型两种，前者结构简单，重量轻，但刚度差，易变形。窗叶的有效长度不应大于 1.7 m。窗叶材料为薄钢板或铝板，薄钢板应尽量采用镀锌钢板，采用碳钢板时，必须作表面防腐处理。薄钢板厚度不应小于 1.5 mm，铝板厚度不应小于 2 mm。窗叶轴承应采用耐温无油轴承支承。

（3）操纵机构。操纵机构包括连杆系统和手柄,连杆系统应保证操纵灵活,并不应有滞后现象,手柄安装位置应便于操作人员接近,但不得伸出平台通道过多,以致妨碍通行,手柄必须有定位销,以保持所需的开启度,不得用螺栓或螺母代替。为便于操作,可使用加长的手柄,但此种手柄应能折叠,也可使用蜗杆传动装置,既便于微调,也便于自锁,如果操纵装置离开平台过高,可采用链传动。

（4）机械执行机构。自调式百叶窗,通常采用气动执行机构,分为膜盒式和汽缸式两种。

膜盒式:气动力较大,但行程较小,需要行程放大设计。

汽缸式:行程较大,便于直接操纵叶片连杆,但需要较大工作气压。

4）构架

空气冷却器构架由立柱、横梁、风箱组成,应具有较好的稳定性。

构架设计应满足在风机转速和功率较高的情况下,构架本身及驱动装置机架上测得的峰与峰之间最大振幅不得超过 0.15 mm。

风箱有三种类型:方箱式、过渡锥式和斜坡式,见图 4-29。

方箱式风箱一般用于鼓风式风机,其构造不复杂,制造简单,但消耗材料较多;过渡锥式风箱多用于引风式风机,其材料消耗少,空气阻力小,构造简单,但制造、运输及安装较困难;斜坡式风箱在引风式风机中使用较多,它兼有过渡锥式风箱材料消耗少、空气阻力小及方箱式风箱制作简单、刚性好的优点。

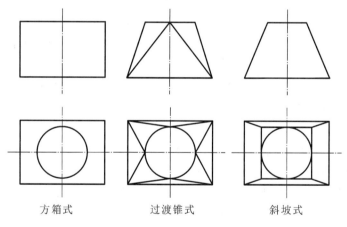

图 4-29 风箱的三种类型

知识与技能 4　换热器的操作与维护

在化工生产中,通过换热器的介质,有些含有焦炭及其他沉积物,有些具有腐蚀性,所以换热器使用一段时间后,会在换热管及壳体等过流部位积垢和形成锈蚀物,这样一方面降低了传热效率,另一方面使管子流通截面减小而流阻增大,甚至造成堵塞。介质腐蚀也会使管束、壳体及其他零件受损。另外,设备长期运转振动和受热不均匀,会使管子胀接口及其他连接处发生泄漏。这些都会影响换热器的正常工作,甚至迫使装置停工,因此必须对换热器加强日常维护,定期进行检查、检修,以保证生产的正常进行。

1.换热器的日常维护

换热设备的运转周期应和生产装置的生产周期一致,为了保证换热设备的正常运转,满足生产装置的要求,除定期进行检查、检修外。日常的维护和修理也是不可缺少的。日常操作应特别注意防止温度、压力的波动。在开停工进行扫线时最易出现泄漏问题,如浮头式换热器浮头处易发生泄漏,维修时应先打开浮头端外(大)封头进行管程试压检查,有时会发现浮头螺栓不紧,这是由于螺栓长期受热产生了塑性变形。通常采取的措施是当管束水压试验合格后,再用蒸汽试压,当温度上升至 150～170 ℃时,可将螺栓再紧一次,这样浮头处密封性较好。换热器故障大多数是由管子引起的,对于因腐蚀导致穿孔的管子应及时更换,若只是个别管子损坏而更换又比较困难时,可用管堵将坏管两端堵死。管堵材料的硬度应不超过管子材料的硬度。堵死的管子总数不得超过该管程总管数的 10%。对易结垢的换热器应及时进行清洗,以免影响传热效果。

2.换热器的试压及检修顺序

试压是换热器检修的重要内容。不同类型的换热器,其试压的顺序也不尽相同,现以浮头式换热器为例说明其检修和试压的顺序。

(1)准备吹扫工具→拆除浮头端外封头、管箱及法兰→拆除浮头端内封头→抽管束→检查、清扫。

(2)准备垫片、盲板及试压机具→安装管束→安装管箱、安装假浮头(做临时封头用)、壳体法兰加盲板→向壳程注水→装配试压管线→试压(一)检查胀管口及换热管→拆假浮头、安装浮头端内封头及盲板盖。

(3)管箱法兰加盲板→向管程注水、装配试压管线→试压(二)检查浮头端垫片及管束→安装浮头端外封头→向壳程注水→试压(三)检查壳体密封→拆除盲板、填写检修卡。

试压(一)的目的是检查换热管是否有破裂、胀接口是否有渗漏。如管子有破裂,放压后将其堵塞或更换;如胀接口有渗漏,放压后进行补胀,但补胀的次数不得超过 3 次,否则应更换新管。各缺陷处理后重新升压试验,直到合格为止。

试压(二)的目的是检查安装质量,主要是检查浮头端内封头垫片及管束,如发现垫片处渗漏应分析原因并妥善处理。

试压(三)则是设备整体试压,主要是检查浮头端外封头的安装质量。

3.换热器的清洗

化工生产装置的换热设备经长时间运转后,由于介质的腐蚀、冲蚀、积垢、结焦等原因,使管子内外表面都有不同程度的结垢,甚至堵塞。所以在停工检修时必须进行彻底清洗,以恢复其传热效果。常用的清洗(扫)方法有风扫、水洗、汽扫、化学洗清和机械清洗等。对一般轻微堵塞和结垢,用风吹和简单工具(如用 $\phi 8\sim12$ mm 螺纹钢筋)穿通即可达到较好的效果。但对严重的结垢堵塞,如在冷凝器、冷却器中,由于水质中含有大量的钙、镁离子,在通过管束时水在管子表面蒸发,钙和镁的沉淀物沉积在管壁上形成坚硬的垢层,严重时会将管束中的一程或局部堵死,此时必须用化学清洗或机械清洗等方法。

化学清洗是利用清洗剂与垢层起化学反应的方法来除去积垢,适用于形状较为复杂的构件的清洗,如 U 形管的清洗、管子之间的清洗。这种清洗方法的缺点是对金属有轻微的腐蚀损伤作用。机械清洗最简单的是用刮刀或旋转式钢丝刷除去坚硬的垢层、结焦或其他沉积物。在 20 世纪 70 年代,国外开始采用适应各种垢层的不同硬度的海绵球自动清洗设备,取得了较好的效果,也减轻了检修人员的劳动强度。

下面介绍几种常见的换热器清洗方法。

(1) 酸洗法。

酸洗法常用盐酸作为清洗剂。由于酸基体会对钢材产生腐蚀,所以酸洗溶液中须加入一定数量的缓蚀剂,以抑制酸对金属的腐蚀作用。酸洗法又分浸泡法和循环法两种。

浸泡法是将浓度 15% 左右的酸液缓慢灌满容器,经过一段时间(一般为 20 h 以上)将酸液连同被清除掉的积垢一起倒出,这种方法简单,酸液耗量少,但效果差,需用的时间也较长。

循环法是利用酸泵使酸液强制通过换热器,并不断进行循环。循环法酸洗的流程如图 4-30 所示,将冷凝器、冷却器管程出入口与酸泵和酸槽连接,在酸槽中配制 6%～8% 的酸液,用水蒸气加热到 50～60 ℃,并加入 1% 的缓蚀剂,即可按图示流程进行循环,一般需要 10～12 h。循环时要经常测定酸的浓度,若浓度下降很快,说明结垢严重,应补充新酸保持浓度,如果经循环后酸液浓度下降很慢,还回的酸液中已不见或很少有悬浮状物时,一般认为清洗合格,然后再用清水冲洗至水呈中性为止。这种方法使酸液不断更新,加速了反应的进行,清洗效果好,但需要酸泵、酸槽及其他配套设施,成本较高。

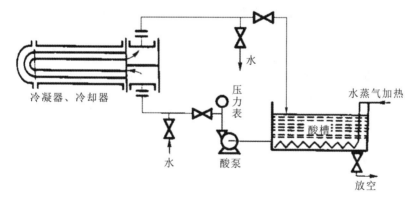

图 4-30　循环法酸洗流程

(2) 机械清洗法。

对严重的结垢和堵塞,可用钻的方法疏通和清理。如在一般的钻头上焊一根 $\phi12$～14 mm 的圆钢,圆钢上依钻头的旋向用 10 号镀锌铁丝绕成均匀的螺旋线,每间隔 30～50 mm 处焊在圆钢上。然后将圆钢一端伸入管子内,另一端用手电钻带动旋转,这样即可清除管内结焦和积垢,若管内未被堵死,则可同时从另一端用细胶管向管内通水冲洗,效果更好。若管子全部被堵死,则可用管式冲击钻,如图 4-31 所示,用 $\phi12$～14 mm 的钢管作为钻杆,操作时从同一端边钻边通水,使钻下的积垢被水带出,这种方法对较坚硬的结垢效果较为理想。

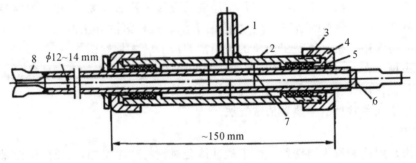

图 4-31 管式冲击钻

1—进水管;2—外套管;3—填料;4—压盖螺母;5—填料压盖;6—钻杆;7—进水口;8—钻头

（3）高压水冲洗法。

高压水冲洗法多用于结焦严重的管束的清洗,如催化油浆换热器:先人工用条状薄铁板插入管间上下移动,使管子间有可进水的间隙,然后用高压泵（输出压力 10～20 MPa）向管束侧面喷射高压水流,即可清除管子外壁的积垢。若管间堵塞严重、结垢又较硬时,可在水中渗入细石英砂,以提高喷洗效果。如果条件许可,先将管束整体放入油中浸泡,使黏着物松软和溶解,将结垢泡胀,更便于高压水冲洗。

（4）海绵球清洗法。

海绵球清洗法是将较松软并富有弹性的海绵球塞入管内,使海绵球受到压缩而与管内壁接触,然后用人工或机械法使海绵球沿管壁移动,不断摩擦管壁,达到消除积垢的目的。对不同的垢层可选不同硬度的海绵球,对特殊的硬垢可采用带有"带状"金刚砂的海绵球。

以上是几种较常用的清洗方法,近年来随着化学工业的发展和技术水平的提高,部分企业试验配制出了针对不同垢层和污物的各种新型清洗剂,有的达到了相当高的水平。

课后思考

1.列表比较固定管板式、浮头式、U 形管式、填料函式换热器各自的优缺点。

2.分别说明换热器中管板、管箱、防冲板和折流板的作用。

3.简述板式换热器的结构组成及其特点。

4.简述空气冷却器的基本结构组成。

5.简述浮头式换热器检修、试压作业过程。

6.简述换热器的清洗方法。

★ 素质拓展阅读 ★

工匠精神：吃苦耐劳、爱岗敬业

在所有静设备中，换热设备结构相对简单，检维修内容相对单一，主要包括清洗和检漏试压作业，其技术要求并不复杂，但工作量却很大，尤其需要检修人员尽责、有担当、有作为，吃苦耐劳站好检修岗，做一名奉献的检修人。

提到吃苦耐劳、爱岗敬业，我们自然会想起激励了一代又一代中国人的"铁人"王进喜。王进喜，1923 年 10 月生于甘肃省玉门县。他 15 岁时到玉门油矿当童工。新中国成立后到玉门钻井队工作，1956 年加入中国共产党。历任钻井工、司钻、钻井队长、钻井指挥部钻井二大队大队长、钻井指挥部副指挥等职务。

1958 年 9 月，他带领 1205 钻井队创造了月进尺 5009 米的最新纪录；1959 年创年钻井进尺 7.1 万米的全国最新纪录。同年王进喜作为 1205 钻井队代表，出席了全国群英会，参加了新中国成立 10 周年国庆观礼。

1960 年 3 月王进喜带领 1205 钻井队从玉门来到大庆。他带领全队把 60 多吨重的钻机设备化整为零，采用人拉肩扛的办法把钻机和设备从火车上卸下来，运到马家窑附近的萨—55 井，安装起来。由于水管线还没接通，罐车又少，王进喜就带领工人到附近水泡子（水坑）破冰取水，用脸盆端了 50 多吨水，保证萨—55 井正式开钻。饿了，啃几口冻窝窝头；困了，裹着老羊皮袄打个盹……通过全队工人的共同努力，只用了 5 天零 4 个小时就打完了油田上第一口生产井。

第一口井完钻后，王进喜被钻杆堆滚下的钻杆砸伤了脚，当时昏了过去，但他醒来后还继续工作。领导把他送进医院，他又从医院跑到第二口井（2589 井）的井场，挂着双拐指挥打井；钻到约 700 米时，突然发生井喷。井场没有压井用的重晶石粉，经过研究，决定采取用加水泥的办法提高泥浆密度压井喷。水泥加进泥浆池就沉底，又没有搅拌器，王进喜扔掉拐杖，跳进泥浆池，用身体搅拌泥浆，其他同志也纷纷跳入泥浆池，终于压住了井喷，保住了钻机和油井。

1960 年 7 月，王进喜被树为全战区"五面红旗"之一。1964 年王进喜当选为第三届全国人大代表。1969 年春，王进喜当选为党的九大代表，被选为中央委员。

1970 年 4 月，他被确诊为胃癌；同年 11 月病逝，终年 47 岁。"宁肯少活二十年，拼命也要拿下大油田。"王进喜把一生献给了祖国的石油工业，时刻都在践行着自己的誓言。

王进喜 2009 年当选"100 位新中国成立以来感动中国人物"。荣获"最美奋斗者""全国劳动模范"称号。

宝剑锋从磨砺出，梅花香自苦寒来。学会吃苦耐劳是做好一切工作的前提，同时也是锻炼坚强品格的必经之路。弘扬工匠精神从爱岗敬业做起。爱岗，是我们的职责；敬业，是我们的本分。秉承"细心、耐心、热心"的工作操守，恪尽职责，平凡朴实，在每一份平凡的岗位上都能实现普通的价值，都能用实际行动诠释工匠精神、践行铮铮誓言。

在具体的工作岗位上，我们要兢兢业业，勤勤恳恳，严格遵守规章制度，认真履行岗位职责，努力提高技能水平，不断加强业务学习。只有"干一行，爱一行；干一行，精一行"，才能认真把事做对，只有珍惜自己的岗位，以勤奋、敬业、奉献的心态去努力工作，才能用心把事做好，让青春在岗位上绽放出璀璨光芒！

模块五　塔设备

在化工生产中,气、液或液、液两相直接接触进行传质传热的过程是很多的,如精馏、吸收、萃取等,这些过程都需要在一定的设备内完成。由于这些过程中介质相互间主要发生的是质量的传递,所以也将实现这些过程的设备叫传质设备。从外形上看,这些设备都是竖直安装的圆筒形容器,高径比较大,形状如"塔",故习惯上称其为塔设备。

塔设备为气、液或液、液两相进行充分接触创造了良好的条件,使两相有足够的接触时间、分离空间和传质传热的面积,从而达到相际间质量和热量传递的目的,以实现工艺要求。所以,塔设备的性能对整个装置的产品质量、生产能力、消耗定额和环境保护等方面都有着重大的影响。

在石油化工生产装置中,塔设备的投资费用约占全部工艺设备总投资的25%,在炼油和煤化工生产装置中约占35%。塔设备所消耗的钢材重量在各类工艺设备中所占比例也是比较高的,如年产250万吨常减压蒸馏装置中,塔设备耗用钢材重量约占45%,年产30万吨乙烯装置中约占27%。可见,塔设备是化工生产中最重要的工艺设备之一。

1. 塔设备的工艺要求

在工业生产中对塔设备有一定的要求,概括起来有下列几个方面:

(1) 生产能力要大,即单位塔截面上单位时间内的物料处理量要大。

(2) 分离效率要高,即气相或液相分离效果好。

(3) 操作稳定,弹性要大,即允许气体和(或)液体负荷在一定的范围内变化,塔仍能正常操作并保持较高的分离效率。

(4) 对气体的阻力要小,这对于减压蒸馏尤为重要。

(5) 结构简单,易于加工制造,维修方便,耐腐蚀等。

任何塔设备都难以满足上述所有要求,因此必须了解各种塔设备的特点并结合具体的工艺要求,抓住主要特点以选择合适的塔型。

2. 塔设备的分类

塔设备按工艺用途可分为精馏塔、吸收塔、萃取塔、干燥塔、洗涤塔等;按操作压力可分为常压塔、加压塔和减压塔;按内部构件的结构可分为板式塔和填料塔两大类。

1) 板式塔

板式塔的结构如图5-1所示,在塔内设置一定数量的塔盘,气体以鼓泡或喷射形式穿

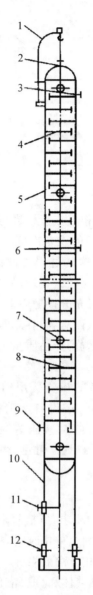

图 5-1　板式塔结构

1—吊柱;2—气体出口;3—回流液入口;4—精馏段塔盘;5—壳体;6—料液进口;7—人孔;

8—提馏段塔盘;9—气体入口;10—裙座;11—釜液出口;12—检查孔

过塔盘上液层,气、液两相相互接触并进行传质过程。气相与液相组成沿塔高呈阶梯式变化。板式塔根据塔盘结构特点可分为泡罩塔、浮阀塔、筛板塔、舌形塔、浮舌塔和浮动喷射塔等多种,目前主要使用的是浮阀塔和筛板塔。

2)填料塔

填料塔的结构如图 5-2 所示,塔内设置一定高度的填料层,液体从塔顶沿填料表面呈薄膜状向下流动,气体则呈连续相由下向上流动,气、液相逆流接触并进行传质过程。气相和液相的组成沿塔高呈连续变化。

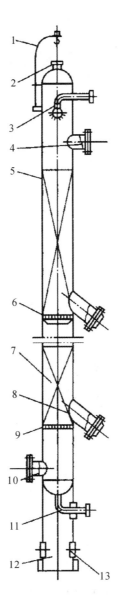

图 5-2 填料塔结构

1—吊柱;2—气体出口;3—喷淋装置;4—人孔;5—壳体;6—液体再分配器;7—填料;8—卸料孔;

9—支承装置;10—气体入口;11—液体出口;12—裙座;13—检查孔

  无论是板式塔还是填料塔,大体上都是由塔体、支座、人孔或手孔、除沫器、接管、吊柱及塔的内件等组成。塔体是塔设备的外壳,它包括筒体和封头两个部分,是塔设备的主要受压元件。支座是塔体安放到基础上的连接部分,一般采用裙座。除沫器用于捕集气流中的液滴。人孔、手孔主要是为塔设备的安装、检修、维护所设置的。接管用于工艺连接,使塔设备与相关设备形成一个系统。设置在塔顶的吊柱主要用于安装和检修时运输塔内件。

知识与技能 1　板式塔结构识读

1. 板式塔塔盘的形式及特点

板式塔是化工生产中广泛采用的一种传质设备,板式塔的塔盘结构是决定塔特性的关键,常用塔盘有泡罩型、浮阀型、筛板型、舌形及浮舌形等。下面介绍常用塔盘结构及特点。

1) 泡罩塔盘

泡罩塔盘是工业上应用最早的塔盘之一,如图 5-3 所示。在塔盘板上开许多圆孔,每个孔上焊接一个短管,称为升气管,管上再罩一个"帽子",称为泡罩,泡罩周围开有许多条形孔。工作时,液体由上层塔盘经降液管流入下层塔盘,然后横向流过塔盘板、再流入下一层塔盘;气体从下一层塔盘上升进入升气管,通过环行通道再经泡罩的条形孔分散到液体中。

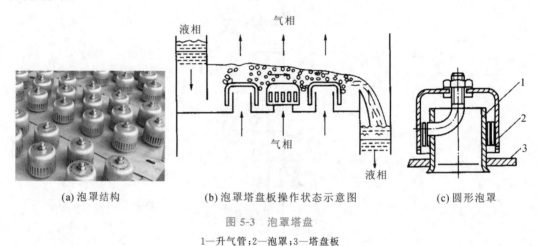

(a) 泡罩结构　　　　(b) 泡罩塔盘板操作状态示意图　　　　(c) 圆形泡罩

图 5-3　泡罩塔盘

1—升气管;2—泡罩;3—塔盘板

泡罩塔盘具有如下特点。

(1) 气、液两相接触充分,传质面积大,因此传质效率高。

(2) 操作弹性大,在负荷变动较大时,仍能保持较高的效率。

(3) 具有较高的生产能力,适用于大型生产。

(4) 不易堵塞,介质适用范围广。

(5) 结构复杂、造价高,安装维护麻烦;气相压降较大。

2) 浮阀塔盘

浮阀塔盘是在塔盘板上开许多圆孔,每一个孔上装一个带三条腿可上下浮动的浮阀。浮阀是保证气液接触的元件,浮阀的形式主要有 F-1 型、V-4 型、A 型和十字架型等,最常用的是 F-1 型浮阀,如图 5-4 所示。

F-1 型浮阀有轻、重两种,轻阀厚 1.5 mm、重 25 g,惯性小,振动频率高,关阀时滞后严重,在低气速下有严重漏液,宜用在处理量大并要求压降小(如减压蒸馏)的场合。重

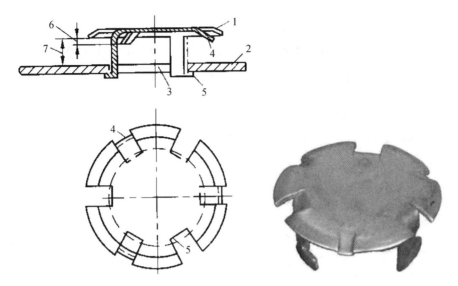

图 5-4 F-1 型浮阀

1—浮阀;2—塔盘板;3—阀孔;4—起始定距片;5—阀腿;6—最小开度;7—最大开度

阀厚 2 mm、重 33 g,关闭迅速,需较高气速才能吹开,故可以减少漏液、增加效率,压降稍大时,一般采用重阀。

工作时气流自下而上吹起浮阀,从浮阀周边水平地吹入塔盘上的液层;液体横流过塔盘与气相接触传质后,经溢流堰进入降液管,流入下一层塔盘。浮阀塔盘上气液接触状况如图 5-5 所示。

图 5-5 浮阀塔盘气液接触状况

综上所述,浮阀塔盘具有如下特点。

(1) 处理量较大,比泡罩塔盘高,这是因为气流水平喷出,减少了雾沫夹带,以及浮阀塔盘可以具有较大的开孔率的缘故。

(2) 操作弹性比泡罩塔盘大。

(3) 分离效率较高,比泡罩塔盘高 15% 左右。因为塔盘上没有复杂的障碍物,所以液面落差小,塔盘上的气流比较均匀。

(4) 压降较低,因为气体通道比泡罩塔盘简单得多,因此可用于减压蒸馏。

(5) 塔盘的结构较简单,易于制造。

(6) 浮阀塔不宜用于易结垢、结焦的介质系统,因结垢、结焦会妨碍浮阀起落的灵活性。

3）筛板塔盘

如图 5-6 所示，筛板塔盘是在塔盘板上开许多小孔，工作时液体从上层塔盘的降液管流入，横向流过筛板后，越过溢流堰经降液管进入下层塔盘；气体则自下而上穿过筛孔，分散成气泡通过液层，在此过程中进行传质、传热。

筛板塔盘具有如下特点。

（1）结构简单，制造方便，便于检修，成本低。

（2）塔盘压降小。

（3）处理量大，可比泡罩塔盘提高 20%～40%。

（4）塔盘效率比泡罩塔盘高，但比浮阀塔盘稍低。

（5）弹性较小，筛孔容易堵塞。

4）舌形塔盘和浮舌塔盘

舌形塔盘是在塔盘板上冲有一系列舌孔，舌片与塔盘板呈一定倾角，如图 5-7 所示。

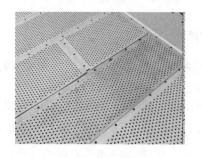

图 5-6　筛板塔盘

图 5-7　舌形塔盘

气流通过舌孔时，利用气体喷射作用，将液相分散成液滴和流束进行传质，并推动液相通过塔盘。舌孔与塔盘板的倾角一般有 18°、20° 和 25° 三种，通常是 20°，舌孔常用 25×25 mm 和 50×50 mm 两种，舌孔按三角形排列。

舌形塔盘具有结构简单、安装检修方便，处理能力大，压力降小，雾沫夹带少等优点，但由于舌孔的倾角是固定的，在低负荷下操作时易产生漏液现象，故操作弹性较小。

浮舌塔盘是结合浮阀塔盘和舌形塔盘的优点而发展出来的一种塔盘。浮舌塔盘将舌形塔盘的固定舌片改成浮动舌片，与浮阀塔盘类似，随气体负荷改变，浮舌可以上下浮动，调节气流通道面积，从而保证适宜的缝隙气速，强化气液传质，减少或消除漏液。当浮舌开启后，又与舌形塔盘相同，气液并流，利用气相的喷射作用将液相分散进行传质。

浮舌塔盘具有如下特点。

（1）具有大的操作弹性，操作稳定。在保证较高效率条件下，它的负荷变化范围甚至可超过浮阀塔盘。

（2）具有较大的气液相的处理能力，压降又小，特别适宜于减压蒸馏。

（3）结构简单，制作方便，但舌片易损坏。

（4）效率较高，介于浮阀塔盘与舌形塔盘之间，效率随气速变化比浮阀塔盘稍大。

除以上常用塔盘外，还有网孔塔盘、穿流塔盘等。

2.板式塔的主要内部构件

1）塔盘构造

板式塔的塔盘形式虽多种多样，但就其整体构造而言，基本上都是由塔盘板、传质元件（浮阀、泡罩、舌片等）、溢流装置、连接件等构成。塔盘若只有一块塔盘板，称为整块式塔盘，定距管式塔盘即为整块式塔盘，如图 5-8 所示。若是由两块以上塔盘板组成则称为分块式塔盘。一般在塔径 300～900 mm 时，采用整块式塔盘，塔径大于等于 800 mm 时，由于可在塔内进行装拆作业，这时可选分块式塔盘。降液管有弓形和圆形两种，以弓形降液管较为常用。

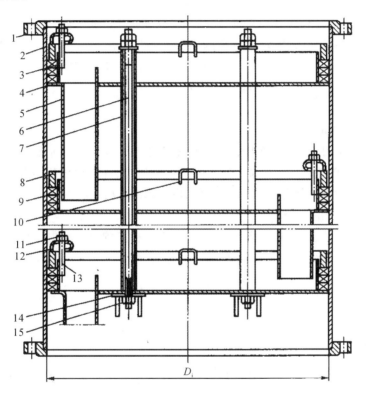

图 5-8　定距管式塔盘

1—法兰；2—塔体；3—塔盘圈；4—塔盘板；5—降液管；6—拉杆；7—定距管；8—压圈；9—填料；10—吊环；
11—螺母；12—压板；13—螺柱；14—支座（焊在塔体内壁上）；15—螺母

分块式塔盘各塔盘之间、塔盘板与支持圈（或支持板）之间的连接和紧固方式很多。按连接是否可拆有可拆连接和不可拆连接，其中可拆连接又有上可拆、下可拆和上下均可拆连接；按连接结构形式有螺纹连接、卡板连接和楔形连接等。

2）除沫器

除沫器安装在塔内顶部，其作用是分离塔顶气体中夹带的液滴，保证塔顶馏出产品的质量。目前使用的除沫器有折板形、丝网形和旋流式，其中以丝网除沫器应用最为广泛，如图 5-9 所示。丝网用圆丝或扁丝编织而成，材料多用不锈钢、磷青铜、镀锌铁丝、聚四氟乙烯、尼龙等。

图 5-9　丝网除沫器

丝网除沫器具有比表面积大、重量轻、空隙大、使用方便、除沫效率高以及压降小等优点。适用于清洁的气体,不宜用在液滴中含有固体物质或易析出固体物质的场合,如碱液、碳酸氢氨溶液等,以免液体蒸发后留下固体堵塞丝网。当雾沫中含有少量悬浮物时,应经常对丝网进行冲洗。丝网除沫器在安装时,在其上下方都应留有适当的分离空间。

3）防涡器和滤焦器

塔底液体流出时,若带有漩涡则会将油气卷带入与塔底出口等相连的泵内,使泵容易发生抽空现象,因此塔底大多装有防涡器。对减压塔、催化裂化分馏塔等,为防止焦块进入塔底出口管被带入泵内,影响正常工作,塔底都装有塔底滤焦器。

4）塔设备的进出口接管

塔设备由于工艺、检测和检修的需要,安装有各种接管,如物料进出口接管、人孔、测压、测温、取样及安装液面计等都需要接管。

▎知识与技能 2　填料塔结构识读

1.对填料的基本要求

填料是填料塔的主要构件,其性能的优劣直接影响填料塔的操作性能及传质效率。工业生产对填料的基本要求如下。

（1）传质分离效率高。填料的比表面积大,填料表面安排合理,填料表面润湿性好。

（2）压力减小,气液相通量大。

（3）不易引起偏流和沟流。

（4）具有良好的耐腐蚀性、较高的机械强度和一定的耐热性。

（5）填料塔不适用于含固体杂物和易结垢的场合,但是有宽畅流道、孔隙率大的格栅填料可用于这类操作。

（6）质量轻、价格低。

2.填料的种类

工业上所用的填料总体上可分为散装填料、规整填料和格栅填料三类。散装填料由于其结构上的特点,不能按一定规律安放而只能随机（自由）堆砌。常见的散装填料有拉西环、鲍尔环、θ环、十字环、弧形鞍、矩形鞍等。这种填料气、液两相分布不够均匀,故塔的分离效果不够理想。因此产生了规整填料,这种填料分离效果好、压力降小,适用于在较高的气速或较小的回流比下操纵,目前使用较多的是波纹网填料和波纹板填料。格栅填料是由条状单元体按一定规则组合而成的,具有多种结构形式。工业上应用最早的格栅填料为木格栅填料。应用较为普遍的有格里奇格栅填料、网孔格栅填料、蜂窝格栅填料等,其中以格里奇格栅填料最具代表性。格栅填料的比表面积较低,主要用于要求压降小、负荷大及防堵等场合。填料塔常用填料如图5-10所示。

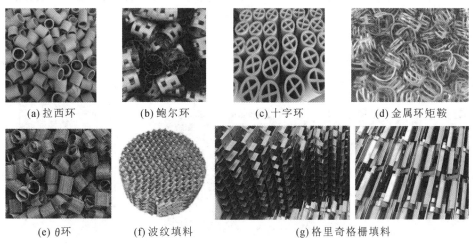

(a) 拉西环　　　　(b) 鲍尔环　　　　(c) 十字环　　　　(d) 金属环矩鞍

(e) θ环　　　　(f) 波纹填料　　　　(g) 格里奇格栅填料

图 5-10　填料塔常用填料

3. 填料支承结构

填料的支承结构安装在填料层的底部,其作用是支撑填料及填料层中所载液体,同时还要保证气流能均匀地进入填料层,并使气流的流通面积无明显减少。因此不仅要求支承结构具备足够的强度及刚度,而且要求结构简单,便于安装,所用材料耐介质腐蚀。常用的填料支承结构有栅板和波形板,如图5-11所示。

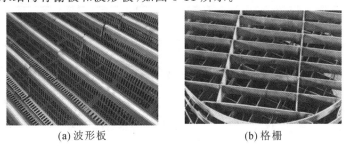

(a) 波形板　　　　　　　　(b) 格栅

图 5-11　填料支承结构

4. 液体分布装置

(1) 液体初始分布装置。

如图5-12所示,液体初始分布装置是分布塔顶回流液的部件。工业上应用的液体初始分布装置类型很多,较常用的有喷洒型、溢流型、冲击型等。喷洒型有管式和喷头式两种。一般在塔径 1200 mm 以下时都可采用环管多孔式喷洒器,但直径 600 mm 以下时多采用喷头式喷洒器,其中塔径 300 mm 以下时往往用直管式或弯管式喷洒器。较大直径的塔多用支管喷洒器。溢流型喷淋装置用在大型填料塔中,其优点是适应性强,不易堵塞、操作可靠。冲击型喷淋装置是由中心管和反射板组成,操作时液体沿中心管流下,靠液体冲击反射板的反射飞溅作用分布液体,反射板中心钻有小孔以使液体流下淋洒到填料层中心部分。

(2) 液体收集再分布装置。

液体沿填料向下流动时,由于向上的气流速度不均匀,中心气流速度较大、靠近塔壁处流速较小,使得液体流向塔壁形成"壁流",减少了气、液的有效接触,降低了塔的传质效率,严重时会使塔中心的填料不能被湿润而形成"干锥"现象。为此,每隔一定高度的填料层设置一液体收集再分布装置,以便使液体再一次重新均匀分布,如图 5-13 所示。

图 5-12　液体初始分布装置　　　　　图 5-13　液体收集再分布装置

5.板式塔与填料塔的比较

板式塔和填料塔都是常用的塔型,对于具体的生产任务,充分理解和掌握各塔型的特点,便于正确选择合适的塔型。现将板式塔与填料塔的主要特点列表进行比较,见表5-1。

表 5-1　板式塔与填料塔的比较

项目	板式塔	填料塔
理论板压降	约 1 kPa	散装填料约 0.3 kPa,规整填料约 0.15 kPa
分离效率	分离效率比较稳定,大塔效率会更高些	规整填料的 HETP(理论塔板当量高度)值比板式塔小,丝网的效率更高,新型散装填料与板式塔相当
处理能力与操作弹性	操作弹性大	规整填料处理能力比板式塔大
高真空操作	因压降大较难适应,尤其在高真空且塔盘数又多的场合	压降小的优点使其特别适用,高真空下应用规整填料会更佳
操作压力高	很合适,因有较高效率,并且液量大也易处理	不少场合发现效率明显下降,尤其是规整填料,压降小的优点几乎无意义,处理能力下降较大
腐蚀性物料	须用耐腐蚀材料制作,造价高	用陶瓷一类耐腐蚀材料制作,较合适

续表

项目	板式塔	填料塔
易结垢、堵塞物系	较容易解决,清理也较容易	不适用
易起泡沫物系	较难,塔径、塔高需较大值	比较合适
大直径塔	很合适,造价低	填料费用大,尤其丝网规整填料费用更大,气液分布均匀较难
小直径塔	0.6 m以下较难制作	很合适
间歇精馏	可以用	因持液量少而更合适
中间换热	易实现	较难实施
塔的检查	容易	较困难,规整填料几乎不可能

知识与技能 3　塔设备的检修与维护

1.塔设备的检修周期与内容

1)塔设备的检修周期

结合停工检修,一般为1~2年。

2)塔设备的检修内容

(1)清扫塔内壁和塔盘等内件。

(2)检查修理塔体和内衬的腐蚀、变形和各部焊缝。

(3)检查修理或更换塔盘板和鼓泡元件。

(4)检查修理或更换塔内构件。

(5)检查修理喷淋装置和除沫器等。

(6)检查校验安全附件。

(7)检查修理塔基础裂纹、破损、倾斜和下沉。

(8)检查修理塔体油漆和保温。

2.塔设备的检修与质量标准

1)检修前的准备

(1)备齐必要的图纸、技术资料,必要时编制施工方案。

(2)备好工机具、材料和劳动保护用品。

(3)与塔设备连接的管线应加盲板,塔设备内部必须吹扫、置换、清洗干净,并符合有关安全规定。

2)检修质量标准

(1)一般规定。

① 塔内必须清理干净,无异物。

② 塔盘、鼓泡元件和各构件等几何尺寸和材质符合图纸规定,并应有合格证书。应根据实际质量情况进行抽检。

③ 内件安装前,应清理表面油污、焊渣、铁锈、泥沙和毛刺等。对塔盘零部件还应编注序号以便安装。

④ 塔内构件和塔盘等必须紧固牢靠,不得有松动现象。

⑤ 塔盘板排列和开孔方向,塔盘板和塔内构件之间的连接方式、尺寸和密封填料等符合图纸规定。

⑥ 塔盘、鼓泡元件和塔内构件等受腐蚀、冲蚀后,其剩余厚度应保证至少能使用到下一个检查周期。

⑦ 塔内衬里不应有裂纹、鼓泡和剥离等现象。

(2)板式塔。

① 支承圈上表面平整,其表面水平度允许误差要符合要求;相邻两层和任意两层支承圈的间距尺寸偏差都要符合要求。

② 支承梁上表面应平直,其直线度和水平度误差都要符合要求。

③ 受液盘上表面水平度误差、受液盘和降液板的组装、溢流堰的安装都要符合要求。

④ 塔盘板水平度误差要符合要求。

⑤ 浮阀或浮动板应开启灵活,开度一致,不得有卡涩和脱落现象。

(3)填料塔。

① 填料支承结构应平稳、牢固、通道孔不得堵塞,其水平度误差要符合要求。

② 液体分布装置安装位置公差要符合要求,其喷雾孔不得堵塞;溢流槽支管开口下缘应在同一水平面上,其水平度公差为 2 mm;宝塔式喷头各个分布管应同心,分布盘底面应位于同一平面内,并与轴线垂直。盘表面应平整光滑、无渗漏。

③ 除沫器安装中心、标高及水平均应符合技术规定,丝网不得堵塞、破损;除沫筐之间与器壁之间均应挤紧,并用栅板压紧固定。

3.塔设备检修后的试验与验收

1)试验

(1)检修记录齐全、准确。

(2)确认质量合格,并具备试验条件。

(3)检查修理或更换塔盘板和鼓泡元件。

(4)填料塔液体分布装置应做喷淋试验,按技术要求通入具有一定压力和流量的清洁水,要求喷淋装置在塔截面上分布均匀,喷孔不得堵塞。

2)验收

(1)试运行一周,各项指标达到技术要求或能满足生产需要。

(2)设备达到完好标准。

(3)提交下列资料。

① 设计变更及材料代用通知单,材质、零部件合格证。

② 隐蔽工程记录和封闭记录。

③ 检修记录。

④ 焊缝质量检验(包括外观、无损探伤等)报告。

⑤ 试验报告。

4.塔的常见故障诊断步骤

塔设备达不到设计指标统称为故障。塔的故障可由一个因素引起,也可能同时由多个因素引起,一旦出现故障,应尽快找出故障原因,并提出解决问题的办法。故障诊断者应对塔及其附属设备的设计及有关方面的知识有较多的了解,了解得越多,故障诊断越容易。故障诊断应从最简单、最明显处着手,可遵循以下步骤。

(1) 若故障严重,涉及安全、环保或不能维持生产,应立即停车,分析、处理故障。

(2) 若故障不严重,应在尽量减少对安全、环境及效益损害的前提下继续运行。在运行过程中取得数据及一些特征现象,在不影响生产的前提下可做一些操作变动,以获取更多的数据和特征现象。如有可能还可进行全回流操作,为故障分析提供分析数据。

(3) 分析塔设备过去的操作数据,或与同类装置进行比较,从中找出异同点。若塔操作由好变坏,找出变化时间及变化前后的差异,从而找出原因。

(4) 故障诊断不要只限于塔本身,塔的上游装置及附属设备,如泵、换热器以及管道等都应在分析范围内。

(5) 仪表读数及分析数据错误可能导致塔的不良操作。每当故障出现,首先对仪表读数及分析数据进行交叉分析,特别要进行物料平衡、热量平衡及相平衡分析,以确定其准确性。

(6) 有些故障是由于设计不当引起的。对设计引起故障的检查,首先应检查图纸,看是否有明显失误之处,分析此失误是否为发生故障的原因;其次,要进行流体力学核算,核算某处是否有超过界限操作的情况;此外,还需对实际操作传质过程进行模拟计算,检查实际传质效率的高低。

5.塔设备的日常维护

塔设备的日常维护有如下几点。

(1) 塔设备操作中,不准超温、超压。

(2) 定时检查安全附件,应灵活、可靠。

(3) 定期检查人孔、阀门和法兰等密封点是否泄漏。

(4) 定时检查受压元件等。

课后思考

1.塔设备的工业生产要求有哪些?

2.板式塔常用塔盘型式有哪些? 各有什么特点?

3.识读定距管式整块式塔盘结构。

4.板式塔的主要内件有哪些? 作用是什么?

5.工业生产对填料的基本要求有哪些?

6.常用散装填料类型及其优缺点。

7.液体初识分布装置与液体收集再分布装置的作用分别是什么?

★ 素质拓展阅读 ★

《化工和危险化学品生产经营单位重大生产安全事故隐患判定标准(试行)》解读

一、危险化学品生产、经营单位主要负责人和安全生产管理人员未依法经考核合格。

近年来,在化工(危险化学品)事故调查过程中发现,事故企业不同程度地存在主要负责人和安全管理人员法律意识与安全风险意识淡薄、安全生产管理知识欠缺、安全生产管理能力不能满足安全生产需要等共性问题,人的因素是制约化工(危险化学品)安全生产的最重要因素。危险化学品安全生产是一项科学性、专业性很强的工作,企业的主要负责人和安全生产管理人员只有牢固树立安全红线意识、风险意识,掌握危险化学品安全生产的基础知识、具备安全生产管理的基本技能,才能真正落实企业的安全生产主体责任。

《安全生产法》《危险化学品安全管理条例》《生产经营单位安全培训规定》(国家安全监管总局令第3号)均对危险化学品生产、经营单位从业人员培训和考核作出了明确要求,其中《安全生产法》第二十四条要求"生产经营单位的主要负责人和安全生产管理人员必须具备与本单位所从事的生产经营活动相应的安全生产知识和管理能力。危险物品的生产、经营、储存单位以及矿山、金属冶炼、建筑施工、道路运输单位的主要负责人和安全生产管理人员,应当由主管的负有安全生产监督管理职责的部门对其安全生产知识和管理能力考核合格。考核不得收费"。《生产经营单位安全培训规定》明确要求"危险化学品等生产经营单位主要负责人和安全生产管理人员,自任职之日起6个月内,必须经安全生产监管监察部门对其安全生产知识和管理能力考核合格"。2017年1月25日,国家安全监管总局印发了《化工(危险化学品)企业主要负责人安全生产管理知识重点考核内容(第一版)》和《化工(危险化学品)企业安全生产管理人员安全生产管理知识重点考核内容(第一版)》(安监总厅宣教〔2017〕15号),对有关企业主要负责人和安全管理人员重点考核重点内容提出了明确要求,负有安全生产监督管理的部门应当按照相关法律法规要求对有关企业人员进行考核。

二、特种作业人员未持证上岗。

特种作业岗位安全风险相对较大,对人员专业能力要求较高。近年来,由于特种作业岗位人员未经培训、未取得相关资质而造成的事故时有发生,2017年发生的河北沧州"5·13"氯气中毒事故、山东临沂"6·5"重大爆炸事故、江西九江"7·2"爆炸事故均暴露出特种作业岗位人员无证上岗,人员专业能力不足引发事故的问题。

《安全生产法》《特种作业人员安全技术培训考核管理规定》(国家安全监管总局令第30号)均对特种作业人员的培训和相应资格提出了明确要求,如危险化学品特种作业人员应当具备高中或者相当于高中及以上文化程度。按照规定,化工和危险化学品生产经营单位涉及的特种作业,除电工作业、焊接与热切割作业、高处作业等通用的作业类型外,还包括危险化工工艺过程操作及化工自动化控制仪表安装、维修、维护作业(包含光气及光气化工艺、氯碱电解工艺、氯化工艺、硝化工艺、合成氨工艺、裂解[裂化]工艺、氟化工艺、加氢工艺、重氮化工艺、氧化工艺、过氧化工艺、胺基化工艺、磺化工艺、聚合工艺、烷基化工艺等15种危险工艺过程操作,及化工自动化控制仪表安装、维修、维护)。从事上述作业的人员,均须经过培训考核取得特种作业操作证。未持证上岗的应纳入重大事故隐患。

三、涉及"两重点一重大"的生产装置、储存设施外部安全防护距离不符合国家标准要求。

本条款的主要目的是要求有关单位依据法规标准设定外部安全防护距离作为缓冲距离,防止危险化学品生产装置、储存设施在发生火灾、爆炸、毒气泄漏事故时造成重大人员伤亡和财产损失。外部安全防护距离既不是防火间距,也不是卫生防护距离,应在危险化学品品种、数量、个人和社会可接受风险标准的基础上科学界定。

设置外部安全防护距离是国际上风险管控的通行做法。2014年5月,国家安全监管总局发布第13号公告《危险化学品生产、储存装置个人可接受风险标准和社会可接受风险标准(试行)》,明确了陆上危险化学品企业新建、改建、扩建和在役生产、储存装置的外部安全防护距离的标准。同时,《石油化工企业设计防火规范》(GB 50160—2008)、《建筑设计防火规范》(GB 50016—2014)等标准对生产装置、储存设施及其他建筑物外部距离有要求的,涉及"两重点一重大"的生产装置、储存设施也应满足其要求。2009年河南洛染"7·15"爆炸事故企业与周边居民区安全距离严重不足,事故造成8人死亡、8人重伤,108名周边居民被爆炸冲击波震碎的玻璃划伤。

四、涉及重点监管危险化工工艺的装置未实现自动化控制,系统未实现紧急停车功能,装备的自动化控制系统、紧急停车系统未投入使用。

《危险化学品生产企业安全生产许可证实施办法》(国家安全监管总局令第41号)要求,"涉及危险化工工艺、重点监管危险化学品的装置装设自动化控制系统;涉及危险化工工艺的大型化工装置装设紧急停车系统"。近年来,涉及重点监管危险化工工艺的企业采用自动化控制系统和紧急停车系统减少了装置区等高风险区域的操作人员数量,提高了生产装置的本质安全水平。然而,仍有部分涉及重点监管危险化工工艺的企业没有按照要求实现自动化控制和紧急停车功能,或设置了自动化控制和紧急停车系统但不正常投入使用。2017年12月9日,江苏省连云港市聚鑫生物科技有限公司间二氯苯生产装置发生爆炸事故,致使事故装置所在的四车间和相邻的六车间整体坍塌,共造成10人死亡、1人受伤,事故装置自动化控制水平低、现场作业人员较多是造成重大人员伤亡的重要原因。

五、构成一级、二级重大危险源的危险化学品罐区未实现紧急切断功能;涉及毒性气体、液化气体、剧毒液体的一级、二级重大危险源的危险化学品罐区未配备独立的安全仪表系统。

《危险化学品重大危险源监督管理暂行规定》(国家安全监管总局令第40号)要求,"一级或者二级重大危险源,装备紧急停车系统"和"涉及毒性气体、液化气体、剧毒液体的一级或者二级重大危险源,配备独立的安全仪表系统"。构成一级、二级重大危险源的危险化学品罐区,因事故后果严重,各储罐均应设置紧急停车系统,实现紧急切断功能。对与上游生产装置直接相连的储罐,如果设置紧急切断可能导致生产装置超压等异常情况时，可以通过设置紧急切换的方式避免储罐造成超液位、超压等后果，实现紧急切断功能。2010年7月16日，大连中石油国际储运公司原油库输油管道发生爆炸，引发大火并造成大量原油泄漏，事故造成1人死亡、1人受伤，直接经济损失为22330.19万元。此次事故升级的重要原因是发生泄漏的原油储罐未设置紧急切断系统，原油从储罐中不断流出无法紧急切断，导致火灾扩大。2010年1月7日，兰州石化公司合成橡胶厂316#罐区发生火灾爆炸事故，造成6人死亡、1人重伤、5人轻伤，由于碳四物料泄漏后在防火堤内汽化弥漫，人员无法靠近关断底阀，且事故储罐未安装紧急切断系统，致使物料大量泄漏。

六、全压力式液化烃储罐未按国家标准设置注水措施。

当全压力式储罐发生泄漏时，向储罐注水使液化烃液面升高，将泄漏点置于水面下，可减少或防止液化烃泄漏，将事故消灭在萌芽状态。1998年3月5日，西安煤气公司液化气管理所液化气储罐发生泄漏着火后爆炸，造成12人死亡，主要原因是400 m 球罐排污阀上部法兰密封失效，堵漏失败后引发着火爆炸。《石油化工企业设计防火规范》(GB 50160—2008)第6.3.16要求，"全压力式储罐应采取防止液化烃泄漏的注水措施"。《液化烃球形储罐安全设计规范》(SH 3136—2003)第7.4要求，"丙烯、丙烷、混合C_4、抽余C_4及液化石油气的球形储罐应设注水设施"。

全压力式液化烃储罐注水措施的设置应经过正规的设计、施工和验收程序。注水措施的设计应以安全、快速有效、可操作性强为原则，设置带手动功能的远程控制阀，符合国家相关标准的规定。要求设置注水设施的液化烃储罐主要是常温的全压力式液化烃储罐，对半冷冻压力式液化烃储罐(如乙烯)、部分遇水发生反应的液化烃(如氯甲烷)储罐可以不设置注水措施。此外，设置的注水措施应保障充足的注水水源，满足紧急情况下的注水要求，充分发挥注水措施的作用。

七、液化烃、液氨、液氯等易燃易爆、有毒有害液化气体的充装未使用万向管道充装系统。

液化烃、液氨、液氯等易燃易爆、有毒有害液化气体充装安全风险高，一旦泄漏容易引发爆炸燃烧、人员中毒等事故。万向管道充装系统旋转灵活、密封可靠性高、静电危害小、使用寿命长，安全性能远高于金属软管，且操作使用方便，能有效降低液化烃、液氨、液氯等易燃易爆、有毒有害液化气体充装环节的安全风险。

国务院安委会办公室《关于进一步加强危险化学品安全生产工作的指导意见》(安委办〔2008〕26号)和国家安全监管总局、工业和信息化部《关于危险化学品企业贯彻落实〈国务院关于进一步加强企业安全生产工作的通知〉的实施意见》(安监总管三〔2010〕186号)均要求，在危险化学品充装环节，推广使用金属万向管道充装系统代替充装软管，禁止使用软管充装液氯、液氨、液化石油气、液化天然气等液化危险化学品。《石油化工企业设计防火规范》(GB 50160—2008)对液化烃、可燃液体的装卸要求较高，规范第6.4.2条第六款以强制性条文要求"甲B、乙、丙A类液体的装卸车应采用液下装卸车鹤管"，第6.4.3条规定"1.液化烃(即甲A类易燃液体)严禁就地排放；2.低温液化烃装卸鹤位应单独设置"。2015年9月18日，河南中鸿煤化公司发生合成氨泄漏事故，造成厂区附近部分村民中毒。事故原因是中鸿煤化公司化工厂区合成氨塔底部金属软管爆裂导致氨气泄漏。

八、光气、氯气等剧毒气体及硫化氢气体管道穿越除厂区(包括化工园区、工业园区)外的公共区域。

《危险化学品输送管道安全管理规定》(国家安全监管总局令第 43 号)要求,禁止光气、氯气等剧毒化学品管道穿(跨)越公共区域,严格控制氨、硫化氢等其他有毒气体的危险化学品管道穿(跨)越公共区域。

随着我国经济的快速发展,城市化进程不断加快,一些危险化学品输送管道从原来的地处偏远郊区逐渐被新建的居民和商业区所包围,一旦穿过公共区域的毒性气体管道发生泄漏,会对周围居民生命安全带来极大威胁。同时,氯气、光气、硫化氢密度均比空气大,腐蚀性强,均能腐蚀设备,易导致设备、管道腐蚀失效,一旦泄漏,很容易引发恶性事故。如 2004 年发生的重庆市天原化工总厂"4·16"氯气泄漏爆炸事故,原因是设备长期腐蚀穿孔,发生液氯储槽爆炸,导致氯气外泄,在事故处置过程中又连续发生爆炸,造成 9 人死亡、3 人受伤、15 万群众紧急疏散。

九、地区架空电力线路穿越生产区且不符合国家标准要求。

地区架空电力线电压等级一般为 35 kV 以上,若穿越生产区,一旦发生倒杆、断线或导线打火等意外事故,有可能影响生产并引发火灾造成人员伤亡和财产损失。反之,生产厂区内一旦发生火灾或爆炸事故,对架空电力线也有威胁。本条款涉及的国家标准是指《石油化工企业设计防火规范》(GB 50160—2008)和《建筑设计防火规范》(GB 50016—2014)。其中,《石油化工企业设计防火规范》第 4.1.6 条要求,"地区架空电力线路严禁穿越生产区",因此石油化工企业及其他按照《石油化工企业设计防火规范》设计的化工和危险化学品生产经营单位均严禁地区架空电力线穿越企业生产、储存区域。其他化工和危险化学品生产经营单位则应按照《建筑设计防火规范》(GB 50016—2014)第 10.2.1 条规定,"架空电力线与甲、乙类厂房(仓库),可燃材料堆垛,甲、乙、丙类液体储罐,液化石油气储罐,可燃、助燃气体储罐的最近水平距离应符合表 10.2.1 的规定。35 kV 及以上架空电力线与单罐容积大于 200 m³ 或总容积大于 1000 m³ 液化石油气储罐(区)的最近水平距离不应小于 40 m"执行。

十、在役化工装置未经正规设计且未进行安全设计诊断。

本条款的主要目的是从源头控制化工和危险化学品生产经营单位安全风险,满足安全生产条件,提高在役化工装置本质安全水平。一些地区部分早期建成的化工装置,由于未经正规设计或者未经具备相应资质的设计单位进行设计,导致规划、布局、工艺、设备、自动化控制等不能满足安全要求,安全风险未知或较大。

2012 年 6 月,国家安全监管总局、国家发展改革委、工业和信息化部、住房城乡建设部联合下发的《关于开展提升危险化学品领域本质安全水平专项行动的通知》(安监总管三〔2012〕87 号)要求,对未经正规设计的在役化工装置进行安全设计诊断,全面消除安全设计隐患。2013 年 6 月,国家安全监管总局、住房城乡建设部联合下发了《关于进一步加强危险化学品建设项目安全设计管理的通知》(安监总管三〔2013〕76 号)明确要求,"(危险化学品)建设项目的设计单位必须取得原建设部《工程设计资质标准》(建市〔2007〕86 号)规定的化工石化医药、石油天然气(海洋石油)等相关工程设计资质;涉及重点监管危险化工工艺、重点监管危险化学品和危险化学品重大危险源的大型建设项目,其设计单位资质应为工程设计综合资质或相应工程设计化工石化医药、石油天然气(海洋石油)行业、专业资质甲级"。对新、改、扩建危险化学品建设项目,必须由具备相应资质和相关设计经验的设计单位负责设计,在役化工装置进行安全设计诊断也应按照相应的要求执行。如2012年,河北赵县"2·28"重大爆炸事故企业克尔化工有限公司未经正规设计,装置布局、工艺技术及流程、设备管道、安全设施、自动化控制等均存在明显缺陷。

十一、使用淘汰落后安全技术工艺、设备目录列出的工艺、设备。

《安全生产法》第三十五条规定,"国家对严重危及生产安全的工艺、设备实行淘汰制度,具体目录由国务院安全生产监督管理部门会同国务院有关部门制定并公布。法律、行政法规对目录的制定另有规定的,适用其规定。省、自治区、直辖市人民政府可以根据本地区实际情况制定并公布具体目录,对前款规定以外的危及生产安全的工艺、设备予以淘汰。生产经营单位不得使用应当淘汰的危及生产安全的工艺设备"。因此,本条款中的"淘汰落后安全技术工艺、设备目录"是指列入国家安全监管总局《关于印发淘汰落后安全技术装备目录(2015年第一批)的通知》(安监总科技〔2015〕75号)、《关于印发淘汰落后安全技术工艺、设备目录(2016年)的通知》(安监总科技〔2016〕137号)等相关文件被淘汰的工艺、设备,各地区也可自行制定并公布具体目录。如山西晋城"5·16"事故企业使用国家明令淘汰的落后工艺——间接焦炭法生产二硫化碳,该工艺生产过程中易发生泄漏、中毒等生产安全事故,安全隐患突出。

十二、涉及可燃和有毒有害气体泄漏的场所未按国家标准设置检测报警装置,爆炸危险场所未按国家标准安装使用防爆电气设备。

本条款中规定的国家标准是指《石油化工可燃气体和有毒气体检测报警设计规范》(GB 50493—2009)、《爆炸性环境 第1部分:设备通用要求》(GB 3836.1—2010)和《爆炸性气体环境用电气设备 第16部分:电气装置的检查和维护(煤矿除外)》(GB 3836.16—2006)。其中,《石油化工可燃气体和有毒气体检测报警设计规范》要求,化工和危险化学品企业涉及可燃气体和有毒气体泄漏的场所应按照上述法规标准要求设置检测报警装置,检测报警装置设置的内容包括检测报警类别、装置的数量和位置,检测报警值的大小、信息远传、连续记录和存储要求,声光报警要求,检测报警装置的完好性等;《爆炸性环境 第1部分:设备通用要求》(GB 3836.1—2010)和《爆炸性气体环境用电气设备 第16部分:电气装置的检查和维护(煤矿除外)》(GB 3836.16—2006)对防爆区域的分类进行了明确的界定,对防爆区域电气设备的选型、安装和使用提出了明确要求。如2008年8月26日,广西广维化工股份有限公司有机厂乙炔气泄漏并发生爆炸,造成21人死亡,60多人受伤,事故原因之一是罐区未设置可燃气体报警仪,物料泄漏没有被及时发现。2017年6月5日,山东临沂金誉石化公司一辆液化气罐车在卸车作业过程中发生液化气泄漏,引起重大爆炸着火事故。据分析,引发第一次爆炸可能的点火源是临沂金誉石化有限公司生产值班室内在用的非防爆电器产生的电火花。

十三、控制室或机柜间面向具有火灾、爆炸危险性装置一侧不满足国家标准关于防火防爆的要求。

本条款的主要目的是要求企业落实控制室、机柜间等重要设施防火防爆的安全防护要求,在火灾、爆炸事故中,能有效地保护控制室内作业人员的生命安全、控制室及机柜间内重要自控系统、设备设施的安全。涉及的国家标准包括《石油化工企业设计防火规范》(GB 50160—2008)和《建筑设计防火规范》(GB 50016—2014)。具有火灾、爆炸危险性的化工和危险化学品企业控制室或机柜间应满足以下要求:

(一)其面向具有火灾、爆炸危险性装置一侧的安全防护距离应符合《石油化工企业设计防火规范》(GB 50160—2008)表 4.2.12 等标准规范条款提出的防火间距要求,且控制室、机柜间的建筑、结构满足《石油化工控制室设计规范》(SH/T 3006—2012)第 4.4.1 条等提出的抗爆强度要求;

(二)面向具有火灾、爆炸危险性装置一侧的外墙应为无门窗洞口、耐火极限不低于 3 小时的不燃烧材料实体墙。

2007 年河北沧州大化"5·11"爆炸事故和 2017 年山东临沂"6·5"爆炸事故均暴露出控制室不满足防火防爆要求的问题。

十四、化工生产装置未按国家标准要求设置双重电源供电,自动化控制系统未设置不间断电源。

本条款的主要目的是从硬件角度出发,通过对化工生产装置设置双重电源供电,以及对自动化控制系统设置不间断电源,提高化工装置重要负荷和控制系统的安全性。涉及的标准主要有《供配电系统设计规范》(GB 50052—2009)和《石油化工企业生产装置电力设计规范》(SH 3038—2000)。如 2017 年 2 月 21 日,内蒙古阿拉善盟立信化工公司对硝基苯胺车间发生反应釜爆炸事故,造成 2 人遇难,4 人受伤。经调查,事故企业在应急电源不完备的情况下擅自复产,由于大雪天气工业园区全面停电,企业应急电源无法使用,致使对硝基苯胺车间反应釜无法冷却降温,发生爆炸。

十五、安全阀、爆破片等安全附件未正常投用。

2016 年 7 月 16 日,位于山东日照市的山东石大科技石化有限公司发生液化烃储罐发生着火爆炸事故,根据事故调查报告,罐顶安全阀前后手动阀关闭,瓦斯放空线总管在液化烃罐区界区处加盲板隔离,无法通过火炬系统对液化石油气进行安全泄放,重要安全防范措施无法正常使用,是导致本次事故后果扩大的主要原因。本条款是通过规范具有泄压排放功能的安全阀、爆破片等安全附件的管理,保障企业安全设施的完好性。

《石油化工企业设计防火规范》(GB 50160—2008)第 5.5 部分"泄压排放和火炬系统"对化工和危险化学品企业具有泄压排放功能的安全阀、爆破片等安全附件的设计、安装与设置等提出了明确要求。安全阀、爆破片等安全附件同属于压力容器的安全卸压装置,是保证压力容器安全使用的重要附件,其合理的设置、性能的好坏、完好性的保障直接关系到化工和危险化学品企业生产、储存设备和人身的安全。

十六、未建立与岗位相匹配的全员安全生产责任制或者未制定实施生产安全事故隐患排查治理制度。

安全生产责任制是企业中最基本的一项安全制度,也是企业安全生产管理制度的核心,发生事故后倒查企业管理原因,多与责任制不健全和隐患排查治理不到位有关。本条款的主要目的是督促化工和危险化学品企业制定落实与岗位职责相匹配的全员安全生产责任制,根据本单位生产经营特点、风险分布、危险有害因素的种类和危害程度等情况,制定隐患排查治理制度,推进企业建立安全生产长效机制。关于企业的安全生产责任制主要检查两点:一是企业所有岗位都应建立与之一一对应的安全生产责任,责任制的内容应包括但不限于基本的法定职责;二是应采取适当途径告知从业人员安全生产责任及考核情况。隐患排查治理应常态化,并做到闭环管理,且纳入日常考核。

十七、未制定操作规程和工艺控制指标。

《安全生产法》第十八条规定,"生产经营单位的主要负责人应负责组织制定本单位安全生产规章制度和操作规程"。化工和危险化学品企业的各生产岗位应制定操作规程和工艺控制指标:一是制定操作规程管理制度,规范操作规程内容,明确操作规程编写、审查、批准、分发、使用、控制、修改及废止的程序和职责。二是编制的各生产岗位操作规程的内容至少包括开车、正常操作、临时操作、应急操作、正常停车和紧急停车的操作步骤与安全要求;工艺参数的正常控制范围,偏离正常工况的后果,防止和纠正偏离正常工况的方法及步骤;操作过程的人身安全保障、职业健康注意事项。三是制定工艺控制指标,如以工艺卡片的形式明确对工艺和设备安全操作的最低要求。四是操作规程、工艺控制指标应科学合理,保证生产过程安全。

化工和危险化学品企业未制定操作规程和工艺控制指标,或制定的操作规程和工艺控制指标不符合以上四项要求的任意一项,都应纳入重大事故隐患进行管理。如河北赵县"2·28"重大爆炸事故暴露出事故企业工艺管理混乱,不经安全审查随意变更生产原料、工艺设施,车间管理人员没有专业知识和能力,违反操作规程,擅自将反应温度大幅调高。

十八、未按照国家标准制定动火、进入受限空间等特殊作业管理制度,或者制度未有效执行。

近年来,化工和危险化学品生产经营单位在动火、进入受限空间作业等特殊作业环节事故占到全部事故的近50%。2016年4月22日,江苏靖江德桥仓储有限公司储罐区2号交换站发生火灾,直接经济损失2532.14万元。调查发现,事故的直接原因是德桥公司组织承包商在2号交换站管道进行动火作业,在未清理作业现场地沟内油品、未进行可燃气体分析、未对动火点下方的地沟采取覆盖、铺沙等措施进行隔离的情况下,违章动火作业,切割时产生火花引燃地沟内的可燃物引发大火。

本条款的主要目的是促进化学品生产经营单位在设备检修及相关作业过程中可能涉及的动火作业、进入受限空间作业以及其他特殊作业的安全进行。涉及的国家标准是指《化学品生产单位特殊作业安全规范》(GB 30871—2014)。

十九、新开发的危险化学品生产工艺未经小试、中试、工业化试验直接进行工业化生产;国内首次使用的化工工艺未经过省级人民政府有关部门组织的安全可靠性论证;新建装置未制定试生产方案投料开车;精细化工企业未按规范性文件要求开展反应安全风险评估。

新工艺安全风险未知,若没有安全可靠性论证、逐级放大试验、严密的试生产方案,风险很难辨识,管控措施很难到位,容易发生"想不到"的事故。本条款中"精细化工企业未按规范性文件要求开展反应安全风险评估",规范性文件是指国家安全监管总局于2017年1月发布《关于加强精细化工反应安全风险评估工作的指导意见》(安监总管三

〔2017〕1号）要求，企业中涉及重点监管危险化工工艺和金属有机物合成反应（包括格氏反应）的间歇和半间歇反应，有以下情形之一的，要开展反应安全风险评估：

1. 国内首次使用的新工艺、新配方投入工业化生产的以及国外首次引进的新工艺且未进行过反应安全风险评估的；

2. 现有的工艺路线、工艺参数或装置能力发生变更，且没有反应安全风险评估报告的；

3. 因反应工艺问题，发生过事故的。

精细化工生产中反应失控是发生事故的重要原因，开展精细化工反应安全风险评估、确定风险等级并采取有效管控措施，对于保障企业安全生产具有重要意义。2017年浙江林江化工股份有限公司"6·9"爆燃事故就是企业受经济利益驱使，在不掌握反应安全风险的情况下在已停产的车间开展医药中间体的中试研发，仅依据500 mL规模小试结果就盲目将试验规模放大至1万倍以上，由于中间产物不稳定，发生分解引发爆燃事故。

二十、未按国家标准分区分类储存危险化学品，超量、超品种储存危险化学品，相互禁配物质混放混存。

禁配物质混放混存，安全风险大。本条款的主要目的是着力解决危险化学品储存场所存在的危险化学品混存堆放、超量超品种储存等突出问题，遏制重特大事故发生。涉及的国家标准主要有《建筑设计防火规范》（GB 50016—2014）、《常用危险化学品贮存通则》（GB 15603—1995）、《易燃易爆性商品储存养护技术条件》（GB 17914—2013）、《腐蚀性商品储存养护技术条件》（GB 17915—2013）和《毒害性商品储存养护技术条件》（GB 17916—2013）等。2015年8月12日，位于天津市滨海新区天津港的瑞海国际物流有限公司发生特别重大火灾爆炸事故，事故暴露出的突出问题是不同危险特性的危险化学品混存堆放，造成事故后果极度扩大，事故共造成165人遇难，8人失踪，798人受伤，并造成重大经济损失。

（资料来源：由中华人民共和国应急管理部于2018年发布，有改动。）

模块六 储存设备

储存设备也称储罐,是储存各种液体或气体原料、半成品及产品的专用设备,对企业而言,没有储存设备就无法正常生产。它是化工生产必不可少的、重要的基础设施,国家战略物资储备更是离不开各种容量和类型的储存设备。

为了满足国内石油的需求,保障国家能源安全,健全国家石油储备体系,按国家能源局统计,至 2017 年年中,我国建成了舟山、舟山扩建、镇海、大连、黄岛、独山子、兰州、天津及黄岛国家石油储备洞库共 9 个国家石油储备基地(图 6-1),利用上述储备库及部分社会企业库容,储备原油 3773 万吨。其中,镇海国家石油储备基地是一期工程中最大的项目,工程位于浙江省宁波市镇海区毗邻东海的一片开阔地,占地 1.12 平方千米,国家发改委于 2004 年 1 月批准建设,由中石化集团承建,建设规模为 520 万立方米(合 3270 万桶),共 52 座储油罐,每座储油罐高 22 米(相当于 8 层楼),直径 80 米(超过足球场宽度),能储原油 10 万立方米(约合 9 万吨原油),价值超过 1 亿元人民币。整个基地储满油能有 400 多万吨。

图 6-1 国家石油储备基地

由于储存介质、储存需求和目的、设备作业和结构等不同,储罐的类型也是多种多样。

按介质分类:储罐可分为气体储罐和液体储罐。

按材质分类:储罐可分为金属储罐和非金属储罐。

按用途分类:储罐可分为生产储罐和存储储罐。

按形式分类:储罐可分为立式储罐和卧式储罐。

按结构分类：储罐可分为圆筒形储罐和球形储罐。一般立式圆筒形储罐的容积大于1万立方米以上的，习惯上称为大型储罐。

按设计内压（表压）分类：储罐可分为常压储罐、低压储罐和压力储罐。常压储罐的最高设计内压为 6 kPa，低压储罐的最高设计内压为 103.4 kPa，设计内压大于 103.4 kPa 的储罐为压力储罐。大多数油料，如原油、汽油、柴油、润滑油、燃料油等均采用常压储罐储存。液化石油气、丙烷、丙烯、丁烯等高蒸气产品一般采用压力储罐储存（低温液化石油气除外）。只有常温下饱和蒸气压较高的轻石脑油或某些化工物料采用低压储罐储存。

按位置分类：储罐可分为地上储罐、地下储罐、半地下储罐、海上储罐、海底储罐等。

按温度分类：储罐可分为低温储罐、常温储罐（＜90 ℃）和高温储罐（90～250 ℃）。

知识与技能 1　固定顶储罐结构识读

从结构分类的角度来看，立式圆筒形储罐按其罐顶结构可细分为固定顶储罐和浮顶储罐，如图 6-2 所示。

(a) 固定顶储罐　　　　　　　　(b) 浮顶储罐

图 6-2　立式圆筒形储罐

固定顶储罐包括锥顶储罐、拱顶储罐、网壳顶储罐等，如图 6-3 所示。

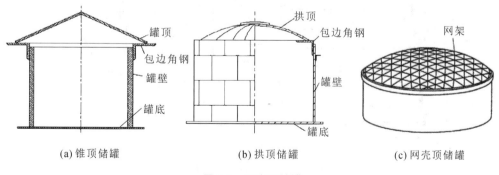

(a) 锥顶储罐　　　　　　(b) 拱顶储罐　　　　　　(c) 网壳顶储罐

图 6-3　固定顶储罐

浮顶储罐包括内浮顶储罐（带盖浮顶）和外浮顶储罐。

固定顶储罐和浮顶储罐都是由罐底、罐壁和罐顶三大部分组成,并且是在现场进行组装焊接,区别主要在于罐顶及其附件。

拱顶储罐是最常用的立式圆筒形固定顶储罐,分为直线式和套筒式,如图 6-4 和图 6-5 所示。

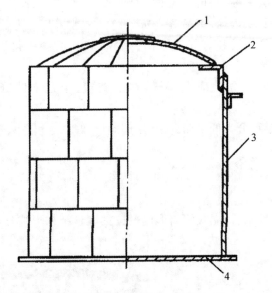

图 6-4　直线式拱顶储罐简图

1—拱顶;2—包边角钢;3—罐壁;4—罐底

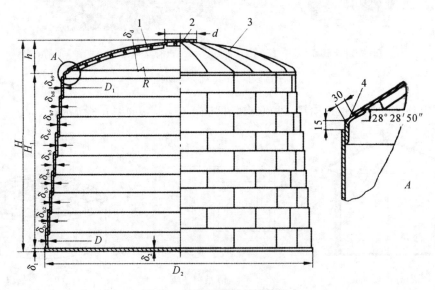

图 6-5　套筒式拱顶储罐简图

1—筋板;2—中心盖板;3—扇形板;4—包边角钢

1. 罐顶

拱顶储罐的罐顶常用的是球形拱顶,顶板由中心盖板和多块扇形板组对焊接而成,罐顶内侧采用扁钢制成加强筋,通常为自支承式结构。考虑储罐顶板受力对称、均匀,扇形板通常设计成偶数。罐顶与罐壁通过包边角钢圈(或称锁口)焊接连接,并由包边角钢圈承受拱脚处的水平推力。考虑安全要求,焊接时采用"弱顶"结构,即罐顶板与包边角钢圈外侧连续焊接,焊脚高度为罐顶板厚度的 3/4,内侧不予焊接。一旦发生燃烧爆炸,首先将罐顶掀掉而不至于破坏下结点焊缝和罐壁,防止物料外泄。

考虑到防雷要求,球形拱顶的顶板厚度规定不得小于 4.5 mm,同罐壁顶圈壁板厚度基本相同。拱顶的曲率半径一般为储罐直径的 0.8~1.2 倍。为了增强拱顶的稳定性,当储罐直径大于 15 m 时,在顶板内侧焊有径向和环向的加强筋板。当储罐直径大于 32 m 时,就需要采用网壳结构拱顶。

2. 罐壁

罐壁为主要受力部件,受力随着储存量的增大而增大。由于下部的压力高于上部的压力,故罐壁下部的钢板厚度要求大些。罐壁由若干层圈板焊接而成,套筒式罐壁板环向焊缝采用搭接,纵向焊缝为对接,便于各圈壁板组对,采用倒装法施工比较安全。直线式罐壁板环向焊缝为对接,罐壁整体自上而下直径相同,特别适用于内浮顶储罐,但组对安装要求较高、难度亦较大。直线式拱顶储罐便于后期改造为浮顶储罐。

3. 罐底

罐底板由厚度为 5~12 mm 的钢板焊接而成的,直接铺在基础上。罐底中部的钢板为中幅板,周边的钢板为边缘板。边缘板可采用条形板,也可采用弓形板。一般情况下,储罐内径<16.5 m 时,宜采用条形边缘板;储罐内径≥16.5 m 时,宜采用弓形边缘板。由于罐底下表面接触罐基容易受潮,而上表面又经常受到所储存液体中沉积水分和杂质的影响,容易腐蚀。为防止底板腐蚀穿孔,在计量孔的下方要设一个计量基准板。

拱顶罐钢材的选用主要取决于储罐的受力状态和建造地区的气候条件。对于容积小于 1 万立方米的储罐,若建罐地区的最低日均温度低于−13 ℃,一般采用 Q235A 普通碳素钢,其余地区可采用 Q235AF 普通碳素钢。当储罐容量大于 1 万立方米时,为降低罐壁厚度,便于施工,下部几圈壁板或全部钢板可选用高强度低合金钢板,如 Q345 或 Q390 钢板。

拱顶储罐具有施工方便、造价低、节省钢材等优点,已得到广泛应用,并形成了系列,以利于备料和准备施工机具,加快建造速度。

拱顶储罐主要用于储存低蒸气压油料,如煤油、各种燃料油、重油、轻柴油、重柴油、润滑油、液体沥青以及闪点≥60 ℃的各种馏分油。储存热油时,其油温不得超过 200 ℃。

知识与技能 2　浮顶储罐结构识读

浮顶储罐由漂浮在物料表面上的浮顶和立式圆柱形罐壁所构成。浮顶随储罐内物料储量的增加或减少而升降,浮顶外缘与罐壁之间有环形密封装置,罐内介质始终被内浮顶直接覆盖,目的是减少介质挥发。浮顶储罐有外浮顶储罐和内浮顶储罐之分。

1.外浮顶储罐

外浮顶储罐的罐壁和罐底与立式拱顶储罐相似,如图 6-6 和图 6-7 所示。外浮顶储罐的罐顶是开放的,钢浮顶在专设的导向装置控制下,凭借物料的浮力,在罐内上下浮动。导向装置由两根直径很大的钢管来防止浮顶转动或偏移。浮顶由浮盘和密封装置组成,浮盘的结构可分为双盘式和单盘式两种。双盘式浮盘由上盘板、下盘板和船舱边缘板所组成,由径向隔板和环向隔板隔成若干独立的环形船舱。优点是浮力大,隔热效果好,但钢用量大,费用高,一般用于容量较小的中小型储罐。当罐体容积较大时,为了节省钢材,在保证浮力足够的前提下,一般采用单盘式浮盘,浮盘周边为环形船舱,中间为厚度不小于 5 mm 的单层钢板。优点是结构简单,造价低,易维修。船舱独立设置一是为了增加刚度,二是在个别船舱泄漏时,不致使整个浮盘沉没。每个船舱都设置人孔,以便检查泄漏情况。浮顶上至少有一个人孔,以便储罐的维修。

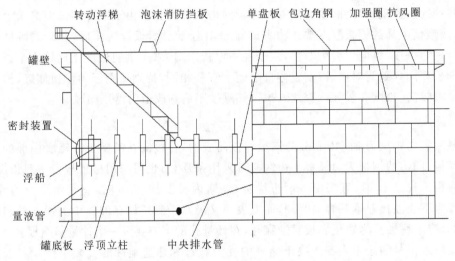

图 6-6 单盘式外浮顶储罐

浮顶的密封装置安装在浮盘外缘板与罐壁间 200～300 mm 宽的环形间隙中,其作用是降低物料的蒸发损耗和防止雨雪风沙对物料的污染。密封装置的形式很多,弹性密封是目前应用最广泛的密封装置,它以涂有耐油橡胶的尼龙布袋作为与罐壁接触的滑行部件,其中装有富于弹性的软泡沫塑料,利用其自身弹性压紧罐壁,达到密封要求。

浮顶支柱用来调节下死点的高度和支承浮盘。浮盘中央设有单向阀的排水管,雨水收集到盘中央,通过浮顶下面的折管排至罐外,折管可随浮盘升降而伸缩。浮顶上设有自动通气阀,在浮顶随液面下降到支柱支承高度之前,通气阀自动开启,使罐底与浮盘之间的空间与大气相通。通气阀有两个作用:一是当浮顶支于立柱上之后继续付料时,使浮顶下部不致出现真空;二是浮顶在上述位置进料时,避免在浮盘与液面之间出现空气层。由于外浮顶储罐是敞口容器,为使储罐在风载作用下不致使罐壁出现局部失稳,即被风局部吹瘪,就必须在浮顶罐壁顶端设置抗风圈,对于大型浮顶罐,在抗风圈下的适当高度还要设置加强圈。罐壁顶部设有浮梯,浮梯通向浮顶,在浮盘升降时,浮梯可沿浮盘

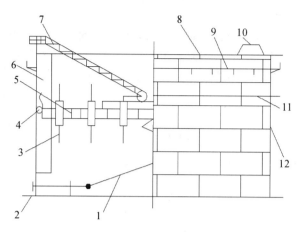

图 6-7　双盘式外浮顶储罐

1—中央排水管;2—底板;3—浮顶立柱;4—密封装置;5—双盘顶;6—量液管;7—转动浮梯;
8—包边角钢;9—抗风圈;10—泡沫消防挡板;11—加强圈;12—罐壁

上的专用滑道滑行,并不断改变角度。浮盘与罐壁有导线相连,以导出静电。

外浮顶储罐由于极大地减少了物料的蒸发损耗及对大气的污染,降低了储罐火灾的危险性,又适合于建造大型储罐,已被广泛应用于储存原油、汽油、石脑油、溶剂油及性质相似的石油化工产品。

2.内浮顶储罐

内浮顶储罐是在拱顶储罐内部增设浮顶而成的,如图 6-8 所示。

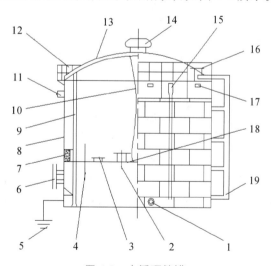

图 6-8　内浮顶储罐

1—罐壁人孔;2—自动通气阀;3—浮盘人孔;4—浮顶立柱;5—接地线;6—带芯人孔;7—密封装置;8—罐壁;
9—量油管;10—静电导线;11—高液位报警器;12—手工量油孔;13—固定罐顶;14—罐顶通气孔;
15—消防孔;16—罐顶人孔;17—罐壁通气孔;18—内浮盘;19—液面计

内浮顶可用钢板制作而成,可做成隔式和浮盘式,在浮顶周围设置软密封装置。为了导出浮顶上积聚的静电,应在浮顶与罐体之间设置静电导线与罐壁相连。为了及时排出内浮顶与拱顶之间的挥发气体,防止可燃性气体积聚,在罐壁上部和拱顶开有通气孔,使浮顶上部空间形成对流,实现良好通风,防止油气浓度聚积到爆炸下限以上。罐壁通气孔等间距设置在顶圈罐壁上,且相邻间距不得大于 10 m,每个罐的总数不得少于 4 个。为了进出方便,在浮顶下死点罐壁上和浮顶上均设人孔。

内浮顶储罐增设浮顶可减少介质的挥发损耗,外部的拱顶又可以防止雨水、积雪及灰尘进入罐内,减缓密封装置的老化,保证罐内介质清洁。内浮顶储罐广泛应用于储存航空煤油、汽油、溶剂油等品质要求较高的易挥发性油料,在风沙危害大的地区用来储存原油。内浮顶储罐因为有拱顶,所以在罐壁上不需要设置抗风圈和加强圈。在储罐附件配置上,内浮顶储罐不同于拱顶储罐的是用通气管代替呼吸阀,用量油管代替量油孔,不同于外浮顶储灌的是没有中央排水管和转动浮梯。

从耗钢量比较,虽然内浮顶储罐比外浮顶储罐增加了一个拱顶,但也省去了罐壁和罐顶周围的抗风圈、加强圈、转动浮梯和中央排水管等,因此总耗钢量仍略少于外浮顶储罐。

内浮顶储罐不是拱顶储罐和外浮顶储罐的简单叠加,由于结构上的特殊性,与拱顶储罐相比有以下特点:

(1) 储液的挥发损失少。由于内浮盘直接与液面接触,液相无挥发空间,从而可减少挥发损失 85%～90%。

(2) 由于液面没有气相空间,所以减轻了罐体(罐壁与罐顶)的腐蚀,延长了储罐的寿命。

(3) 由于液面覆盖内浮盘,使储液与空气隔离,故大大地减少了空气的污染,减少了着火爆炸的危险,易于保证储液的质量。特别适合用于储存高级汽油和喷气燃料,也适合储存有害的石油化工产品。

(4) 在结构上可取消呼吸阀。

(5) 易于老罐改造成内浮顶储罐,并取消呼吸阀、阻火器等附件,投资少,经济效益明显。

内浮顶储罐与外浮顶储罐相比有如下特点。

(1) 内浮顶储罐又称"全天候"储罐,由于顶盖密封能有效地防止风沙雨雪和灰尘污染储液,在各种气候条件下均能正常操作,不管寒冷多雪、风沙频繁或是炎热多雨地区储存高级油品或喷气燃料等严禁污染的储液特别适宜。

(2) 在相同密封的条件下,内浮顶储罐可以进一步降低蒸发损耗。这是因为固定顶的遮挡以及固定顶与内浮盘之间静止的空气层有较好的隔热效果,使蒸发损失进一步减少。

3.安全附件

1) 呼吸阀

储罐在使用过程中经常会由于储罐内液面的改变或者外界温度的变化等原因,导致储罐内气体膨胀或收缩,储罐内气相的压力也随之波动,气体压力的波动极易使储罐出现超压或真空的情况,严重时会造成储罐超压鼓包或真空抽瘪。

为了防止储罐出现超压或负压等失稳状态,工艺设计中通常采用在罐顶安装呼吸阀的方式来维持储罐气压平衡,确保储罐在超压或真空时免遭破坏,保护储罐安全,并且减少储罐内物料的挥发和损耗,对安全和环保均起到一定的促进作用。

如图 6-9 所示,呼吸阀的内部结构实质上是由一个压力阀盘(即呼气阀)和一个真空阀盘(即吸气阀)组合而成。当罐内压力升高到一定压力值时,呼气阀打开,罐内气体通过呼气阀侧排入外界大气中,此时吸气阀由于受到罐内正压作用处于关闭状态。反之,当罐内压力下降到一定真空度时,吸气阀由于大气压的正压作用而打开,外界的气体通过吸气阀侧进入罐内,此时呼气阀处于关闭状态。在任何时候,呼气阀和吸气阀不能同时处于打开的状态。当罐内压力或真空度降到正常操作压力状态时,呼气阀和吸气阀处于关闭状态,停止呼气或吸气过程。

图 6-9　呼吸阀

呼吸阀在正常状态下起密封作用,只有在下列条件下呼吸阀才开始工作:

(1) 储罐向外输出物料时,呼吸阀即开始向罐内吸入空气或氮气。

(2) 向储罐内灌装物料时,呼吸阀即开始将罐内气体向罐外呼出。

(3) 由于气候变化等原因引起罐内物料蒸气压增高或降低,呼吸阀则呼出蒸气或吸入空气或氮气。

(4) 发生火灾时,储罐因呼出气体受热,引起罐内液体蒸发量剧增,呼吸阀便开始向罐外呼出,以避免储罐因超压而损坏。

(5) 在其他工况下,如挥发性液体的加压输送、内外部传热装置化学反应、操作失误等,呼吸阀则相应进行呼出或吸入,以避免储罐因超压或超真空而遭受损坏。

呼吸阀的基本作用:一是保证油罐安全密闭储油;二是减少油品蒸发损耗。后者要求呼吸阀具有良好的密封性,前者才是对呼吸阀最重要的要求。

2) 阻火器

如图 6-10 所示,阻火器是用来阻止易燃气体、液体的火焰蔓延回火而引起爆炸的安全装置。阻火器串联安装在呼吸阀的下面,防止罐外明火向罐内蔓延。

阻火器工作原理:当火焰通过狭小孔隙时,由于数层金属网大量吸热,火焰热损失突然增大,降低了温度,使燃烧不能继续维持而熄灭,阻火器的性能取决于阻火层的厚度及其间隙或通道的大小等因素。

图 6-10　阻火器

为了确保储罐阻火器的性能达到安全使用要求,对阻火器应定期进行检查、保养。

(1) 储罐阻火器每半年检查一次,检查阻火层是否堵塞、变形、腐蚀等。

(2) 发现被堵塞的阻火层应清洗干净,确保芯子上的每个孔眼畅通,对于变形和腐蚀的阻火层应更换。

(3) 重新安装阻火层时,应保证结合面严密,不得漏气。

3) 量油管和量油孔

量油孔和量油管(图 6-11)是为人工检查时测量油面高度、取样、测温而专门设置的附件。

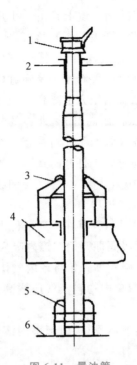

图 6-11　量油管
1—量油孔;2—罐顶操作平台;3—导向轮;4—浮盘;5—固定肋板;6—罐底

　　拱顶储罐上的量油孔大都设在罐梯平台附近。量油孔设有能密闭的孔盖和松紧螺栓,为了防止关闭时孔盖与铁器撞击产生火花,在孔盖的密封槽内嵌有耐油胶垫或软金属(铜或铝)。由于测量用的钢卷尺接触出口时容易摩擦产生火花,因此在孔管内侧镶有铜(或铝合金)套,或者在固定的测量点外装设不会产生火花的有色金属导向槽。

　　4)其他附件

　　为保证储罐的安全运行和维护,储罐还设有透光孔、人孔、温度计(热电偶、热电阻温度计、双金属温度计)、液位计(反吹式液位计、静压式液位计、差压式液位计、玻璃板或玻璃管液位计)、压力变送器、液位计报警器(防止液位计超高或超低的一种保护装置)等安全附件。

▌知识与技能 3　储罐故障与检修

1.常见故障

1)固定顶

(1)罐顶的一般性腐蚀穿孔或腐蚀较严重,孔洞较小。

(2)罐顶腐蚀严重,由于操作不当造成罐顶抽瘪。

(3)桁架扭曲。

2）浮顶

（1）浮顶或内浮盘沉没或船舱漏油。

（2）密封效果差或密封装置失灵。

（3）浮顶或内浮顶焊缝渗漏。

3）罐壁

（1）储罐上部几层壁板因腐蚀减薄,不能满足设计强度和抗风要求或腐蚀穿孔。

（2）操作不当,罐壁被抽瘪。

（3）罐壁焊缝渗漏。

4）罐底

（1）罐底板出现严重麻点、蚀坑及凹陷等。

（2）罐底大面积蚀坑或穿孔。

（3）罐底被腐蚀后剩余厚度超出允许范围。

（4）罐体底层壁板与底板边缘之间焊缝产生裂纹或渗漏等。

（5）罐底中幅板焊缝有砂眼、裂纹或渗漏。

2.储罐检修

1）检修前的准备工作

根据故障或缺陷的具体情况编制技术方案,并向全体检修人员做详细交底。修理技术方案必须有有针对性的安全技术措施,以确保作业安全。

（1）设备准备。储罐检修需要使用各种设备与工具,包括起重设备、焊接设备、电动工具等。在检修前,要检查这些设备的运行状态和完好度,并确保其能够正常使用。同时,还要准备好所需的备件和耗材,以备不时之需。

（2）环境准备。凡需进罐检查或在罐体动火的项目,在检修前应做到检修环境安全：排出储罐内的储存介质；出口管线加堵盲板,使罐体与系统管线隔离；打开人孔和透光孔。清除罐底时,用水冲洗(重油用热水),通入蒸气吹扫 24 h 以上。对装软密封的浮顶储罐、内浮顶储罐,必须事先将密封带拆下,将其置于罐外。对固定顶储罐蒸罐后应将透光孔、人孔打开,以免气温下降或遇雨使罐体抽瘪；作业前必须对罐内油气浓度进行分析以及测定氧含量,合格后方可入内作业。

（3）检修作业前必须按使用单位有关规定办理用火手续。

（4）进罐检查或施工作业使用的照明必须是低压防爆灯。检测仪器的电压超过 36 V 时,必须采用绝缘良好的软线和可靠的接地线。储罐内严禁采用明火照明。

2）罐顶检修

罐顶的一般性腐蚀穿孔,在不允许用火的情况下,采用弹性聚氨酯或其他黏结剂黏补。

腐蚀较严重、穿孔较多的可以采用补焊或局部更换罐顶钢板处理。

拱顶罐因设计、使用、操作不当造成罐顶变形时,可采用充气正压法恢复。

注意:在充气恢复过程中,所有作业人员需佩戴劳保用品,并远离作业罐；如果罐顶局部塑性变形处有裂缝而大量漏气,影响恢复正常进行时,应停止作业,动火补焊后,再次充气恢复；在充气作业过程中,认真检查罐顶弱焊连接处和罐壁下部角焊缝,一旦有异常,立即停止作业;罐顶恢复后应及时将通气口打开,以防再次抽瘪;充气作业宜在天气较好时进行,且宜在当天气温降低之前完成。

罐顶腐蚀特别严重或由于操作不当造成顶部抽瘪严重变形而无法恢复时,应更换罐顶。

3）罐底检修

（1）罐底严重的麻点、蚀坑、气孔、砂眼、裂纹及凹陷等缺陷,可采用打磨补焊或进行局部更换等办法来处理。不允许动火的储罐可用黏结剂进行黏结;在允许动火的条件下,均尽量采用打磨补焊或局部更换等方法进行修补。

数量较少的机械穿孔和腐蚀等缺陷可直接补焊。

面积大的腐蚀及较大的孔洞应切割其缺陷部位,更换新底板。

在焊缝的裂纹两端钻止裂孔,将缺陷部位清除,重新焊接,补焊至少要焊两遍。当裂纹长度大于 100 mm 时,其上覆盖钢板,焊接四周,盖住裂纹。盖板在每一方向上超出的长度以不小于 200 mm 为宜。

由于应力集中等原因产生的大裂纹,可将裂纹周围底板切割,更换底板。补焊上的新钢板应超过裂纹长度。

基础局部沉降导致罐底板局部凹陷的,应将其缺陷部位焊缝割开,在基础上填入沥青砂并捣实后重新将焊缝焊好;如凹陷严重且面积大,无法修正时,应局部更换底板。

（2）罐底更换。

腐蚀使底板的剩余厚度普遍超过容许值或者罐底板呈大面积蚀坑、穿孔等严重缺陷时,应将罐底进行更换。

罐底更换根据不同情况可只更换中幅板或中幅板、边缘板一起更换。

大型储罐边缘板的更换采用逐张更换法,将原来的边缘板割下来后换上新的边缘板,新边缘板的尺寸应尽可能和原边缘板尺寸一致。

小型储罐可将整个储罐移位,把旧罐底割掉,换上新罐底,再安放到原来位置。

对大型浮顶储罐（或内浮顶储罐）罐底的更换,在罐底割除之前应先将浮顶（或内浮顶）悬挂于罐内,然后再进行作业。

4）浮顶储罐密封装置的更换

浮顶储罐的机械密封改为软密封的施工程序如下。

将储罐清洗后,应先拆除机械密封装置;仔细检查舱外边缘的腐蚀程度及渗漏情况,若腐蚀比较严重,则应在舱内补焊或更换;安装导向及滚轮;拆除原导向架及导轨;安装软密封装置;按图纸要求进行检查、验收;内充水进行浮顶升降试验。检查密封带与罐壁、导向管及导向滚轮之间有无卡涩现象;放水后,进入罐内查看密封带运行情况。

5）内浮顶浮盘沉没处理

清罐后,达到安全施工条件;拆除密封带取出软泡沫塑料,将其置于罐外晾干;清扫浮盘及罐底;全面检查。对损坏部位进行修理;按设计要求安装软密封装置;内充水进行浮盘升降试验。

6）罐壁的检修

罐壁因腐蚀穿孔或焊缝渗漏的,若可以清罐,则用焊接方法修补;若不能清罐,则可降低液面,用黏结剂黏补。

由于设计、使用、操作不当,罐壁被抽瘪的,可向罐内充水恢复。如向罐内充水至设计最高操作液面,仍无法使变形罐壁恢复原状时,可借助外力整形恢复。用外力整形还无效果时,可将凹陷处割除,局部更换。

上部罐壁由于腐蚀严重产生穿孔或厚度不能满足设计要求时,应整圈更换壁板。

7）储罐检修注意事项

储罐检修是保证储罐正常运行的重要手段,是保证安全生产的重要措施。企业必须按照有关规程的要求,加强对储罐检修工作的管理,防止失修现象发生。要认真执行检修质量标准,做到优质、高效、安全、文明。

企业应根据储罐的实际技术状况,结合生产安排,编制储罐检修计划。

对储罐在使用过程中出现的各种故障和缺陷,应根据其损坏程度,在保证安全的前提下确定检修方案,及时组织实施。

进罐检查或罐体动火的检修项目,在检修前使用部门应制定防火安全措施和防中毒、窒息措施,并办理相关的作业许可证,在检修中严格执行。

检修准备工作做到"七落实",即计划项目、图纸资料、施工方案、物资资料、施工力量和机具、施工质量措施、安全环保措施均应落实到位。

加强对储罐检修过程中焊接质量的管理,焊工必须持证上岗。

检修过程中检验方法、充水试验和验收,应按照有关规定严格执行。

课后思考

1. 立式圆筒形储罐按照结构分类,可以分为哪些?
2. 如何理解立式圆筒形储罐的"弱顶"结构?
3. 内浮顶储罐与外浮顶储罐相比,有哪些特点?
4. 从结构上的特殊性来说,内浮顶储罐与固定顶储罐相比有哪些特点?
5. 简述内浮顶储罐与外浮顶储罐的结构特征。
6. 为什么要在储罐上设置呼吸阀?呼吸阀的基本作用是什么?
7. 简述阻火器的灭火原理。

★ 素质拓展阅读 ★

强化国家能源安全储备能力建设

能源安全事关国家安全,能源储备是现代能源体系的重要组成部分。加强能源储备体系建设,确保能源稳定供应,应对国际国内能源市场各类突发事件冲击,是"十四五"期间我国能源发展的重要任务。《"十四五"现代能源体系规划》(以下简称《规划》)从保障能源供应链稳定性和安全性的角度,就能源安全储备体系的建设提出了相关举措。

一、能源储备对保障国家能源安全至关重要

我国是世界第一大能源消费国,又是人均能源资源相对匮乏的国家,随着消费的不断增长,能源进口量和对外依存度也不断提高,目前已是世界第一大能源进口国,对外依存度接近20%。原油、天然气、煤炭进口量均为全球最大,其中原油和天然气进口量分别超过5亿吨和1600亿立方米,对外依存度分别超过70%和40%。随着逆全球化加剧、国际地缘政治不稳定等趋势演进,我国将面临更大的外部能源安全风险。

新的形势下,能源安全储备将在发挥防范抵御重大风险的传统作用的同时,发挥新的更大作用。

第一,应对突发事件和极端天气造成的供应中断。以战略石油储备为主的能源储备诞生于20世纪70年代的石油危机后,国际能源署要求成员国至少储备相当于上年90天净进口量的石油,以防止供应中断。美国战略石油储备的紧急动员在海湾战争、利比亚危机、卡特里娜飓风等突发事件中发挥了稳定供应的重要作用。作为拥有14亿人口的泱泱大国,我国必须具备同大国地位相符的国家储备实力和应急能力,而能源储备是国家储备体系的重要组成部分,需要不断加强和完善。

第二,能源储备可以发挥调节市场的作用。除了应对突发事件,通过储备的收储和释放,还可以调节市场供需,平抑价格大幅度波动。美国能源部与私营公司进行了多次战略储备石油的协议轮换,以解决因炼油企业石油供应紧张问题。2021年,我国也首次投放了国家储备原油,一定程度上缓解了企业和市场的压力。

第三,保障未来新型能源系统安全稳定。为实现"双碳"目标,能源系统持续转型发展,风电、光伏等新能源将保持快速增长,未来新能源将逐步成为能源消费和电源结构的主体。但由于风电、光伏等电源的间歇性和波动性,为避免天气原因造成的新能源长时间出力下降,仍需要煤电(配备CCUS)、核电、氢能等可靠电源的支撑。因此,煤炭等化石能源的储备仍需要进一步加强,以应对长时间段的应急需求。

二、我国能源安全储备体系建设取得初步成效

2003年,我国正式启动国家石油战略储备基地建设。2006年首个国家石油储备基地——镇海基地建成,到2017年,我国建成9个国家石油储备基地,在保障国家能源安全中发挥了重要作用。2011年,为解决煤炭应急保障能力不足的问题,国家启动煤炭应急储备建设。2017年,国家提出了天然气"3、5、10"的储备目标,天然气储备建设加快。与此同时,储备管理体制也不断完善,2007年,国家石油储备中心成立,以健全石油储备管理体系。党的十八大以来,我国加强国家储备顶层设计,对中央政府储备实行集中统

一管理,国家石油储备中心并入新成立的国家粮食和物资储备局。

但与现实需要相比,我国还需进一步强化能源安全储备能力建设。能源储备的规模还应进一步扩大,以更好保障能源安全;储备的形式还应更加多元化;储备管理体制应进一步完善,相关法律法规建设有待加强。

三、"十四五"期间我国将加快完善能源安全储备体系

能源安全储备是一项系统工程,需要系统规划、优化储备的品类、规模、结构,解决好"储什么""谁来储""怎么储"以及"怎么用"的问题。

首先,要优化品类、规模、结构,明确储什么。对于石油来说,《规划》突出石油的战略属性,在加强原油、成品油等实物储备的同时,强调做好产能和技术储备,提出妥善推进煤制油气战略基地建设,同时积极发展非粮生物燃料,以增强在极端条件下的石油供应保障能力。

对于煤炭来说,需要产品储备和产能储备有机结合。在产品储备方面,首先需要增加量,其次要完善储备的品种结构,增加优质动力煤、特殊稀缺煤种的储备。

对于天然气来说,《规划》提出到 2025 年全国集约布局的储气能力达到 550 亿~600 亿立方米,占天然气消费量的比约 13%。除了通过地下储气库之外,还需要在 LNG 接收站多建设储罐,增加液态天然气的储备规模。

其次,要落实主体责任,解决好谁来储的问题。对于石油来说,要形成政府储备、企业社会责任储备和生产经营库存相结合、互为补充的石油储备体系。对于煤炭来说,《规划》强调以企业社会责任储备为主体、地方政府储备为补充。对于天然气来说,需要供气企业、城市燃气公司和地方政府分别完成相应储备目标。但目前还存在三者储气量重复计算的问题,需要能源主管部门指导供气企业、国家管网、城镇燃气企业和地方政府四方协同,推动各方落实储气责任。

再次,完善政策支撑和布局,解决好怎么储的问题。要落实好储备所需资金。能源安全储备设施的建设投资规模巨大,储备的实物也要占用大量资金,对于企业来说,将增加经营的成本。除了企业履行社会责任、加大投入之外,政府也需要为储备资金的筹措提供财税政策支持,以及土地等相关要素的保障。

需要进一步完善储备布局。原油储备除了目前的东部沿海地区以地上储罐为主的储备布局之外,还需要加强西部地区,以及地下洞库等形式的储备布局。煤炭储备应主要布局在生产地、消费地、铁路交通枢纽、主要中转港口、物流园区等地区。天然气储备需要统筹推进地下储气库、LNG 接收站等储气设施,加快大库、大站建设。

最后,要用好储备,发挥其最大作用。构建完善的轮换和分级动用机制,提升石油储备效能,比如 2021 年 9 月国家粮食和物资储备局面向国内炼化一体化企业,首次以轮换方式分期分批投放国家储备原油,对于缓解企业因原料价格上涨带来的压力起到了积极作用。

更好发挥战略储备稳定市场的功能。完善储备信息发布机制,提高市场影响力。石油储备可在国家的调控下,按一定比例进行商业运作,通过低收高出获得一定收益,为储备的运行和维护筹集资金。

建立储备信息报告和监督检查制度,加强储备信息的统计和分析,特别是煤炭储备需要加强信息的收集和分析,发挥专业监管、行业监管和属地监管合力。

第二篇

动设备部分

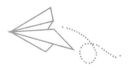

模块七　离心泵和齿轮泵

泵是用来输送各种液体介质的通用流体机械,在数量上是仅次于工业电动机的工业机械。泵是用来增加液体能量的设备,它可以将液体送入压力容器。化工生产中的原料、半成品和成品很多是液体,泵在化工生产过程中起到输送液体介质和提供工艺过程所需的压力的作用,是实现连续化生产的重要设备之一。模块七以离心泵和齿轮泵为典型介绍泵的相关知识。

子模块一　离心泵

泵的种类繁多,其中尤以离心泵的应用最为广泛。据统计,一座中型炼油厂有泵1000台以上,其中离心泵占83%;一座中型石油化工厂有泵2000台以上,其中离心泵占45%。

离心泵具有构造简单、不易磨损、运行平稳、噪音小、出水均匀、调节和维修方便、效率高等优点,可用于生产过程中各种场合、各种介质的输送,可以输送含有固体、杂质、砂砾和腐蚀性化合物的液体,也可以输送低温、高温及各种易燃易爆的介质。

离心泵的工作过程:电机通过泵轴带动叶轮旋转产生离心力,在离心力作用下,液体沿叶片流道被甩向叶轮出口,液体经蜗壳收集送入排出管。液体从叶轮获得能量,此能量使液体压力能和速度能均增加,并将液体输送到工作地点。在液体被甩向叶轮出口的同时,叶轮入口中心处形成了低压,在吸液罐和叶轮中心处就产生了压差,吸液罐中的液体在这个压差作用下,不断地经吸入管路及泵的吸入室进入叶轮中,从而实现离心泵对液体的连续输送。

知识与技能 1　离心泵结构识读

1.基本结构

如图 7-1 所示,以单级单吸悬臂式离心泵为例,泵的叶轮由锁紧螺母、止动垫圈和平键固定在泵轴的左端。泵轴的另一端用以装联轴器,以便实现动力拖动。为防止泵内液体沿泵轴从泵壳处的间隙泄漏,泵在该间隙处设有轴封。在泵工作时,泵轴由一对滚动轴承支撑着转动,从而带动叶轮在由泵体和泵盖组成的泵腔内旋转。因为该泵的两个支撑轴承都位于泵轴的右端,装叶轮的泵轴左端处于自由悬伸状态,故把这种具有悬臂式结构的泵称为悬臂泵。

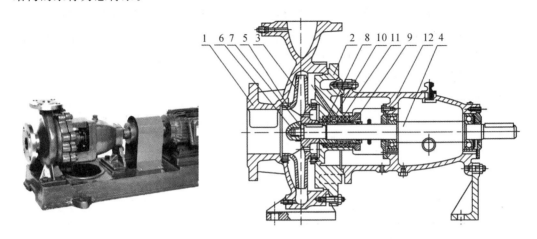

图 7-1　IH 型单级单吸悬臂式离心泵

1—泵体;2—叶轮;3—锁紧螺母;4—泵盖;5—密封部件;6—中间悬架;7—泵轴;8—轴承箱

悬臂式结构主要用于轴向吸入的单级泵。泵壳属端盖式泵壳,即它的泵壳由泵体和位于泵体一端的泵盖组成。泵脚与泵体铸为一体,轴承置于悬臂安装在泵体上的悬架内。因此,整台泵的重量主要由泵体承受(托架仅起辅助支撑作用)。自泵吸入口看,泵的泵盖位于泵体后端(俗称后开门),泵又为悬架式悬臂泵,只要卸开连接泵体和泵盖的螺栓,叶轮即可与泵盖和悬架部件一起从泵体内拆除。再加上泵吸入口和压出口皆在泵体上,因此,检修时不用拆卸吸入管路和压出管路,即可拆除泵转子部件。

2.主要零部件

(1) 泵轴。

泵轴是一个传递动力的零件,主要将叶轮、轴套、平衡盘和半联轴器等部件连成转子。

泵轴检修时,一般先用煤油或轻柴油将泵轴清洗干净,用砂布打光,检查表面是否有沟痕和磨损。若泵轴已产生裂纹,表面严重磨损或腐蚀而出现较大的沟痕,以致影响轴的机械强度,键槽扭裂扩张严重等,应予以换新。用千分尺检查轴颈圆柱度,用百分表检查直线度,必要时用超声波或磁粉探伤或着色检查看是否有裂纹。

泵轴要求笔直,不得弯曲变形,拆洗后可在车床上检查,将泵轴一端装于车床卡盘中,在卡盘处注意垫好铜片。另一端用尾架顶针顶住泵轴中心孔,将百分表架置于车床中拖板上,装好将顶针顶在泵轴中间的外圆柱面上,用手慢慢转动卡盘,观察百分表指针的变化,记录下最大值和最小值及轴面上的位置,百分表读数的最大值和最小值之差的一半即为泵轴弯曲量。

另外,也可以在平板上检查泵轴弯曲量。检查时,在平板上放置两块 V 形铁,将泵轴置于其上,将百分表架放在平板上。装好百分表,将百分表顶针顶在泵轴中间的外圆柱面上,按泵轴圆截面等分圆周,用手慢慢转动泵轴,并观察百分表指针的变化量,记录等分圆周相对位置百分表数值,据此得出泵轴弯曲量最大值和最小值,并在相应的位置做上标记。

上述测量实际上是测量泵轴的径向跳动量,一般泵轴的径向跳动量,中间不超过0.05 mm,两端不超过0.02 mm,否则应校直。校直最简易的方法是捻打(冷直轴法),捻打时应将泵轴放在硬木或垫有铜皮的铁块上,凸面朝上,用铜锤捻打,并随时进行测量。

① 轴颈的圆柱度不得大于轴径的1/2000,最大不得超过0.03 mm。且表面不得有伤痕,粗糙度不低于$R_a0.8~\mu m$。

② 以两轴颈为基准,测联轴器和轴中段的径向跳动,其允许误差见表7-1。

表 7-1　联轴器和轴中段径向跳动允许误差　　　　　　　　　　　(单位:mm)

直径	允许误差
18~50	0.03
50~120	0.04
120~260	0.05

③ 键与轴上槽结合应紧密,不许加垫片,键与轴的键槽配合过盈量应符合要求(N9/h9)。

(2) 轴套。

轴套装在轴上,可防止泵轴磨损和腐蚀,延长泵轴的使用寿命。轴套是一个易损件,在轴套表面产生点蚀或磨损后,一般都采用更换办法。

轴套与轴不得采用同一种材料,以免咬死。轴套端面对轴心的垂直度不得大于0.01 mm。轴套与轴的接触面粗糙度均不低于$R_a1.6~\mu m$,采用H7/h6配合。

对于单级悬臂式离心泵,为了防止轴套外圆径向跳动值过大而导致密封容易泄漏,装配时要对轴套外圆径向跳动值进行检查,轴套外圆径向跳动允许误差见表7-2。操作方法是:百分表固定在磁力表座上,使表触头垂直指向轴套外圆,盘动泵轴旋转一周,表中最大读数减去最小读数就是轴套外圆径向跳动量。

表 7-2　轴套外圆径向跳动允许误差　　　　　　　　　　　(单位:mm)

直径	允许误差
≤50	0.04
50~120	0.05
120~260	0.06
260 以上	0.07

(3) 叶轮。

叶轮是离心泵唯一直接对液体做功的部件,它直接将驱动机输入的机械能传给液体并转变为液体静压能和动能。叶轮一般由轮毂、叶片、前盖板和后盖板组成。按结构形式,叶轮可分为闭式、开式和半开式三种。

① 叶轮在轴上的配合一般采用 H7/js6 配合。叶轮与轴的配合过松,会影响叶轮的同轴度,使泵运行时产生振动。此时,可以在叶轮内镀铬后再磨削,或在叶轮内孔局部补焊后上车床车削。

② 修复叶轮或更换新叶轮时都应找静平衡,必要时进行动平衡试验。找静平衡时,工作在 3000 转/分的叶轮,其外径上允许的不平衡重不得大于表 7-3 的规定。

表 7-3　允许不平衡重与叶轮外径的关系

叶轮外径/mm	≤200	200～300	300～400	400～500
不平衡重/g	<3	<5	<8	10

③ 叶轮应用去重法进行平衡,但削去的厚度不得大于壁厚的 1/3。

④ 叶轮应无砂眼、穿孔、裂纹或因冲蚀使壁厚严重减薄。

⑤ 叶轮与轴配合时,键顶部应有 0.1～0.4 mm 的间隙。

⑥ 叶轮口环磨损可以上车床对磨损部位进行车削,消除磨损痕迹,并配制相应的承磨环毛坯,根据车削后的叶轮口环直径加工承磨环配上,以保持原有的间隙。这样做可减少成本(因叶轮备件比承磨环备件贵得多)。

⑦ 当叶轮键槽与键配合过松时,在不影响强度的情况下,根据磨损情况适当加大键槽宽度,重新配键。在结构和受力允许时,也可在叶轮上与原键槽相隔 90°或 120°处重开键槽,并重新配键。

⑧ 叶轮密封环径向跳动与叶轮端面圆跳动允许误差见表 7-4。检查叶轮密封环径向跳动值,主要是为了防止叶轮密封环和泵体密封环发生摩擦。密封环径向跳动和端面圆跳动检查方法与检查轴套外圆径向跳动基本一致。

表 7-4　叶轮密封环径向跳动与叶轮端面圆跳动允许误差　　　　　　　　(单位:mm)

直径	允许误差	叶轮端面圆跳动
≤50	0.05	
50～120	0.06	
120～260	0.07	0.20
260 以上	0.08	

叶轮遇有下列缺陷之一时,应予换新。

a. 表面出现较深的裂纹或开式叶轮的叶瓣断裂;

b. 表面因腐蚀而出现较多的砂眼或穿孔;

c. 轮壁因腐蚀而显著变薄,影响了机械强度;

d. 叶轮进口处有较严重的磨损而又难以修复;

e. 叶轮已经变形。

一般情况,铜质叶轮穿孔不多时,可用黄铜补焊。叶轮进口处的划痕或偏磨现象不太严重时,可用砂布打磨,在厚度允许的情况下,也可光车。

单级单吸悬臂式离心泵在组装后,叶轮流道中心与泵体流道中心要重合,偏差值不大于0.5 mm,如果不符合要求,通过加减叶轮轮毂与轴肩端面之间的垫片厚度,或通过车削改变轴套长度达到要求。叶轮入口端面与泵体的轴向间隙,可通过加减泵盖与泵体之间密封垫片的厚度来达到要求。

(4) 滚动轴承。

滚动轴承主要用于支撑转子。

滚动轴承对离心泵正常运转起着十分重要的作用,如果在装配时,质量达不到要求,会使轴承承载能力下降,产生噪声及发热,加快轴承磨损,严重时造成停车。

对轴承内外圈、滚动体、滚道和保持架外观进行检查,其表面应无腐蚀、坑疤与斑点等缺陷。将轴承拿在手里,捏住内圈,水平转动外圈,旋转应灵活,无阻滞、杂音。

在检查滚动轴承时,发现松动、转动不灵活等缺陷或运行时间已达到运行周期的应予以换新。

一般来说,轴承磨损严重,运转时噪声较大,主要是因磨损后其径向和轴向间隙变大所致。轴承的间隙超过要求时应予以换新。

滚动轴承径向间隙的测量方法如下。

① 将轴承平放于板上,磁性百分表架置于平板上,装好百分表,然后将百分表顶针顶在轴承外圆柱面上(径向),一只手固定轴承内圈,另一只手推动轴承的外圈,观察百分表指针的变化量,其最大值与最小值之差即为轴承的径向间隙。

② 用轴承间隙 1.5～2 倍的铅丝穿过轴承,转动内圈,使滚动体和轴承座圈相互挤压铅丝后,将铅丝拿出,用千分尺测量其厚度,所测厚度即为该轴承的径向间隙。

③ 将轴承装在轴颈上,内圈固定,用磁性百分表架夹上百分表,表头的触点与轴承外圈表面接触,然后转动外圈,每转 90° 做上下推动两次,百分表上下两值之差即为该轴承的径向间隙。

滚动轴承轴向间隙的测量方法为:在平板上放两高度相同的垫块,将轴承外圈放在垫板上,使内圈悬空,然后将磁性表座置于平板上,装好百分表,将百分表顶于内圈上平面,然后一只手压住外圈,另一只手托起内圈。观察百分表指针的变化量,其最大值与最小值之差即为轴承的轴向间隙。

装配前必须用千分尺对轴承与轴、轴承箱内壁配合部位进行测量,对承受轴向和径向载荷的滚动轴承与轴的配合为 H7/js6;对仅承受径向载荷的滚动轴承与轴的配合为H7/k6;滚动轴承外圈与轴承箱内壁的配合为 JS6/h6。

滚动轴承装配一般分冷装法与热装法两种。

冷装法:当轴承与轴颈或轴承座孔的配合过盈量较小时,可采用锤击法。其操作方法是:装配前对各部数据检查完毕且合格后,在轴颈上涂上润滑油,将清洗干净的轴承平稳、垂直地套在轴颈上,然后用紫铜棒在轴承内圈端面对称地轻轻敲打,使轴承就位。

当轴承内圈与轴颈为紧配合、轴承外圈与轴承座孔为较松配合时,应先将轴承装在轴颈上,然后将轴连同轴承一起装入轴承座孔内。往轴颈上装配轴承时的受力部位应选在轴承的内圈端面上;当轴承的外圈与轴承座孔为较紧配合、轴承内圈与轴颈为较松配合时,应先将轴承装入轴承座孔中,然后把轴装入轴承内孔。往轴承座孔中压入轴承时,轴承的受力部位应选择在轴承外圈端面上;当轴承内圈与轴颈、外圈与轴承座孔都是紧配合时,在轴承往轴颈上安装时,受力部位应选在轴承内圈端面上,而往轴承座孔中安装时,受力部位应选在轴承外圈端面上。

热装法:当滚动轴承内孔与轴颈的配合过盈量较大时,应用热装法。

把清洗干净的轴承放进设有网格的润滑油中加热,将油加热 $15\sim20$ min,当轴承被加热到 $80\sim100$ ℃时,把轴承迅速取出,立即用干净棉布擦去附在轴承表面的油迹和附着物,再推入或锤入轴肩位置,装配时应边装入边微微转动轴承,防止轴承倾斜卡死。装到位后应顶住轴承直到冷却为止。

当轴承外圈与壳体上的轴承座孔配合较紧时,应把壳体加热,然后才将轴承装入。

如果有电热轴承加热器,在清洗完毕并用清洁的棉布将轴承擦拭干净后,可用轴承加热器直接加热轴承装配,同样,其加热温度不得超过 100 ℃。

离心泵轴承安装到位后,要检查轴承轴向间隙,联轴器端轴承端盖与轴承外座圈的轴向间隙主要是防止轴受热伸长,间隙大小应在 $0.02\sim0.06$ mm 范围内,其检查和调整方法可用深度尺测量或用压铅法。

(5) 泵体部分。

泵壳也称为蜗壳,使液体从叶轮流出后其流速平稳地降低,同时使大部分动能转变为静压能,具有能量转换的作用。密封环安装在泵壳与叶轮前盖入口处,用来减小内泄漏。

泵壳在工作中,往往因机械应力或热应力的作用出现裂纹。检查时可用手锤轻轻敲泵壳,如出现破哑声,则表明泵壳已有裂纹,必要时可用放大镜查找。裂纹找到后,可先在裂纹处浇以煤油,擦干表面,并涂上一层白粉,然后用手锤轻敲泵壳,使裂纹内的煤油因受振动而渗出,浸湿白粉,从而显示出一条清晰的黑线,借此可判明裂纹的走向和长度。如果裂纹出现在承受压力的地方,则应进行补焊,也可用环氧树脂修补,如裂纹出现在不受压力和不起密封作用的地方,可在裂纹两端各钻一个 3 mm 的小圆孔,以消除局部应力集中,防止裂纹继续扩大。如果泵壳已无修补的价值,应予以换新。

① 壳体密封环与叶轮密封环的间隙如表 7-5 所示。

表 7-5　壳体密封环与叶轮密封环的间隙　　　　　　　　　　　　　(单位:mm)

密封环直径	标准间隙	更换间隙
<100	0.60~0.80	1.30
100 以上	0.80~1.00	1.50

② 环形压出室和耐磨衬板之间的配合采用 H8/h8。

③ 托架止口和泵体的配合采用 H7/h7。

(6) 联轴器。

联轴器用来连接主、从动轴,由主动设备(电机)带着从动设备(离心泵)旋转,以传递扭矩。

离心泵半联轴器与轴配合采用 H7/js6,其连接方式分为有键连接和无键连接两种。轮毂孔分为圆柱形孔和圆锥形孔两种。联轴器的装配一般采用冷装法和热装法,具体采用什么方法应根据配合过盈量大小而定。

在冷装法中最常用的是动力压入，其操作是在半联轴器轮毂的端面垫放木块、铅块或其他软金属材料作缓冲工件，用锤敲击，逐渐把轮毂压入轴颈。这种方法容易使脆性材料制成的联轴器的轮毂局部受损伤，同时容易损伤配合表面。它常用在过盈量小的低速、小型、有键连接的联轴器的装配中。

常用的热装法有润滑油加热法和火焰加热法。润滑油加热比较均匀，而且容易控制加热温度，所以比较容易操作，对于缺乏实践经验者来说，完全可大胆使用，但此种方法比较麻烦，准备时间长；火焰加热比较省事且比较快，但加热温度难以控制，需要有一定的经验才能使用。半联轴器实际加热温度的高低，可根据轮毂孔与轴颈的配合过盈量及向轴颈上套装时的间隙要求进行计算求出。

不管采用哪种方法，在装配前都应先对半联轴器进行清洗，去毛刺、锈蚀和测量半联轴器与轴的配合尺寸。联轴器两端面轴向间隙为 2～6 mm。

联轴器的找正应符合表 7-6 的规定。

表 7-6　联轴器找正规定　　　　　　　　　　　　　　　　　　（单位：mm）

类型	径向跳动	端面跳动
弹性圈柱销联轴器	≤0.08	≤0.06
弹性联轴器	≤0.10	≤0.06

联轴器找正时，电动机下边的垫片每组不得超过四块。联轴器找正的详细内容请参见模块九"动设备机组对中找正"。

知识与技能 2　机械密封

机械密封（图 7-2）也称端面密封，是由至少一对垂直于旋转轴线的端面在流体压力和补偿机构弹力（或磁力）以及辅助密封的配合下，保持贴合并相对滑动，从而实现防止流体泄漏的装置。

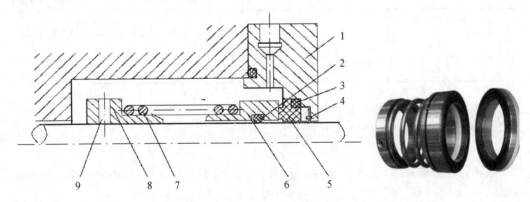

图 7-2　机械密封

1—静环压盖；2—动环辅助密封圈；3—静环辅助密封圈；4—防转销；5—静环；6—动环；
7—弹簧；8—定位环；9—紧定螺钉

单端面机械密封有一处动密封,即动环与静环之间的密封;有三处静密封,即动环与轴或轴套之间的密封、静环与静环压盖之间的密封、静环压盖与泵盖之间的密封。

1.工作原理

轴通过定位环和推环,带动动环旋转,静环固定不动,在弹簧力和被密封介质压力的作用下,使动环和静环的密封端面紧密贴合,防止被密封介质从动环与静环的密封端面之间泄漏,当摩擦副表面磨损后,在弹簧力的推动下实现自动补偿。密封圈在推环和介质压力的作用下,起到动环与轴套之间的密封作用,防止被密封介质从动环与轴套之间泄漏;静环密封圈安装在密封压盖中,防止被密封介质从静环与压盖之间泄漏;压盖与泵盖之间采用垫片(金属缠绕垫、高强垫等)或 O 形圈密封;轴套与轴之间也采用垫片或 O 形圈密封,这样就达到了密封作用。

2.机械密封的摩擦副常用材料

机械密封的摩擦副常用材料主要有碳-石墨、硬质合金、工程陶瓷和聚四氟乙烯等。

碳-石墨是机械密封中用量较大、应用范围较广的摩擦副材料。它具有许多优良的性能,如良好的自润滑性和低的摩擦系数,优的耐腐蚀性能,导热性好、线膨胀系数低、组对性能好,且易于加工、成本低。

碳-石墨是用焦炭粉和石墨粉(或炭黑)作基料,用沥青作黏结剂,经模压成型在高温下烧结而成,根据所用原料及烧结时间、烧结温度的不同,可以制成具有各种不同物理力学性能的碳-石墨。碳-石墨在焙烧过程中,由于黏结剂中挥发物质发生挥发,黏结剂发生聚合、分解和炭化,从而出现气孔。烧结石墨直接用作密封环会出现渗透性泄漏,且强度较低。因此,有必要进行浸渍处理以获得不透性石墨制品,并提高其强度。浸渍剂的性质决定了浸渍石墨的化学稳定性、热稳定性、机械强度和可用温度范围。目前常用的浸渍剂有合成树脂和金属两大类。当使用温度小于或等于 170 ℃时,可选用浸合成树脂的石墨。常用的合成树脂有酚醛树脂、环氧树脂和呋喃树脂。酚醛树脂耐酸性好,环氧树脂耐碱性好,呋喃树脂耐酸性和耐碱性都较好,因此,浸呋喃树脂石墨应用最为普遍。当使用温度大于 170 ℃时,应选用浸金属的石墨,但应考虑所浸金属的熔点、耐介质腐蚀特性等。浸锑石墨是高温介质环境常选用的一种浸金属石墨。

硬质合金是一类靠粉末冶金方法制造获得的金属碳化物。它依靠某些合金元素,如钴、镍等,作为黏结相,将碳化钨、碳化钛等硬质相在高温下烧结黏合而成。硬质合金具有硬度高、强度大、导热系数高而线膨胀系数小等优点,且具有一定的耐蚀能力,广泛应用于重负荷条件或用在含有颗粒、固体及结晶介质的场合。机械密封常用的硬质合金有钴基碳化钨硬质合金、镍基碳化钨硬质合金、镍铬基碳化钨硬质合金。

工程陶瓷是工程上应用的一大类陶瓷材料,其特点是具有较好的化学稳定性,硬度高,耐磨损,但抗击冲击韧性低,脆性大。目前用于机械密封摩擦副的主要是氧化铝(Al_2O_3)陶瓷、碳化硅(SiC)陶瓷和氮化硅(Si_3N_4)陶瓷。

聚四氟乙烯是化学稳定性较好的有机聚合物,几乎能耐所有强酸、强碱和强氧化剂的腐蚀。目前仅发现熔融碱金属(或它的氨溶液)、元素氟和三氟化氯在高温下能与聚四氟乙烯作用。

静密封处的密封有 O 形圈、方形圈(垫)、平垫、V 形垫、楔形垫、包覆垫、包覆 O 形圈等。静密封处密封材料要求具有良好的弹性、低的摩擦系数,能耐介质的腐蚀、溶解和溶胀,耐老化,在压缩后及长期的工作中有较小的永久变形,在高温下使用具有不黏着性,在低温下不硬脆而失去弹性,具有一定的强度和抗压性。常用材料有合成橡胶、聚四氟乙烯、柔性石墨、金属材料等。

3.机械密封的安装

设备的密封部位在安装时应保持清洁,密封零件应进行清洗,密封端面完好无损,防止杂质和灰尘带入密封部位;在安装过程中严禁碰击、敲打,以免使机械密封摩擦副破损而密封失效;安装时在与密封相接触的表面应涂一层清洁的机械油,以便能顺利安装;安装静环压盖时,拧紧螺丝必须受力均匀,保证静环端面与轴心线的垂直要求;安装后用手推动动环,能使动环在轴上灵活移动,并有一定弹性;安装后用手盘动转轴、转轴应无轻重感觉;设备在运转前必须充满介质,以防止干摩擦而使密封失效。

对于悬臂式离心泵的机械密封,其特点是轴已在轴承箱中安装好,而泵盖、叶轮和密封都没有安装。在拆卸时要将压缩量和传动座的位置确定并在轴上作出标记。在安装时,先将带静环的压盖套入轴上,然后装上带有动环组件的轴套,再装上泵盖,固定密封压盖(注意:轴封垫和压盖垫要安装到位)。将泵盖与悬架固定后,安装键、叶轮并旋紧叶轮锁紧螺帽,最后均匀上紧压盖螺栓。

4.机械密封零件的维修

(1)动、静环。每次检修,都应取下机械密封动、静环认真检查,密封端面不允许有划痕,其平面度公差可通过重新研磨加工来达到。软质材料容易在使用安装中造成崩边、划伤,一般不允许有内外相通的划道;密封端面高度一般要求不小于 2 mm,否则应予以更换。

(2)密封圈。一般使用一段时间后,密封圈会溶胀或老化,故检修时最好更换新的密封圈。

(3)弹簧。检修时,将弹簧清洗干净,测其弹力,如弹力变化小于 20%,则可继续使用。

(4)轴套。由于机器自身的振动,导致辅助密封圈有时磨损轴套,形成沟槽,故检修时应仔细检查轴套,可采用适当的工艺修复。

5.机械密封典型失效原因分析

(1)机械密封本身问题。镶装不到位或不平整;载荷系数太大或端面比压设计不合理;材质选用不当;密封面不平;密封面太宽或太窄。

(2)辅助系统问题。工况条件复杂,但没有冲洗等辅助设施;冲洗管堵塞;冷却管结垢。

(3)介质及工作条件问题。介质腐蚀性强;介质中有固体颗粒;设备抽空;密封面结晶;介质黏度太大。

(4)安装问题。轴的加工精度不佳、串轴、跳动、安装间隙过大;泵开启后振动太大;压盖垫环不佳;密封箱不平;机械密封安装没有达到应有的压缩量。

6.机械密封正常运行和维护

（1）启动前的准备工作及注意事项。全面检查机械密封、附属装置和管线安装是否齐全，是否符合技术要求；机械密封启动前进行静压试验，检查机械密封是否有泄漏现象。若泄漏较多，应查清原因设法消除。如仍无效，则应拆卸检查并重新安装。一般静压试验压力用 $0.2\sim0.3$ MPa；按泵旋向盘车，检查是否轻快均匀。如盘车吃力或不动时，则应检查装配尺寸是否错误、安装是否合理。

（2）安装与停运。启动前应保持密封腔内充满液体。对于输送凝固的介质时，应用蒸汽将密封腔加热使介质熔化。启动前必须盘车，以防止突然启动而造成软环碎裂；对于利用泵外封油系统的机械密封，应先启动封油系统。停车后最后停止封油系统；热油泵停运后不能马上停止封油腔及端面密封的冷却水，应待端面密封处油温降到 80 ℃以下时，才可以停止冷却水，以免损坏密封零件。

（3）运行过程。泵启动后若有轻微泄漏现象，应观察一段时间。如连续运行 4 小时，泄漏量仍不减小，则应停泵检查；泵的操作压力应平稳，压力波动不大于 0.3 MPa；泵在运转中，应避免发生抽空现象，以免造成密封面干摩擦及密封破坏。

机械密封是一种要求较高的精密部件，对设计、机械加工、装配质量都有很高的要求。在使用机械密封时，应分析使用机械密封的各种因素，使机械密封适用于各种泵的技术要求和使用介质要求，且有充分的润滑条件，这样才能保证机械密封长期可靠地运转。

知识与技能 3　离心泵拆装作业

1.拆装基本要求

在拆卸过程中为了防止损坏泵的零件和提高作业效率，确保检修质量，拆卸离心泵时应做到以下基本要求。

（1）了解泵的结构，熟悉其工作原理。在拆卸泵前要查阅该泵的使用说明书、图纸，先了解结构及工作原理，避免盲目拆卸。

（2）做好标记。当零部件对装配位置及角度有要求时，在拆卸前要做好标记，以便将来装配时能顺利进行，标记要打在非工作面上。

（3）做好记录。在拆卸过程中，对各零部件的配合间隙必须做到边测量边拆卸，同时做好记录。

（4）拆卸顺序合理。一般离心泵拆卸的顺序是先拆泵的附属设备，后拆泵本体零部件；先拆外部，后拆内部。

（5）文明施工。拆卸时应选用合适的工具，严禁乱铲、乱敲、乱打等不文明的施工方法。特别是对配合表面或有相对滑动的部位要保护好。对拆卸下来的零部件应及时清洗并应按顺序及所属部位分类别放在木架、耐油橡胶皮或零件盘内。为了避免零部件碰伤或损失，并便于将来装配，严禁将零部件杂乱堆积。

离心泵各零部件经检查及处理合格后，应按技术要求组装，同时必须遵循一定方法进行,否则会影响装配质量。

离心泵的组装顺序与拆卸顺序相反,在组装时要注意以下几点。

(1)组装前清洗干净各零部件,组装时各部件配合面要加一些润滑油润滑。

(2)组装各部件时必须按拆卸时所打标记定位回装。

(3)上紧螺栓时要注意顺序,应对称并均匀把紧,一般分多次上紧,这样才能保证连接螺栓上得紧而且均匀。

(4)组装过程要做到边组装边检查、测量,同时作好记录。

2.离心泵的拆卸步骤

离心泵拆卸前准备:掌握泵的运转情况,并备齐必要的图纸和资料;对检修过程作出风险评价,并填写风险评价表;备齐检修工具、量具、起重机具、配件及材料;切断电源及设备与系统的联系。

为提高效率,减少检修时间、保证检修质量,必须注意拆卸顺序和方法。下面以图 7-3 机泵拆装为例,介绍其拆卸顺序。

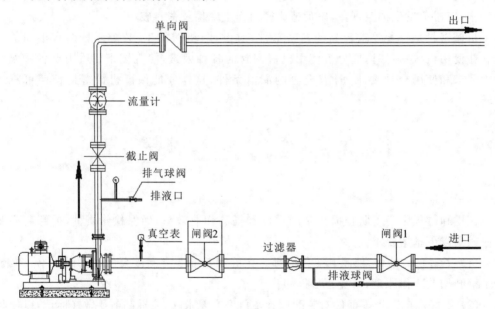

图 7-3　机泵拆装简图

(1)进、出口阀门(闸阀 1、截止阀)关闭,断开工艺管路,打开排气球阀与排液球阀,使残留液体从进出口旁路流出,保证离心泵与工艺物料隔离。

(2)将废油盘放置在丝堵处,做好接油准备。松开丝堵放油,注意不要使油流到废油盘外面。

(3)拆除联轴器护罩。之后可盘车,检查有无卡阻或不均匀现象,以判断转子状况。

(4)拆卸中间联轴器与电机底座螺栓,将电机旋转 90° 放置。

(5)拆卸托架和泵盖处螺栓(注意:泵盖处螺栓从下面开始拆,防止泵内残留液体喷向四周),将泵盖、托架与转子部分整体从泵体中抽出,拆下悬臂托架。

(6)用 F 形扳手卡死离心泵轴上的联轴器,松开叶轮锁紧螺母,用两根斜铁插入叶轮背部与泵盖的间隙,两侧同时敲击,在叶轮松动时将其撬出(配合不紧时可直接取出)。

(7) 使用拉马工具(拔轮器)拆下联轴器,之后依次完成机械密封拆卸(静环与静环压盖、动环与轴套、定位环与轴套等)、轴承拆卸(用套筒垫在轴承内圈上或可拧上叶轮锁紧螺母用铜棒轻敲轴)。

(8) 检查并清洗所拆下的零部件,并有序地放置在干净的托盘中。

知识与技能 4　离心泵的试运转及故障处理

离心泵安装或检修完毕要进行试运转。按要求试运转合格后,若未发现任何问题,便可进行移交。若发现有故障,安装或检修人员必须查明原因进行排除,直到试运转合格为止。

1. 离心泵的试运转

1) 试运转前的准备工作

(1) 检查检修记录,确认数据正确,准备好试运转用的各种记录表格。

(2) 将泵周围卫生打扫干净。

(3) 检查地脚螺栓有无松动,电机接地线是否良好,入口管线及附属部件、仪表是否完整无缺。

(4) 检查联轴器连接是否良好,联轴器保护罩是否上好。

(5) 轴承部位加入合格的润滑油,油位在 $1/2\sim2/3$ 油标处。

(6) 检查冷却系统是否畅通。

(7) 检查封油系统投用是否正常,封油压力应高于泵入口压力 $0.05\sim0.15$ MPa。

(8) 盘车应无卡涩现象和异常响声。

(9) 对高温泵要进行充分的预热,低温泵需进行预冷。

(10) 联系电工检查电机,并送上电,确认电机与泵的旋转方向是否一致。

2) 试运转

(1) 启动。

① 关闭泵出口阀,关好泵进出口连通阀。开启入口阀,使液体充满泵体,打开放空阀,将空气赶净后关闭。

② 检查轴封泄漏是否符合要求。密封介质泄漏不得超过下列要求:对于机械密封,轻质油 10 滴/min,重质油 5 滴/min;对于填料密封,轻质油 20 滴/min,重质油 10 滴/min。

③ 让非操作人员远离机泵,对机泵盘车,盘车无问题后,启动电机。

④ 检查压力、电流、振动、杂音、泄漏是否正常。当泵出口压力和电机电流正常后,逐渐打开泵出口阀,并严密监视电机电流,将电流控制在红线内,以防电机超负荷,烧毁电机。

⑤ 检查出口压力指示是否正常,润滑情况是否良好。

⑥ 检查冷却系统运转是否正常。

⑦ 检查泵的振动值和轴承温度是否在允许范围内。轴承温度应符合下列要求：对于强制润滑系统，轴承油的温升不应超过 28 ℃，轴承金属的温度应小于 93 ℃；对于油环润滑油或飞溅润滑系统，油池的温升不超过 39 ℃。

⑧ 随时注意泵的出口流量及压力，并根据其变化判断过滤网的堵塞情况，当堵塞较严重时，应立即停泵处理。

⑨ 认真妥善处理试运转中出现的问题，并做详细记录，同时配合其他岗位做好试运转善后工作。

（2）停车。

① 关闭出口阀。

② 停止电动机。

2.离心泵的故障处理

离心泵在运转过程中常会出现振动、轴承温度过高、轴封泄漏等故障。出现这些故障应查明原因，处理后才能继续投入运转。离心泵常见故障现象、原因及处理方法见表 7-7。

表 7-7　离心泵常见故障现象、原因及处理方法

序号	故障现象	故障原因	处理方法
1	流量扬程降低	泵内或吸入管内存有气体	重新灌泵，排除气体
		泵内或管路有杂物堵塞	拆检清理
		泵的旋转方向不对	检查电机接线
		叶轮流道不对中	检查、修正流道对中
		叶轮装反向	拆检调正
		叶轮损坏	拆检更换叶轮
		介质黏度增大	调整工艺
2	电流升高	转子、定子碰擦	解体修理
3	振动增大	泵转子或电机转子不平衡	重新平衡转子
		泵轴与电机轴对中不良	重新校正
		轴承磨损严重，间隙过大	修理或更换
		地脚螺栓松动或基础不牢固	紧固螺栓或加固基础
		泵内抽空	进行工艺调整
		转子零部件松动或损坏	紧固松动部件或更换
		支架不牢引起管线振动	管线支架加固
		泵内部摩擦	拆泵检查，消除摩擦

序号	故障现象	故障原因	处理方法
4	轴封泄漏	泵与电机对中不良	重新校正
		轴弯曲	矫正轴或更换
		轴承或密封环磨损过多形成转子偏心	更换并校正轴线
		密封损坏或安装不当	检查更换
		密封冲洗液压力不当	调整密封冲洗液压力,比密封腔前压力大 0.05～0.15 MPa
		操作波动大或抽真空	稳定操作,更换密封
		密封补偿环卡涩	调整或更换密封
		填料过松	重新调整
5	轴承温度过高	轴承间隙过小	调整轴承间隙
		转动部分平衡破坏	检查消除
		润滑油过少或变质	按规定添加或更换润滑油
		轴承损坏或松动	修理更换或紧固
		轴承冷却效果不好	疏通管路增大冷却水量
		带油环失效	调整或更换
6	泵体异响	泵内抽空	调整操作
		泵内发生汽蚀现象	调整操作
		泵内有异物	解体清除异物
		叶轮口环偏磨	解体检查消除轴弯曲;解体检查消除口环偏磨
		泵体内部件松动	解体检查紧固松动件
		轴中心线偏斜	调正前后轴承中心线

知识与技能 5　离心泵维护主要工量具及其使用方法

1. 钢直尺、内外卡钳与塞尺

（1）钢直尺。

钢直尺是最简单的长度量具,它的长度有 150 mm、300 mm、500 mm 和 1000 mm 四种规格。图 7-4 是常用的 150 mm 钢直尺。

钢直尺用于测量零件的长度尺寸,它的测量结果不太准确。这是由于钢直尺的刻线间距为 1 mm,而刻线本身的宽度就有 0.1～0.2 mm,所以测量时读数误差比较大,只能

图 7-4　150 mm 钢直尺

读出毫米数,即它的最小读数值为 1 mm,比 1 mm 小的数值,只能估计而得。钢直尺的使用方法如图 7-5 所示。

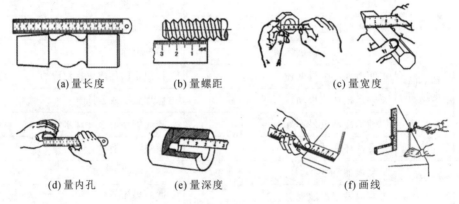

(a) 量长度　　　　　(b) 量螺距　　　　　(c) 量宽度

(d) 量内孔　　　　　(e) 量深度　　　　　(f) 画线

图 7-5　钢直尺的使用方法

如果用钢直尺直接去测量零件的直径尺寸(轴径或孔径),则测量精度更差。其原因是:除了钢直尺本身的读数误差比较大以外,还由于钢直尺无法正好放在零件直径的正确位置。所以,零件直径尺寸的测量可以利用钢直尺和内外卡钳配合起来进行。

（2）内外卡钳。

常见的两种内外卡钳如图 7-6 所示。

内外卡钳是最简单的比较量具。外卡钳用来测量外径和平面,内卡钳用来测量内径和凹槽。它们本身都不能直接读出测量结果,而是把测量的长度尺寸（直径也属于长度尺寸）在钢直尺上进行读数,或在钢直尺上先取下所需尺寸,再去检验零件的直径是否符合。

①　卡钳开度的调节。首先检查钳口的形状,钳口形状对测量精确性影响很大,应注意经常修整钳口的形状,图 7-7 所示为卡钳钳口形状好与坏的对比。

调节卡钳的开度时,应轻轻敲击卡钳脚的两侧面。先用两手把卡钳调整到和工件尺寸相近的开口,然后轻敲卡钳的外侧来减小卡钳的开口,敲击卡钳内侧来增大卡钳的开口,如图 7-8(a)所示。但不能直接敲击钳口,否则会因卡钳的钳口损伤量面而引起测量误差,如图 7-8(b)所示。更不能在机床的导轨上敲击卡钳,如图 7-8(c)所示。

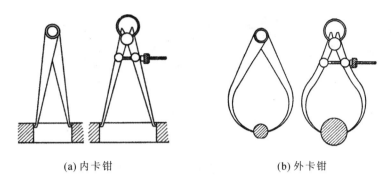

(a) 内卡钳　　　　　　　　(b) 外卡钳

图 7-6　内外卡钳

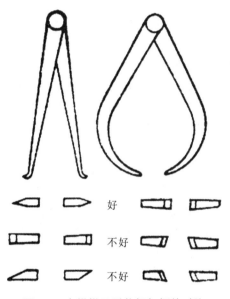

好

不好

不好

图 7-7　卡钳钳口形状好与坏的对比

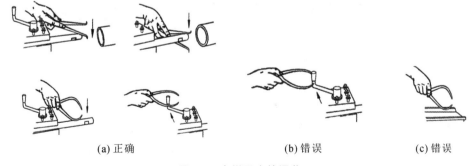

(a) 正确　　　　　　　(b) 错误　　　　　(c) 错误

图 7-8　卡钳开度的调节

② 外卡钳的使用。外卡钳在钢直尺上取下尺寸时,如图 7-9(a) 所示,一个钳脚的测量面靠在钢直尺的端面上,另一个钳脚的测量面对准所需尺寸刻线的中间,且两个测量面连线应与钢直尺平行,人的视线要垂直于钢直尺。

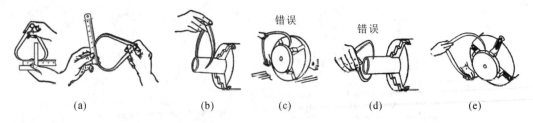

图 7-9　外卡钳在钢直尺上取尺寸和测量方法

用已在钢直尺上取好尺寸的外卡钳去测量外径时,要使两个测量面的连线垂直零件的轴线,靠外卡钳的自重滑过零件外圆时,我们手中的感觉应该是外卡钳与零件外圆正好是点接触,此时外卡钳两个测量面之间的距离,就是被测零件的外径。所以,用外卡钳测量外径,就是比较外卡钳与零件外圆接触的松紧程度,如图 7-9(b)所示,以卡钳的自重能刚好滑下为合适。如当卡钳滑过外圆时,我们手中没有两者接触的感觉,就说明外卡钳开度比零件外径尺寸大,如靠外卡钳的自重不能滑过零件外圆,就说明外卡钳开度比零件外径尺寸小。切不可将卡钳歪斜地放上工件测量,这样有误差,如图 7-9(c)所示。由于卡钳有弹性,将外卡钳用力压过外圆是错误的,更不能将卡钳横着卡上去,如图 7-9(d)所示。对于大尺寸的外卡钳,靠它的自重滑过零件外圆的测量压力已经太大了,此时应托住卡钳进行测量,如图 7-9(e)所示。

③ 内卡钳的使用。用内卡钳测量内径时,应使两个钳脚的测量面的连线正好垂直相交于内孔的轴线,即钳脚的两个测量面应是内孔直径的两端点。因此,测量时应将下面的钳脚的测量面停在孔壁上作为支点(图 7-10(a)),上面的钳脚由孔口略往里面一些逐渐向外试探,并沿孔壁圆周方向摆动,当沿孔壁圆周方向能摆动的距离为最小时,则表示内卡钳脚的两个测量面已处于内孔直径的两端点了。再将卡钳由外至里慢慢移动,可检验孔的圆度公差,如图 7-10(b)所示。

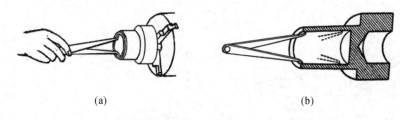

图 7-10　内卡钳测量方法

用已在钢直尺上或在外卡钳上取好尺寸的内卡钳去测量内径,如图 7-11(a)所示,就是比较内卡钳在零件孔内的松紧程度。如内卡钳在孔内有较大的自由摆动时,就表示卡钳所取尺寸比孔内径小了;如内卡钳放不进,或放进孔内后紧得不能自由摆动,就表示内卡钳所取尺寸比孔内径大了,如内卡钳放入孔内,按照上述的测量方法能有 1～2 mm 的自由摆动距离,这时孔内径与内卡钳尺寸正好相等。测量时不要用手抓住卡钳测量,如图 7-11(b)所示,这样手感就没有了,难以比较内卡钳在零件孔内的松紧程度,并使卡钳变形而产生测量误差。

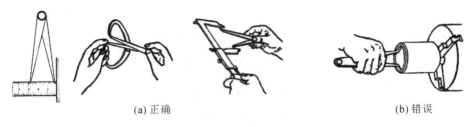

(a) 正确		(b) 错误

图 7-11　内卡钳取尺寸和测量方法

④ 卡钳的适用范围。卡钳是一种简单的量具,由于它具有结构简单、制造方便、价格低廉、维护和使用方便等特点,广泛应用于要求不高的零件尺寸的测量和检验。尤其是对锻铸件毛坯尺寸的测量和检验,卡钳是最合适的测量工具。

卡钳虽然是简单量具,只要我们掌握得好,也可获得较高的测量精度。例如用外卡钳比较两根轴的直径大小时,即便轴径相差只有 0.01 mm,有经验的老师傅也能分辨得出。又如用内卡钳与外径百分尺联合测量内孔尺寸时,有经验的老师傅完全有把握用这种方法测量高精度的内孔。这种内径测量方法,称为内卡钳搭百分尺,是利用内卡钳在外径百分尺上读取准确的尺寸,再去测量零件的内径;或内卡钳在孔内调整好与孔接触的松紧程度,再在外径百分尺上读出具体尺寸,如图 7-12 所示。这种测量方法在缺少精密的内径量具时,是测量内径的好方法。如某零件的内径,由于它的孔内有轴而使用精密的内径量具有困难,此时应用内卡钳搭外径百分尺测量内径方法,就能解决问题。

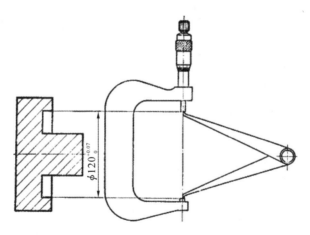

$\phi 120^{+0.07}_{0}$

图 7-12　内卡钳搭外径百分尺测量内径

（3）塞尺。

塞尺又称厚薄规或间隙片。主要用来检验机床特别紧固面和紧固面、活塞与汽缸、活塞环槽和活塞环、十字头滑板和导板、进排气阀顶端和摇臂、齿轮啮合间隙、联轴器配合间隙等两个接合面之间的间隙大小。塞尺由薄钢片制成,并由若干片不同厚度的规片（尺）组成一组（图 7-13）。每把塞尺中的每片具有两个平行的测量平面,且都有厚度标记,以供组合使用。

图 7-13 塞尺

测量时,根据接合面间隙的大小,用一片或数片(一般不超过 3 片)重叠在一起塞进间隙内。例如用 0.03 mm 的一片能插入间隙,而 0.04 mm 的一片不能插入间隙,这说明间隙在 0.03~0.04 mm 之间,所以塞尺也是一种界限量规。塞尺的规格见表 7-8。

表 7-8 塞尺的规格

A 型	B 型	塞尺片长度/mm	片数	塞尺的厚度/mm
组别标记				
75A13	75B13	75		
100A13	100B13	100		
150A13	150B13	150	13	0.02;0.02;0.03;0.03;0.04; 0.04;0.05;0.05;0.06;0.07;0.08; 0.09;0.10
200A13	200B13	200		
300A13	300B13	300		
75A14	75B14	75		
100A14	100B14	100		
150A14	150B14	150	14	1.00;0.05;0.06;0.07;0.08; 0.09;0.10;0.15;0.20;0.25;0.30; 0.40;0.50;0.75
200A14	200B14	200		
300A14	300B14	300		
75A17	75B17	75		
100A17	100B17	100		
150A17	150B17	150	17	0.50;0.02;0.03;0.04;0.05; 0.06;0.07;0.08;0.09;0.10;0.15; 0.20;0.25;0.30;0.35;0.40;0.45
200A17	200B17	200		
300A17	300B17	300		

2.扳手

扳手是紧固或拆卸作业时所使用的工具,用来扳动一定范围尺寸的螺栓、螺母,启闭阀类、上卸杆类螺纹等。

（1）呆扳手。

呆扳手开口不能随意调节，根据头部形状可以分为圆形和枪形，有单头和双头两种。呆扳手的头部与其手握部角度约呈 15°。紧固或拆卸大直径的螺栓、螺母，应该使用对应型号的呆扳手，并用锤子稍微敲打把手后端使其紧固或拧松。

呆扳手的开口尺寸和所对应的六角头螺栓、螺母对边距的尺寸应相互一致，这是呆扳手的使用原则。熟练操作者通过目测就能选择规格对应的扳手，如果没有经验，可以根据扳手上标明的数字来选择。

在手头没有所需呆扳手的情况下，可以采用"大兼小"的方法，如图 7-14 所示。当螺栓、螺母的棱角受损，未能与扳手紧密吻合时，也可插入适当厚度的板使用。

呆扳手与六角头螺栓、螺母只有两点接触，如图 7-15 所示。

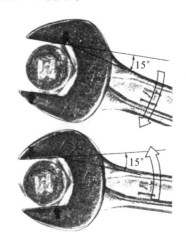

图 7-14　呆扳手"大兼小"使用　　　　图 7-15　呆扳手的接触方式

呆扳手开口尺寸与螺栓或螺母对边距的尺寸差越大，六角头的棱角变形越大，就越容易产生磨损。若六角头损毁，呆扳手就容易打滑。

此外，需要说明的是，呆扳手头部与把手部之间的角度设计成 15°，与呆扳手头部的强度没有直接关系，不论向哪个方向旋转，呆扳手的着力方式都是一样的。根据场合的不同，该角度会起一定作用。

使用呆扳手时的注意事项见表 7-9。

表 7-9　使用呆扳手时的注意事项

正确使用	图例	（图示）
	说明	要使螺栓、螺母完全进入开口的深处，相对轴的方向成直角，扳手与螺栓、螺母的面保持水平

错误使用一	图例	
	说明	只卡到前端,容易脱落
错误使用二	图例	
	说明	如果呆扳手与螺母面未保持水平就会损伤六角头的棱角
错误使用三	图例	
	说明	将两把呆扳手加长使用会使扭矩加大,导致扳手受损,螺栓截断,甚至发生危险
错误使用四	图例	
	说明	严禁用锤子猛烈敲击呆板手,即使螺栓、螺母生锈,也不能这么做

单头呆扳手每把只能上、卸一种规格的螺栓或螺母,其开口宽度系列为 8,10,12,14,17,19,22,24,27,30,32,36,41,46,50,65,75(单位:mm)。

双头呆扳手的技术规范见表 7-10。

表 7-10 双头呆扳手的技术规范

名称		规范/mm
单件扳手		4×5,5.5×7,6×7,8×10,9×11,10×12,12×14,14×17,17×19,19×22
成套扳手	6 件	8×10,12×14,14×17,17×19,19×22,22×24
	8 件	8×10,12×14,14×17,17×19,19×22,22×24,24×27,30×32
	10 件	5.5×7,8×10,9×11,12×14,14×17,17×19,19×22,22×24,24×27,30×32

（2）活口扳手。

活口扳手是开口大小可在规定的范围内进行调节，用于拧紧或卸掉不同规格的螺母、螺栓的工具。

活口扳手的（外形）结构如图 7-16 所示。

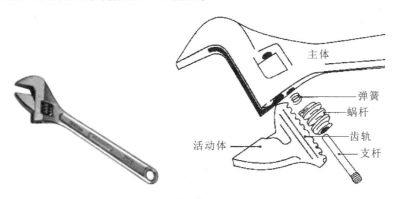

图 7-16　活口扳手的（外形）结构

与呆扳手相比，在活口扳手的使用上除了转向有要求之外，其他方面基本完全相同。呆扳手向哪个方向转都一样，而活口扳手则不能向活动体的反侧（固定钳口）转动。如图 7-17（b）所示，将作用在活动体上的力分解，会形成将活动体向下挤压的力和向外侧拉的力，此时，向外侧拉活动体的分力没有支撑面支撑，导致活动体松动增大，容易造成活口扳手损坏。

阻止挤压活动体的部分

挤压活动体的力

活动体由此面支撑

（a）正确

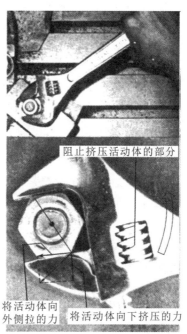

阻止挤压活动体的部分

将活动体向外侧拉的力

将活动体向下挤压的力

（b）错误

图 7-17　活口扳手的转向

图 7-18 活口扳手的使用

活口扳手使用时,应握住把手柄根部,用大拇指一边转动蜗杆,一边使之靠近螺栓、螺母,紧贴固定钳口面直到蜗杆不能转动,如图 7-18 所示。若反向用力,扳手应翻转 180°。

常用活口扳手的技术规范见表 7-11,其手柄上尺寸规格表示为首尾全长×头部最大开口数值。

表 7-11　常用活口扳手的技术规范

长度/mm	100	150	200	250	300	375	400	450	600
开口最大开度/mm	14	19	24	30	36	46	50	55	65
适应螺母范围/in	1/8 以下	1/8～1/4	1/4～3/8	3/8～1/2	1/2～5/8	5/8～3/4	3/4～7/8	7/8～1	1～3/2

注:1 in＝25.4 mm。

（3）内六角扳手。

在内六角(止动)螺栓不露出紧固面的情况下,其头部设有六角孔,内六角扳手可插进该六角孔转动螺栓或止动螺栓。内六角扳手如图 7-19 所示。内六角扳手是由美国艾伦公司普及的,因此也称为艾伦扳手。

图 7-19　内六角扳手

使用时,通常是短边一侧伸入拧紧件的六角孔里,也可根据实际情况使用长边一侧伸入六角孔,这种情况下由于不能充分施加力矩,因而一般须将其他扳手搭在内六角扳手上使用。

如果六角孔中塞满切屑、尘土或者油污,拆卸时应先将六角孔清理干净,以便使内六角扳手伸入孔底,否则容易造成扳手和六角孔的棱角受损。

（4）双头梅花扳手。

螺母和螺栓的周围空间狭小,不能容纳普通扳手时,一般常用梅花扳手来拆装标准规格的螺栓和螺母。

双头梅花扳手的梅花孔有 12 个角,在使用时是包围拧紧件四周。梅花扳手能精细操作,头部和柄部在一条直线上,如图 7-20 所示。

图 7-20　双头梅花扳手

梅花扳手的技术规范见表 7-12。

表 7-12　梅花扳手的技术规范

名称		规范/mm
单件扳手		5.5×7,8×10,9×11,12×14,14×17,17×19,19×22,22×24,24×27,30×32
成套扳手	6件	5.5×7,8×10,9×11,12×14,17×19,24×27
	8件	5.5×7,8×10,9×11,12×14,14×17,17×19,19×22,24×27

（5）F 形扳手。

F 形扳手是工人在生产实践中发明出来的，如图 7-21 所示，它由钢筋棍或铜杆制作而成，主要应用于阀门的开关操作。

图 7-21　F 形扳手

使用 F 形扳手时，应将两个力臂插入阀门手轮内，在确认卡好后，可用力进行开关操作，需注意的是：在开压力较高的阀门时一定要从手轮下方插入进行操作，以防止丝杆伤人。

3. 一字批与十字批

（1）一字批。

一字批的使用很简单，将一字批的工作部分伸入小螺钉、自攻螺钉的槽里，顺时针或逆时针旋转，进行安装紧固或拆卸。一字批型号和螺钉尺寸应尽量保持一致，因为棱角、扭矩不足会容易使其与槽脱离，影响使用效果，不仅会损坏一字批，也会损坏螺钉。

使用时螺钉的轴中心应与一字批的轴中心一致。紧固小螺钉时，在还没加力之前应该以另一只手支撑一字批，手指夹着旋杆较细的地方旋转，最后的紧固必须握住旋柄使劲用力。

（2）十字批。

十字批的工作部分比一字批稍显复杂。它常用于动力驱动的场合，因为是高速旋转，稍有偏心就会很危险，所以旋转中心自动对齐是自动驱动的前提。

十字批型号与螺钉尺寸应尽量保持一致。如果十字批过小就会与十字槽之间有较大的空隙,当紧固螺钉或松动防松的小螺钉时,二者之间空隙会使螺钉十字槽中的棱角处变形,如图 7-22 所示。

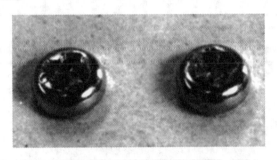

图 7-22 损坏的十字槽

4.拉马

拉马也称拔轮器、拉卸顶拔器。通用拉马可分为两爪式、三爪式和铰链式等,主要用于滚动轴承、带轮、齿轮、联轴器等轴上零件的拆卸。目前,液压拉马得到了广泛应用,如图 7-23 所示。液压拉马加压部分可采用脚踏式或手压式,使用时更省力、快捷。

5.磁力表架

磁力表架是使用永久磁铁进行装卸的台架,如图 7-24 所示,台架上可安装指示表、照明装置及其他配件。

图 7-23 液压三爪拉马   图 7-24 磁力表架

将磁力表架台座上的旋钮放在"ON"位置上磁铁即起作用,旋钮转 90°放在"OFF"位置上磁铁的作用消失。

通过操作磁力表架上的旋钮,可使磁性通路达到表面,或在表座内部形成短路。将旋钮放在"ON"位置时,表座下面两侧之间通过磁性体连接而使之构成磁力通路,因而磁力表架吸附在磁性体上,如图 7-25(a)所示。将旋钮置于"OFF"位置时,如图 7-25(b)所示,磁力线通过阻力最小的通路,磁力不外流,表座不能吸附到磁性体上。

表座要有 V 形槽,若无 V 形槽,磁力在中央集中,台座不稳定,如图 7-26 所示。V 形槽磁力线不在台座的中部而集中在两端,则台座两端成为磁极,使台座稳定。

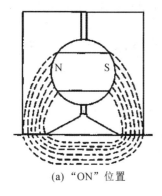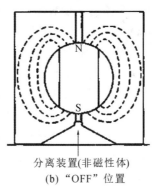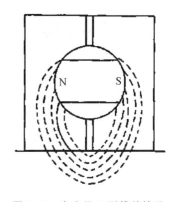

(a) "ON" 位置　　　　　　(b) "OFF" 位置
分离装置(非磁性体)

图 7-25　磁力表架工作过程　　　　　　图 7-26　表座无 V 形槽的情况

6.百分表

　　百分表是用来校正零件或夹具的安装位置、检验零件的形状精度或相互位置精度的工具。百分表的外形如图 7-27 所示。表盘 3 上刻有 100 个等分格,其刻度值(即读数值)为 0.01 mm。当指针 6 转一圈时,小指针即转动一小格,转数指示盘 5 的刻度值为 1 mm。用手转动表圈 4 时,表盘 3 也跟着转动,可使指针对准任一刻线。测量杆 8 是沿着套筒 7 上下移动的,套筒 7 可用于安装百分表。

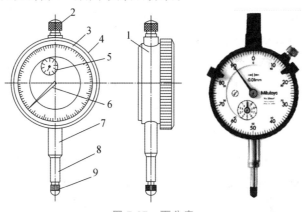

图 7-27　百分表
1—表壳;2—手提圆头;3—表盘;4—表圈;5—转数指示盘;6—指针;7—套筒;8—测量杆;9—测量头

使用百分表时,必须注意以下几点。

　　(1) 使用前,应检查测量杆活动的灵活性。即轻轻推动测量杆时,测量杆在套筒内的移动要灵活,没有任何卡滞现象,每次放松后,指针能回到原来的刻度位置。

　　(2) 使用百分表时,必须把它固定在可靠的夹持架上,如图 7-28 所示。夹持架要安放平稳,以免使测量结果不准确或摔坏百分表。

　　通过夹持百分表的套筒来固定百分表时,夹紧力

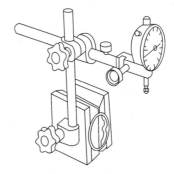

图 7-28　百分表夹持架

不要过大,以免套筒变形而使测量杆活动不灵活。

(3)用百分表测量零件时,测量杆必须垂直于被测量表面(即测量杆的轴线与被测量尺寸的方向一致),否则测量结果不准确。

(4)测量时,不要使测量杆的行程超过它的测量范围;不要使测量头受到剧烈的振动和撞击,也不要把零件强行推入测量头下,避免损坏百分表的机件而使其失去精度。

(5)用百分表校正或测量零件时,应当使测量杆有一定的初始测力。即在测量头与零件表面接触时,测量杆应有0.3~1 mm的压缩量,使指针转过半圈左右,再转动表圈,使表盘的零位刻线对准指针。轻轻地拉动测量杆的手提圆头,拉起和放松几次,检查指针所指的零位有无改变。当指针的零位稳定后,再开始测量或校正零件的工作。如果是校正零件,此时开始改变零件的相对位置,读出指针的偏摆值,即零件安装的偏差数值。

(6)在使用百分表的过程中,要严格防止水、油和灰尘渗入表内,测量杆上也不要加油,免得油污进入表内,影响表的灵活性。

(7)百分表不使用时,应使测量杆处于自由状态,以免表内的弹簧失效。

子模块二　齿轮泵

由两个齿轮相互啮合在一起形成的泵称为齿轮泵,属于容积泵的一种。齿轮泵是依靠齿轮啮合空间的容积变化来输送液体的。

知识与技能1　齿轮泵结构识读

1.工作原理与结构

如图7-29所示,两个形状及大小相同的齿轮相互啮合地置于泵壳内,一个为主动齿轮,它伸出泵体与电机轴相连接,另一个为从动齿轮。在齿轮泵工作时,主动齿轮随电机一起旋转并带动从动齿轮跟着旋转。当吸入室一侧的啮合齿逐渐分开时,吸入室容积增大,形成低压,便将吸入管中的液体吸入泵内。进入泵体内的液体分成两路,在齿轮与泵壳间的空隙分别被主、从动齿轮推送到排出室,吸入室和排出室是靠两个齿轮的啮合线来隔开的。由于排出室一侧的齿轮不断啮合,使排出室容积缩小,这样就将液体压送到排出管中。主动齿轮和从动齿轮不断旋转,泵就能连续吸入和排出液体。

齿轮泵也称为正排量装置,即类似一个缸筒内的活塞。因为液体是不可压缩的,所以液体和齿不可能在同一时间占据同一空间,当一个齿进入另一个齿的流体空间时,液体就被机械性地挤排出来。由于齿的不断啮合,挤排现象就连续地发生,便在泵的出口提供了一个连续排出量。泵每转一次,排出的量是一样的,泵的流量直接与泵的转速有关。

为了防止出口阀关闭或管路堵塞时造成泵的损坏,在齿轮泵的出口侧设有弹簧式安

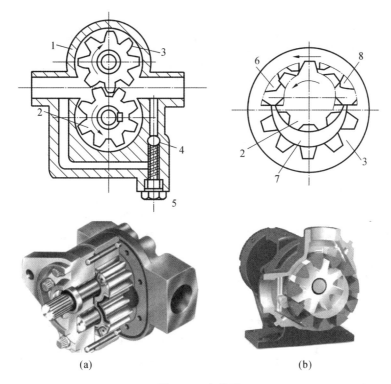

图 7-29 齿轮泵

1—泵壳；2—主动齿轮；3—从动齿轮；4—安全阀；5—调节螺母；6—吸入室；7—月牙形件；8—排出室

全阀。当泵内压力超过规定值时，安全阀自动开启，高压液体泄回吸入侧。

按齿轮啮合方式，泵可分为外啮合齿轮泵（图 7-29(a)）和内啮合齿轮泵（图 7-29(b)）两种。

外啮合齿轮泵的齿轮数为 2～5。

内啮合齿轮泵的两个齿轮形状不同，齿数也不一样，其中一个为环状齿轮，可在泵体内浮动，主动齿轮在中间与泵壳成偏心位置。主动齿轮比环状齿轮少一个齿，同时主动齿轮工作时带动环状齿轮一起转动，利用两齿空间的变化来输送液体。

齿轮泵按齿面可分为直齿、斜齿和人字齿齿轮泵；按齿形曲线可分为渐开线和摆线齿轮泵。采用人字齿齿轮，能使运转平稳，并消除轴向力。在大型齿轮泵中，多采用人字齿齿轮，小型齿轮泵多采用直齿齿轮。

2. 特点

齿轮泵具有自吸性，流量与排出压力无关；结构简单紧凑、流量均匀、工作可靠；尺寸小而轻便，维护保养方便；流量小，压力高，用于输送黏性较大的液体（如润滑油），可作润滑油泵、燃油泵、输油泵和液压传动装置中的液压泵。其缺点是制造精度要求高，不宜输送黏性低的液体（如水、汽油等），不宜输送含有固体颗粒的液体，在运转中流量和压力有脉动且噪声较大。

┃ 知识与技能 2　齿轮泵的操作与维护

1.齿轮泵的检修

（1）拆卸顺序。

齿轮泵的拆卸过程可分为以下几个步骤，其先后顺序如下：

联轴器→后端盖→前端盖、填料密封或机械密封→齿轮、齿轮轴、轴承。

（2）零部件配合间隙的检查及组装调整。

齿轮泵在零部件拆卸下来经清洗干净后，应按泵使用维护说明书要求进行检查、测量、组装。无要求情况下，对输送温度低于 60 ℃油品的齿轮泵可按《齿轮泵维护检修规程》（SHS 01017—2004）的标准进行检查、测量、组装。其检修主要包括以下几方面的内容。

① 壳体的检查。壳体两端面粗糙度不大于 $Ra3.2\ \mu m$；两孔中心线平行度和对两端垂直度公差值不低于 IT6 级；壳体内孔圆柱度公差为（0.02～0.03） mm/100 mm。

② 齿轮的检查。齿轮与轴的配合为 H7/m6；齿轮两端面与轴孔中心线或齿轮两端面与轴中心垂直度公差为 0.02 mm/100 mm；两齿轮宽度一致，单个齿轮宽度误差不得超过 0.05 mm/100 mm，两齿轮轴线平行度为 0.02 mm/100 mm；齿轮啮合顶间隙、侧间隙可用压铅法测量。齿轮啮合顶间隙为（0.2～0.3）m（m 为模数），侧间隙应符合表 7-13 的规定。

表 7-13　齿轮啮合侧间隙标准　　　　　　　　　　　　（单位：mm）

中心距	≤50	51～80	81～120	121～200
啮合侧间隙	0.085	0.105	0.13	0.17

齿轮啮合接触应符合规范，其检查方法如下：将两传动齿轮、轴承、泵壳体等部件清洗干净，用干布抹干两齿轮啮合面；在小齿轮的啮合面上涂上一层薄薄的红丹油，回装两齿轮及端盖；按工作转动方向慢慢转动齿轮泵数圈后，拆卸泵端盖取出两齿轮轴，检查接触点。齿轮啮合接触斑点应均匀，其接触面积沿齿长不小于 70%，沿齿高不少于 50%。

③ 齿轮与壳体及齿轮与泵盖间隙调整。齿顶与壳体壁及齿轮端面与端盖之间的间隙应符合规范。间隙过大其液体内泄漏变大；间隙过小则齿轮在转动时，齿轮的齿顶与壳体壁、齿轮端面和泵盖端面可能发生磨损。因此，检修时必须检查这两方面的间隙。

齿轮与壳体的径向间隙可用塞尺进行检查，其间隙为 0.15～0.25 mm，且必须大于轴颈在轴瓦的径向间隙。

齿轮端面与端盖轴向间隙可用压铅丝法进行检查，其操作过程如下：先拆开端盖清洗各零部件，各部件表面无油污、杂物后，把齿轮装入泵体内，在泵盖端面和齿轮端面分别对称摆放 4 条合适的铅丝，装回泵压盖，对称均匀地拧紧螺栓后，拆开压盖取出铅丝，量取各铅丝厚度。如果齿轮端面铅丝厚度减去泵盖端面铅丝厚度为正值，则表明两端面有间隙；结果为负值，则表明两端面有过盈量。根据测量结果对端盖垫片厚度进行增大或减小,使端面间隙为 0.10～0.15 mm。

④ 轴与轴承的检查与装配。在一般情况下,齿轮泵轴颈不得有伤痕,粗糙度要达 $Ra1.6\ \mu m$,轴颈圆柱度公差为 0.01 mm;齿轮泵在使用一段时间后,轴颈最大磨损不得大于 $0.01D$(D 为轴颈直径)。

齿轮泵轴承一般用滚动轴承和滑动轴承,而滑动轴承多为铜套形式。采用滚动轴承的齿轮泵其轴承内圈与轴的配合为 H7/js6;滚动轴承无内圈时,轴与滚针的配合为 H7/h6,滚动轴承外圈与端盖配合为 K7/h6。采用滑动轴承的齿轮泵其轴承内孔与外圆的同轴度公差为 0.01 mm;滑动轴承外圆与端盖配合为 R7/h6;滑动轴承与轴颈的配合间隙(经验值)应符合表 7-14 的规定。

表 7-14　轴颈与滑动轴承配合间隙

转速/(r/min)	<1500	1500～3000	>3000
间隙/mm	1.2/(1000D)	1.5/(1000D)	2/(1000D)

齿轮泵轴承磨损超规范后应进行更换,滚动轴承组装方法与离心泵滚动轴承组装方法相同。用铜套作轴承的齿轮泵,在更换铜套时,首先应检查铜套和端盖的配合情况。在符合要求后,将铜套外圆涂上润滑油,用压力机将其压入泵端盖体内,最后应在轴承与端盖接口处钻孔,用螺钉将其固定,以防铜套转动或轴向窜动。

铜套装配后必须再检查轴颈与铜套的配合间隙,若配合间隙太小,应以轴颈为准,刮研铜套,直到符合要求为止。相反,若间隙太大则要重新更换铜套。

⑤ 轴向密封检查及组装。齿轮泵轴向密封的相关知识可参看离心泵部分。

⑥ 齿轮泵溢流阀的检修。溢流阀的检修,主要是确保阀芯和阀座的接触良好,可通过研磨来达到要求。齿轮泵溢流阀设置在泵出口侧,其作用是保证泵出口压力符合设计要求,当泵内压力超过规定值时,溢流阀自动开启,高压侧介质流回入口,保证出口压力稳定。如果溢流阀失效会造成介质通过溢流阀而流回泵入口,致使泵出口压力及流量达不到要求,这时必须进行检修。

2.齿轮泵的试运转

(1)试运转前的准备工作。

① 检查检修记录,确认数据正确,准备好试运转的各种记录表格。

② 盘车无卡涩现象和异常响声。

③ 检查液面,应符合泵的吸入高度要求。

④ 压力表、溢流阀应灵活好用。

⑤ 向泵内注入输送介质。

⑥ 确认泵出口阀已打开。

⑦ 检查电机并送电。

⑧ 点动控制电机确认旋转方向正确。

(2)试运转。

① 打开泵出口阀,开启入口阀,使液体充满泵体,打开放空阀,将空气赶净后关闭。

② 盘车轻松、无卡涩现象,启动电机。

③ 检查出口压力指示是否正常。

④ 检查轴封渗漏是否符合要求,密封介质泄漏和离心泵轴封泄漏标准相同。

⑤ 检查泵的振动值和轴承温度是否在允许范围内,其振动值和轴承温度允许值可参照离心泵的标准。

(3)注意事项。

① 在开泵前,一定要确认泵出口阀已打开。

② 停泵时不得先关闭出口阀。

(4)验收。

① 连续运转 24 h 后,各项技术指标均达到设计要求或能满足生产需要。

② 达到完好标准。

③ 检修记录齐全、准确,按规定办理验收手续。

3.齿轮泵常见故障原因及处理方法

齿轮泵常见故障现象、原因及处理方法见表 7-15。

表 7-15　齿轮泵常见故障现象、原因及处理方法

序号	故障现象	故障原因	处理方法
1	泵不吸油	吸入管路堵塞或漏气	检修吸入管路
		吸入高度超过允许吸入真空高度	降低吸入高度
		电动机反转	改变电动机转向
		介质黏度过大	将介质加温
2	压力波动大	吸入管路漏气	检查吸入管路
		溢流阀没有调好或工作压力大,使溢流阀时开时闭	调整溢流阀或降低工作压力
3	流量不足的处理	吸入高度不够	增高液面
		泵体或入口管线漏气	更换垫片,紧固螺栓,修复管路
		入口管线或过滤器堵塞	清理管线或过滤器
		介质黏度大	将介质加温
		齿轮径向间隙或齿侧间隙过大	更换泵壳或齿轮
		齿轮轴向间隙过大	调整间隙
		溢流阀弹簧太松或阀芯与阀座接触不严	调整弹簧,研磨阀芯与阀座
		电动机转速不够	修理或更换电动机
4	轴功率急剧增大	排出管路堵塞	停泵清洗管路
		齿轮与泵内严重摩擦	检修或更换有关零件
		介质黏度太大	将介质加温

序号	故障现象	故障原因	处理方法
5	振动增大	泵与电机不同心	调整同心度
		齿轮与泵不同心或间隙大	检修调整
		泵内有气体	检查吸入管路,排除漏气
		安装高度过大,泵内产生汽蚀	降低安装高度或降低转速
6	泵发热	吸入介质温度过高	降低介质温度
		轴承间隙过大或过小	调整间隙或更换轴承
		齿轮的径向、轴向、齿侧间隙过小	调整间隙或更换齿轮
		出口阀开度过小造成压力过高	开大出口阀门,降低压力
7	机械密封大量漏油	装配位置不对	重新按要求安装
		密封压盖未压平	调整密封压盖
		动环和静环密封面碰伤	研磨密封面或更换新件
		动环和静环密封圈损坏	更换密封圈

课后思考

1.简述单级单吸悬臂式离心泵的结构组成。

2.简述单级单吸悬臂式离心泵的拆装作业过程。

3.简述单级单吸悬臂式离心泵所采用的单端面机械密封结构组成;该密封结构共有几处动密封? 几处静密封? 泄漏点分别在哪里?

4.机械密封典型失效原因有哪些?

5.简述单级单吸悬臂式离心泵单端面机械密封安装作业过程。

6.简述单级单吸悬臂式离心泵试运转过程。

7.常见的工量具有哪些? 如何正确使用各种工量具?

8.百分表如何读数? 使用百分表时应注意什么?

9.简述齿轮泵的结构组成和工作过程。

10.齿轮泵齿轮端面与端盖的轴向间隙如何进行检查?

★ 素质拓展阅读 ★

强化职业技能训练 向创新实践型人才迈进

技能是强国之基、立业之本。职业技能培训是提升劳动者就业创业能力、缓解结构性就业矛盾、促进扩大就业的重要举措,是推动技能型社会建设和高质量发展的重要支撑。新时期是职业技能培训从"三年行动"向"五年规划"转型的关键时期。面对新形势、立足新阶段,当前和今后一个时期的职业技能培训工作必须完整、准确、全面贯彻新发展理念,服务和融入新发展格局。

一、职业技能培训高质量发展具有良好工作基础

党的十八大以来,职业技能培训工作在党中央国务院的高度重视下,在各级政府的大力推动下,在社会各方面的积极参与和鼎力支持下,发展活力不断增强,工作取得了积极成效,基本形成了具有中国特色的职业技能培训政策制度体系和运行机制。

(一)职业技能培训政策体系不断健全。2017年,中共中央、国务院印发《新时期产业工人队伍建设改革方案》。2018年,国务院印发《关于推行终身职业技能培训制度的意见》;中共中央办公厅、国务院办公厅印发《关于提高技术工人待遇的意见》。2019年,国务院办公厅印发《职业技能提升行动方案(2019—2021年)》。2021年,经国务院同意,人力资源社会保障部等四部门印发《"十四五"职业技能培训规划》。人力资源社会保障部贯彻落实党中央、国务院决策部署,对重点群体、重点领域、急需紧缺职业工种等出台一系列职业培训行动计划和政策措施。聚焦农民工、高校毕业生等青年、下岗失业人员、原贫困劳动力、脱贫劳动力、长江流域禁捕退捕渔民等重点群体,组织实施专项培训计划;制定《"技能中国行动"实施方案》《提升全民数字技能工作方案》;会同有关部门全面推行中国特色企业新型学徒制,组织实施工业通信业职业技能提升计划、安全技能提升行动计划、康养职业技能培训计划;实施"马兰花"创业培训计划等。这些政策措施和地方探索实践积极促进了技能人才的培养培训,不断形成了有效的经验和制度机制,为人力资源开发提供了重要保障。

(二)职业技能培训组织实施体系不断完善。近年来,我国建立并推行覆盖城乡全体劳动者、贯穿劳动者学习工作终身、适应就业创业和人才成长需要以及经济社会发展需求的终身职业技能培训制度。以政府补贴培训、企业自主培训、市场化培训为主要供给,以行业企业、技工院校等职业院校、职业培训机构等为主要载体,以就业技能培训、岗位技能提升培训和创业创新培训为主要形式,不断构建资源充足、布局合理、结构优化、载体多元、方式科学的培训组织实施体系,并可根据用人单位和劳动者需求,开展职业资格培训、职业技能等级培训、专项职业能力培训和其他与就业岗位要求相关的技能培训等。

(三)职业技能培训工作格局不断强化。各级政府把职业技能培训工作作为民生工程,切实承担主体责任,加强组织协调,形成省级统筹、部门参与、市县实施的工作格局。人力资源社会保障、教育、发展改革、财政、工业和信息化等部门和单位积极发挥各自职能作用,加大职业技能培训资源统筹、共享力度,形成工作合力,提升职业技能培训效果。职业技能提升行动期间,人力资源社会保障部等22个部门协同推进工作,形成各方面齐

抓共管、联动发力的工作格局。2019—2021年累计开展补贴性职业技能培训8300多万人次、以工代训3600多万人，为有效提高劳动者技能素质、稳定和扩大就业提供了有力支撑。

二、全面深入准确把握新时期职业技能培训高质量发展的总体要求

党的十八大以来，党中央、国务院高度重视技能人才工作，对职业技能培训提出新要求、做出新部署。职业技能培训高质量发展必须全面准确把握新时期背景下总体要求。

（一）全面贯彻落实党中央、国务院对职业技能培训工作的决策部署。习近平总书记多次做出重要指示批示，要求健全技能人才培养、使用、评价、激励制度，大力发展技工教育，大规模开展职业技能培训，加快培养大批高素质劳动者和技术技能人才。2018年，国务院印发《关于推行终身职业技能培训制度的意见》，2019年，国务院办公厅印发《职业技能提升行动实施方案（2019—2021年）》，部署建立并推行覆盖城乡全体劳动者、贯穿劳动者学习工作终身、适应就业创业和人才成长需要以及经济社会发展需求的终身职业技能培训制度，大规模开展职业技能培训，加快建设知识型、技能型、创新型劳动者大军。2021年，经国务院同意，人力资源社会保障部等四部门联合印发了《"十四五"职业技能培训规划》，提出了"十四五"时期加强职业技能培训工作的指导思想、基本原则、主要目标、重点任务和保障措施，这也是我国首次编制的国家级职业技能培训五年专项规划。

（二）深入理解职业技能培训工作的任务目标。我国已进入高质量发展阶段，实施新时代人才强国战略，推进制造强国、质量强国建设，发展实体经济，亟须加强创新型、应用型、技能型人才培养。新一轮科技革命和产业变革突飞猛进，就业新增长点、新就业形态不断发展，劳动者参加培训提升人力资本和专业技能的内在动力逐渐增强。提高劳动者素质和就业创业能力是职业培训的基本属性，体现了职业培训的有效性；解决就业结构性矛盾、提高就业质量是职业培训的社会属性，体现了职业培训的针对性；培养适应经济社会发展需要的劳动者大军是职业培训的发展属性，体现了职业培训的前瞻性。开展高质量职业技能培训，必须坚持立德树人、德技并修、就业导向、提质扩容，构建以企业为主体、院校为基础、政府推动与社会支持相结合的职业技能培训体系，聚焦劳动者技能素质提升，大力弘扬和培育劳模精神、劳动精神、工匠精神，注重培养劳动者职业道德和技能素养，不断提升培训质量，扩大培训规模，吸引更多劳动者技能就业、技能成才。

（三）准确领会职业技能培训工作的重点方向。

当今，需围绕建成小康社会和现代化强国的目标，健全终身职业技能培训制度，进一步优化培训供给和结构，加强标准化建设，提升培训的针对性和有效性。切实发挥企业培训主体作用，大力开展企业职工岗位技能提升培训和新型学徒制培训。做好青年、农村转移劳动力等各类重点群体就业技能培训，加强创业培训和新业态新模式从业人员技能培训。瞄准就业创业和经济社会发展需求确定培训内容，围绕市场紧缺职业开展就业技能培训，聚焦经济社会发展开展先进制造业、战略性新兴产业、现代服务业等新产业培训，加大新职业和数字技能等培训，努力提高培训后的就业创业成功率，加快培养适应产业发展和企业岗位实际需要的高技能人才。

三、为技能型社会建设培养劳动者大军

职业技能培训的规模质量要不断适应建设技能型社会需求，必须进一步加大工作力

度,发动全社会力量,共同推动职业技能培训高质量发展,建设规模宏大、质量过硬、结构合理的技能劳动者大军。

(一)建立健全终身职业技能培训机制。建立健全四个机制,即建立市场化社会化发展机制,加大政府、企业、社会等各类培训资源优化整合力度,提高培训供给能力;建立技能人才多元评价机制,形成与国家职业资格制度相衔接、与终身培训制度相适应的职业技能等级制度;建立质量评估监管机制,健全以培训合格率、就业创业成功率为重点培训绩效评估体系,对培训机构、培训过程进行全方位监管;建立技能提升多渠道激励机制,推动技能人才培养、评价、使用、待遇形成相互协调统一的激励机制,促进技能人才成长。

(二)大规模高质量开展职业技能培训。加强培训基础平台建设,以企业培训中心、技工院校等职业院校、民办职业培训机构、公共实训基地等为主体,并充分发挥高技能人才培训基地、技能大师工作室引领示范带动作用,建设覆盖全国的技能实训和创业实训网络。重点实施三类培训,即围绕就业创业重点群体,广泛开展就业技能培训;充分发挥企业主体作用,全面加强企业职工岗位技能提升培训;大力推进创业创新培训。深入组织实施专项培训行动计划,提高培训针对性、有效性。加大培训公共服务力度,持续做好"两目录一系统"建设工作,为劳动者自主选择培训机构和培训项目提供便利。加强教学资源建设,不断开发完善培训教材和数字资源,组织开发并推动使用职业培训包。

(三)着力加强高技能人才队伍建设。加强先进制造业、战略性新兴产业、现代服务业、建筑业以及现代农业等产业高技能人才培养。加大技师、高级技师、特级技师研修培训,组织实施高技能领军人才和产业紧缺人才培训。对企业关键岗位的高技能人才,开展新知识、新技术、新工艺等方面培训。拓宽技术工人职业发展通道,提高技能人才待遇水平,提升高技能人才社会影响力和公众关注度,努力营造劳动光荣的社会风尚和精益求精的敬业风气。

(四)全面提升工作能力水平。职业技能培训是促就业、稳就业和推动经济社会发展的压舱石,人力资源社会保障部门使命光荣、责任重大。要始终坚持围绕中心、服务大局,增强担当意识和责任意识,把培训工作融入经济社会稳定发展工作全局去思考谋划推动。推动将培训工作列入当地党委、政府中心工作。强化一盘棋观念,更好地凝聚有关部门、人民团体和社会组织、行业企业和培训机构的共识,形成工作合力。坚持改革思维、问题导向,抓住制约工作发展的重点难点问题,推动改革创新。构建责任明晰、措施有效、保障有力的落实机制,在新的历史起点上谱写新时代高质量职业技能培训事业的新篇章。

模块八　离心压缩机和罗茨鼓风机

在化工生产中,离心压缩机和罗茨鼓风机应用较多。压缩机是一种将低压气体提升为高压气体的从动的流体机械,是制冷系统的心脏。压缩机种类繁多,尽管用途可能一样,但其结构形式和工作原理都可能有很大的不同。压缩机按工作原理基本可以分为透平(透平是英语 turbine 的音译,透平机械泛指具有叶片或叶轮的旋转机械)式和容积式两大类,离心压缩机属于透平式压缩机。压缩机按出口压力的不同,一般称排出压力(表压)$p \leqslant 0.015$ MPa的为通风机;0.015 MPa$< p \leqslant 0.2$ MPa的为鼓风机;$p > 0.2$ MPa的为压缩机,罗茨鼓风机属于回转容积式鼓风机。

子模块一　离心压缩机

气体在压缩机中受离心力的作用,沿着垂直于压缩机轴的径向方向流动,这种压缩机称为离心压缩机。离心压缩机结构图如图 8-1 所示。离心压缩机与离心泵在工作原理和结构形式等方面具有很多相似之处,两者不同之处是输送介质性质的区别和流速大小的差别。

1. 工作过程

在离心压缩机叶轮随轴旋转时,气体由吸入室轴向进入叶轮,叶片推动气体高速径向流动,在离心力作用下气体压力提高。高速气流离开叶轮后,立即流进扩压器流道,在扩压器内随着流道截面的扩大,气流速度降低,动能进一步转化为压力能。气流从扩压器进入弯道,气流方向由离心流动变为向心流动,再经过回流器进入下一级叶轮,弯道和回流器主要起导向作用。重复上述气体流动过程,这样一级接一级直至末级叶轮的出口,通向蜗壳,然后气体流向机外。

2. 特点

离心压缩机的优点如下。

(1)流量大。离心压缩机是连续运转的,汽缸流通截面的面积较大,叶轮转速很高,故气体流量很大。

(2)转速高。由于离心压缩机转子只做旋转运动,转动惯量较小,运动件与静止件保持一定的间隙,因而转速较高。

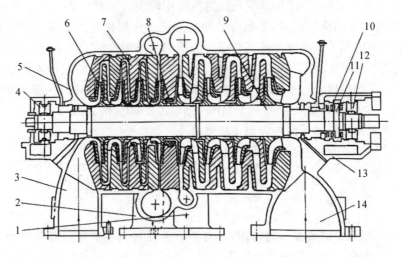

图 8-1　离心压缩机结构图

1—一段排气；2—二段排气；3—二段吸入；4—径向轴承；5—缸体；6—叶轮；7—隔板；8—平衡盘；
9—轴；10—止推轴承；11—推力盘；12—径向轴承；13—护罩；14—一段吸入

（3）结构紧凑。机组重量和占地面积比同一流量的往复压缩机小得多。

（4）运行可靠。离心压缩机运转平稳，一般可连续运转一至三年不需停机检修，也可不用备机。排气均匀稳定，运转可靠，维修简单，操作费用低。

离心压缩机的缺点如下。

（1）单级压力比不高。

（2）由于转速高和要求一定的通道截面，故不能适应太小的流量。

（3）效率较低，由于离心压缩机中的气流速度较大等原因，造成能量损失较大，故效率比往复式压缩机稍低一些。

（4）由于转速高、功率大，一旦发生故障其破坏性较大。

3.基本术语

在离心压缩机的基本术语中，常用的有"级""段"和"缸"。

离心压缩机的"级"，是由一个叶轮及与其相配合的固定元件所构成的。级是离心压缩机使气体增压的基本单元，一台离心压缩机总是由一级或几级组成。级有三种形式，即首级、中间级、末级。首级由吸入室、叶轮、扩压器、弯道和回流器组成,中间级由叶轮、扩压器、弯道、回流器组成,末级由叶轮、扩压器和蜗壳组成(有的末级只有叶轮和蜗壳而无扩压器)。

离心压缩机的"段",是以中间冷却器作为分段的标志(图 8-1)。气体在第四级后被引出进行冷却,所以它是两段压缩机,一至四级是第一段,后面的五至八级为第二段。

离心压缩机的"缸",是将一个机壳称为一个缸,多机壳的压缩机就称为多缸压缩机。压缩机分成多缸的原因是,当设计一台离心压缩机时,有时由于所要求的压缩比较大,需用叶轮数目较多,如果都安装在同一根轴上,则会使轴的一阶临界转速变得很低,结果使工作转速与二阶临界转速过于接近,而这是不允许的。另外,为了使机器设计得更为合理,压缩机各级需采用一种以上转速时,需采用分缸。一般压缩机每缸可以有一至十个叶轮。多缸压缩机各缸的转速可以相同,也可以不同。

知识与技能 1　离心压缩机结构识读

1.结构分类

常见离心压缩机有水平剖分型(图 8-2)和垂直剖分型(图 8-3)两类。

(1) 水平剖分型。

汽缸有一个中分面,被剖分为上、下两部分,分别称为上、下机壳,在中分面处用螺栓把法兰连接在一起,法兰结合面严密。一般吸气、排气以及气体分支接管等均布置在下半机壳,以便上半机壳拆装时,有利于转子、隔板、密封等部件检修、安装。水平剖分型离心压缩机不适用于高压和含氢多且分子量小的气体压缩,一般压力低于5 MPa时多采用水平剖分型。

(2) 垂直剖分型。

垂直剖分型也称为筒型,机壳只有垂直剖分面,筒型汽缸里装入上、下剖分的隔板和转子,汽缸两侧端盖用螺栓紧固。隔板有水平剖分面,隔板之间有止口定位,形成隔板束。转子装好后放在下隔板束上,盖好上隔板束,隔板中分面法兰用螺栓把紧,将内缸推入筒型缸体安置好。

和水平剖分型相比,垂直剖分型具有许多优点:强度高;泄漏面小,气密性好;刚性比水平剖分型好,在相同条件下变形小。这类压缩机大多用于高压场合,其使用压力可达70 MPa。垂直剖分型的最大缺点是拆装困难,检修不便。

图 8-2　水平剖分型离心压缩机

图 8-3　垂直剖分型离心压缩机

2. 主要零部件

离心压缩机零部件很多。可以转动的部件称为转子,不能转动的部件称为固定元件。

(1) 转子。

转子(图 8-4)是离心压缩机的关键部件,主要由主轴、叶轮、平衡盘、推力盘等组成,转子上各零件都红套在轴上。以叶轮为例,首先将叶轮均匀加热,主轴一般立放在夹具上,当叶轮加热到适当温度时,将叶轮套入主轴。加热温度根据叶轮和主轴的过盈量、红套过程来决定,温度过低会出现叶轮还没装到应有位置就凉下来,卡住主轴的现象。

图 8-4 转子

① 主轴。

主轴上安装所有的旋转零件,它的作用就是支持旋转零件及传递扭矩,在轴的一端通过联轴器与汽轮机或电机相连。主轴通常为阶梯轴,直径大小从中间向两端递减,便于轴上零件的轴向定位安装。

压缩机启动后,转子总会有些横向振动,运转开始振幅不大,当转速升高到接近某一转速时,振幅迅速增大,运转很不稳定。这时要很快升速,待超过这一特定转速后,振幅又迅速降下来,转子运转又趋稳定。在降速过程中也会出现类似的现象,即在通过这一转速时振幅同样迅速增加,而在其他转速下运转振幅较小,变化不大。工程上将这个现象称为临界转速现象,这一特定转速称为临界转速。

离心压缩机转子是由轴和轮盘组成的,转子第一次出现最大振幅时的临界转速称为一阶临界转速。随着转速的增大,转子振幅会在多个不同转速下再次达到最大振幅,转子相应的便有无穷多个临界转速,称为二阶、三阶、四阶临界转速。

一般离心压缩机转子的工作转速在一阶和二阶临界转速之间,所以只有一阶和二阶临界转速有实际意义。二阶和一阶临界转速的比值为 $2\sim3.9$。一般来说,工作转速与临界转速相差 $\pm(5\%\sim8\%)$ 时,转子振动就会加剧。由于难以估计所有促使振动的因素,一般都要求工作转速离开临界转速 30% 以上。

工作转速在一阶和二阶临界转速之间的转子称为柔性轴,其转速范围一般为

$$(1.3\sim1.4)n_1 < n < 0.7n_2$$

工作转速低于临界转速的转子称为刚性轴,其转速范围一般为

$$n < 0.7n_1$$

由于在临界转速下运转,转子振动的振幅很大,工作不稳定,如果运转时间较长,会

引起轴、密封损坏等严重事故,因此不允许转子在临界转速附近运行。对柔性轴来说,必须迅速通过一阶临界转速。只要在临界转速下停留时间不长,转子本身平衡得很好,由于轴材料本身产生的内摩擦力、转子与周围介质的摩擦力以及轴承中的摩擦力等存在,在通过临界转速时就不会发生危险。

② 叶轮。

叶轮是离心压缩机中唯一对气体做功的部件。气体进入叶轮后,在叶片的推动下跟着叶轮旋转,由于叶轮对气体做功,增加了气体的能量,因此气体流出叶轮时的压力和速度均有所增加。

叶轮按结构形式分为开式、半开式和闭式三种。

开式叶轮结构最简单,仅有轮毂和径向叶片组成。在叶轮上,叶片槽道两个侧面都敞开,气体通道由叶片槽道和与叶轮前后有一定间隙的机壳形成。这种通道对气体流动不利,使气体流动损失很大,此外,在叶轮和机壳之间引起的摩擦使得鼓风损失较大,故这种叶轮的效率较低,在离心压缩机中很少采用。

半开式叶轮叶片槽道一侧被轮盘封闭,另一侧敞开,改善了气体通道,减少了流动损失,提高了效率。但是,由于叶轮侧面间隙很大,有一部分气体从叶轮出口倒流回进口,内泄漏损失较大。此外,叶片两边存在压力差,使得气体通过叶片顶部从一个槽道流向另一个槽道,因而这种叶轮的效率不高。

闭式叶轮(图 8-5)由轮盘、叶片和轮盖组成。闭式叶轮对气体流动有利,轮盖处装有气体密封,减少了内泄漏损失。叶片槽道间气体流动引起的损失较小,因此效率比开式叶轮、半开式叶轮都高。另外,闭式叶轮和机壳侧面间隙不像半开式叶轮那样要求严格,可以适当放大,使检修时拆装方便。闭式叶轮在制造上虽比开式叶轮、半开式叶轮复杂,但效率较高,故在离心压缩机中得到了广泛应用。

图 8-5 闭式叶轮

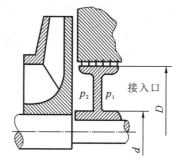

图 8-6 平衡盘结构图

③ 平衡盘。

在离心压缩机工作时,叶轮两侧的压力不相等,即叶轮背后气体的压力高于叶轮进口气体的压力,在叶轮上就产生指向低压端的轴向力。离心压缩机转子产生轴向力的原理与离心泵相同,其方向也是由叶轮背面指向入口。平衡盘也称为平衡活塞,平衡盘结构图如图 8-6 所示,平衡盘是离心压缩机常用的平衡轴向力装置,平衡盘设置有的在压缩机的高压端,有的在压缩机的两段之间。平衡盘的高压侧(p_2)与压缩机末级叶轮相通,低压侧(p_1)与压缩机入口相连接或较低压力的叶轮出口相通,其外缘与汽缸间设有迷宫密封,从而使平衡盘的两侧保持一定的压差,该压差会产生一个轴向力,其方向与叶轮产生的轴向力相反,从而平衡掉一部分轴向力。平衡盘结构简单,不影响气体管线的布置,应用极为普遍。

离心压缩机轴向力的平衡可采用多级叶轮对排和叶轮的背面加筋的方法。

在叶轮对排时,入口方向相反的叶轮会产生相反的轴向力,可相互得到平衡,这是多级离心压缩机常用的轴向力平衡方法。

对于高压离心压缩机,可以考虑在叶轮的背面加筋,该筋相当于一个半开式叶轮,在叶轮旋转时,它可以大大减小轮盘带筋部分的压力。因此,合理选择筋的长度,可将叶轮的部分轴向力平衡掉。这种方法在介质密度较大时效果更为明显。

④ 推力盘。

转子上的总轴向力大部分由平衡盘、叶轮对排或叶轮背面加筋的方式来平衡,其余小部分由推力盘(图 8-7)来平衡。推力盘与轴采用过盈配合并用键固定,推力盘的作用是将转子剩余的轴向力传递给止推轴承,其工作面为端面。一般采用平衡方法平衡掉转子 70% 的轴向力,剩余 30% 的轴向力作用在推力轴承上,这样有利于转子的轴向定位。

(2) 固定元件。

固定元件主要由机壳、隔板、扩压器、弯道、回流器等组成(图 8-8)。

图 8-7　推力盘　　　　　图 8-8　固定元件

① 机壳。

机壳由壳身和吸、排气室构成,内装有隔板、密封结构、轴承等零部件。

吸气室是把气体从进气管道或中间冷却器顺利地引导到叶轮入口。吸气室的形状应满足如下要求:尽量减少气体流动损失;出口处气流应尽可能地均匀;在一般情况下出口的气体不会产生切向旋转而影响叶轮的工作。

排气室是把从扩压器或者叶轮(无扩压器时)出来的气体汇集起来,引到机外输气管道或冷却器中去,并把较高的气流速度降低至排气室出口的气流速度,使气体压力进一步提高。

对机壳有如下要求:有足够的强度以承受气体的压力;法兰结合面应严密,保持气体不向机外泄漏;有足够的刚度,以免变形。

② 隔板。

隔板是静止部件,将机壳分成若干个空间以容纳不同级的叶轮,且构成气体的通道。

根据隔板在压缩机中所处的位置,隔板可分为进气隔板、中间隔板、段间隔板和排气隔板四种类型。进气隔板和汽缸形成吸气室,将气体导流到叶轮入口。中间隔板作用有两个:一是形成扩压器(无叶或叶片式扩压器),使气流自叶轮流出来后具有的动能减少,转变为压力的提高;二是形成弯道流向中心,形成回流器流到下级叶轮的入口。段间隔板的作用是分割压缩机中两段的排气口。排气隔板除了与末级叶轮前隔板形成末级扩压器外,还要形成排气室。

隔板上装有轮盖密封和叶轮定距套密封,所有密封环一般都做成上下两半(大型压缩机可做成四份),以便拆装。为了使转子的安装和拆卸方便,无论是水平剖分型还是垂直剖分型,隔板都做成上下两半,差别仅在于隔板在汽缸上的固定方式不同。对水平剖分型来说,每个上下隔板外缘都车有沟槽,和相应的上下汽缸装配,为了在汽缸起吊时隔板不至掉下来,常用沉头螺钉将上隔板和汽缸在中分面固定。需要注意的是,上隔板不能固定死,应使之能绕中心稍有摆动。下隔板自由装配到下机壳上,考虑热膨胀,隔板水平中分面比机壳水平中分面稍低一些。对于垂直剖分型来说,上下隔板固定好后,用贯穿螺栓固定成整个隔板束,轴向推进筒形汽缸内。

由于隔板内气体流动的要求,隔板的形状比较复杂。此外,隔板受到两边气体压差的作用,这个压差对中低压离心压缩机来说,压差值不大,而对高压离心压缩机来说,末级隔板承受压差的作用力是相当大的,这就要求隔板不仅要满足复杂的形状,还要高的强度性能。为此,隔板大多选用机械性能好的加制铸铁或球墨铸铁材料,有时在铸铁中加镍(含量 $1\% \sim 1.5\%$)以增强低温时抗冲击性能。对于段间隔板,由于两边的压差是整个段的压差,隔板所受的力是非常大的,因而必须选用锻钢。

③ 扩压器、弯道和回流器。

扩压器是叶轮两侧隔板形成的环形通道,一般分为无叶扩压器(图 8-9)和叶片扩压器(图 8-10)。离心压缩机叶轮出口的气流绝对速度较高,对高能量头的叶轮可高达 500 m/s 以上(一般叶轮为 $200 \sim 300 \text{ m/s}$),这样高的速度具有很大的动能,对后弯叶轮,它占叶轮功耗的 $25\% \sim 40\%$;对径向直叶片叶轮,它几乎占叶轮功耗的一半。为了充分利用这部分动能,使气体压力进一步提高,在紧接叶轮出口处设置了扩压器。扩压器的作用就是将这部分动能有效地转变为压力能,以提高气体的压力。

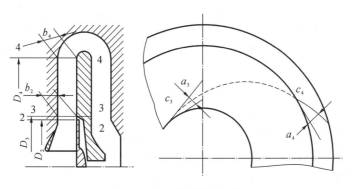

图 8-9　无叶扩压器示意图

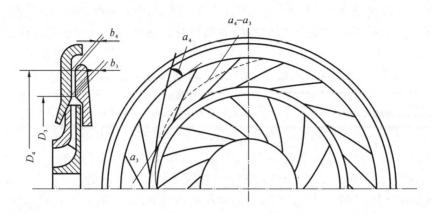

图 8-10　叶片扩压器示意图

无叶扩压器是由隔板两个平壁构成的环形通道,通道截面为一系列同心圆柱面。进口截面轴向宽度常比叶轮出口宽度略宽 1～2 mm,以避免气流碰撞隔板壁。随着高压离心压缩机的发展,为了减小进口流动损失,从叶轮出口至扩压器进口做成略有收敛的通道。扩压器通道一般都做成等宽形,因为两侧壁做成扩张形,使流道扩张程度增加,气体分离损失加大,而减小扩压器内的效率。两侧壁做成收敛形对减少流动损失,提高效率有利,然而达到同样的扩压效果,必须增加直径,且加工较复杂,在工程上采用的亦不多。无叶扩压器的直径范围一般为进口直径 $D_3 = (1.03 \sim 1.12)D_2$(叶轮直径),出口直径 $D_4 = (1.50 \sim 1.70)D_2$。

无叶扩压器具有结构简单,造价低廉,性能曲线平坦,稳定工况范围较宽的优点。但无叶扩压器直径较长,气体流动损失较大。

叶片扩压器在结构上和无叶扩压器的根本区别就是环形通道内沿圆周均匀设置叶片,引导气流按叶片规定的方向流动,叶片的形式可以是直线形、圆弧形、三角形和机翼形等,可以分别制作,与隔板用螺栓紧固或者与隔板一起铸成。在叶片扩压器中,从叶轮到扩压器入口的过渡段很重要,因为适当的过渡段可以改善自叶轮来的气流不均匀性,减小流动损失,还可以降低叶片扩压器进口气流脉动所产生的噪声。一般进口直径 $D_3/D_2 = 1.08 \sim 1.15$,$b_3/b_2 = 1.05 \sim 1.10$,出口直径 $D_3/D_4 = 1.3 \sim 1.55$。由于叶片扩压器气流方向角是随流动不断增加的,流动路线比无叶扩压器中流动路线短,摩擦损失小,故在设计工况下效率高。一般在设计工况下,叶片扩压器效率比无叶扩压器效率高 3%～5%。

叶片扩压器的缺点是适应能力差,因为当偏离设计工况时,易产生冲击分离损失,使效率明显下降。当正冲角增大到一定值后,会因旋转脱离而导致压缩机喘振。此外,带叶片扩压器的级,其性能曲线较陡,稳定工况范围较窄。

总之,两种扩压器各有优缺点,在压缩机中都被普遍采用。在化工用高压离心压缩机中,无叶扩压器采用得比较多。

为了把扩压器后的气体引导到下一级去进一步增压,在扩压器后设置了弯道和回流器。如图 8-11 所示,截面 4-4 至截面 5-5 为弯道,截面 5-5 至截面 6-6 为回流器。

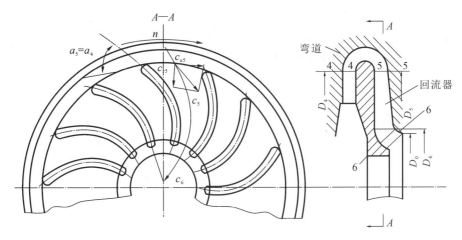

图 8-11 弯道和回流器示意图

弯道一般不装叶片,气体从扩压器增压后经弯道拐 180°弯进入回流器。气体进入回流器仍具有绕叶轮轴线的旋转运动,为了保证下一级叶轮入口轴向进气,回流器必须装叶片。叶片数一般有 12～18 片,为了避免在出口处叶片过密,需要减少出口处叶片数,这时隔板分内、外两部分,内部叶片数通常为外部叶片数的一半。回流器叶片可以采用等厚度的叶片,也可以是机翼形叶片。弯道和回流器有一定流动损失,占每级能量的 5% 左右。

3. 轴承

轴承是离心压缩机中的一个重要部件。轴承性能的好坏,对保证机器的稳定正常运行具有重要作用。

在离心压缩机中,使用的轴承有径向轴承(支撑轴承)和止推轴承两类。径向轴承的作用是承受转子的重力和由于振动等原因引起的附加径向载荷,以保持转子转动中心和汽缸中心一致,并使其在一定转速下正常运行;止推轴承的作用是承受转子的轴向力,阻止转子的轴向窜动,以保持转子在汽缸中的轴向位置,它通常安装在转子的低压端。

(1)径向轴承。

径向轴承多采用可倾瓦轴承。可倾瓦轴承主要由轴承壳、两侧油封和可以自由摆动的瓦块构成,如图 8-12 所示。

在轴颈的正下方有一个瓦块,以便停机时支撑轴颈及冷态时用于找正。每块瓦的外径都小于轴承壳体的内径。瓦背圆弧与壳体孔是线接触,它相当于一个支点。当机组转速、负荷等运行条件变化时,瓦块能在壳体的支撑面上自由摆动,自动调节瓦块位置,形成最佳润滑油楔。

为了防止轴瓦随轴颈沿圆周方向一起转动,每个瓦块都用一个装在壳体上并与轴瓦松配的

图 8-12 可倾瓦轴承

销钉或螺钉来定位。为了防止轴瓦沿轴向和径向窜动,将瓦块装在壳体内的 T 形槽中。

瓦块浇注有巴氏合金,巴氏合金厚度为 0.8～2.5 mm。为了保证巴氏合金与瓦块紧密贴合,在瓦块上预制出沟槽。巴氏合金能在边界润滑条件下或在较脏的环境中工作,具有优秀的相容性和无划伤特性,同时能很好地容忍结构和运动误差。

轴承壳体上下水平剖分,安装在轴承座内,并用螺栓与定位销定位以保证对中,为了防止轴承壳体转动,装有一个径向定位销钉。一般情况下,轴承壳体外径紧配在轴承座内。也可以把轴承的外壳做成凸球面,装在轴承座的凹球面的支承上与其吻合,从而轴承壳体可以自动调位,以适应轴的弯曲和轴颈不对中时所产生的偏斜。

轴承的进油口数各不一样,有的轴承只有一个进油孔,有的轴承瓦块与瓦块间都有进油孔,但总是布置在不破坏油膜的地方。润滑油沿轴向排出去,在轴承两端的壳体上有一个凹槽相同的排油孔,润滑油集中到凹槽中,经过排油孔流回油箱,也有的从上方排油孔排出。

可倾瓦轴承与其他轴承相比,其特点是由多块瓦组成,每个一瓦块都可以摆动,当在有外界干扰的情况下载荷失去平衡,这时瓦块可以偏转,使每个瓦块作用到轴颈上的油膜力自动调整到与外载荷平衡的最佳位置,不易产生油膜振荡,运转平稳可靠。

（2）止推轴承。

离心压缩机的止推轴承通常采用米契尔止推轴承(图 8-13)和金斯伯雷止推轴承(图 8-14)。这些轴承的共同点是活动多块式,在止推瓦块下有一个支点,这个支点一般偏离止推瓦块的中心,止推瓦块可以绕支点摆动,根据载荷和转速的变化形成有利的油膜。

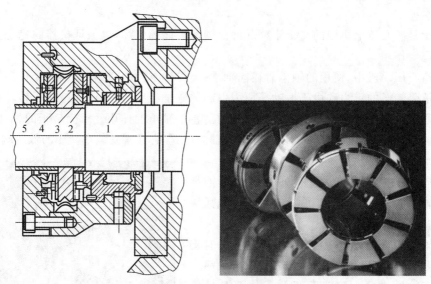

图 8-13　米契尔止推轴承
1—支持轴承瓦块;2—定距套;3,5—推力瓦块;4—推力盘

米契尔止推轴承的止推瓦块直接与基环接触,是单层的。

米契尔止推轴承的止推瓦块与基环之间有一个定位销,当止推瓦块承受推力时,可以自动调整止推瓦块位置,形成有利油膜。在推力盘两侧分主推力瓦块和副推力瓦块。正常情况下,转子的轴向力通过推力盘经过油膜传给主推力瓦块,然后通过基环传给轴

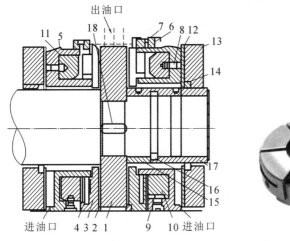

图 8-14　金斯伯雷止推轴承

1—止推盘;2—推力瓦块;3—巴氏合金;4—瓦块支架;5—基环;6—基环槽;7—基环螺钉;8—水准块定位销;
9—水准块定位螺钉;10—上水准块;11—下水准块;12—垫片;13—推力轴承圈;14—护圈;15—内放松螺母;
16—扣环(两半);17—外防松螺母;18—止推盘键

承座。在启动或甩负荷时可能出现反向轴向推力,此推力将由副推力瓦块来承受。瓦块上浇注巴氏合金,其厚度应小于压缩机动、静部分间的最小轴向间隙,这样做是因为一旦巴氏合金熔化后,推力盘尚有钢圈支撑着,短时间内不致引起压缩机内动、静部分碰伤,一般巴氏合金厚度为 1～1.5 mm。推力盘在轴向的位置由止推轴承来保证。所以,根据压缩机通流部分的尺寸确定好定距套的长度,在维修时不要改变。如果需要更换止推盘,应该注意新止推盘的厚度有无变化,有变化时应重新确定定距套的长度,以便准确保证转子在汽缸里的轴向位置。

　　米契尔止推轴承的优点是结构简单,轴向尺寸小;缺点是当瓦块厚度稍有差别或轴承基环与止推盘平行度有误差时,瓦块之间不能联动调节每个瓦块的负荷,会造成部分瓦块过载。

　　金斯伯雷止推轴承的止推瓦块垫有上水准块、下水准块和基环(图 8-15),它们之间用球面支点接触,保证止推瓦块、水准块可以自由摆动,使载荷分布均匀。

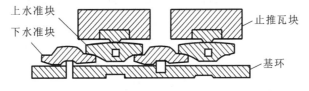

图 8-15　金斯伯雷止推轴承瓦块示意图

　　止推瓦块由碳钢制成,上面浇注巴氏合金,止推瓦块体中镶有一个钢制的支撑块,这个支撑块与上水准块接触。上水准块用一个调节螺钉在圆周方向定位,上、下水准块用一个调节螺钉在圆周方向定位。下水准块装在基环的凹槽中,其刃口与基环接触。为防止基环转动,在基环上设有防转销键。

润滑油从轴承座与外壳之间进来,经过基环背面铣出的油槽,并通过基环与轴颈之间的空隙进入止推盘与止推瓦块之间。止推盘转动起来,由于离心力的作用,油被甩出,由轴承座的上方排油口排出。

金斯伯雷止推轴承的特点是载荷分布均匀,瓦块(有三层)之间有联动调节,瓦块之间可以平衡轴向推力调节灵活,能补偿转子的不对中、偏斜,但是轴向尺寸长,结构复杂。

▎知识与技能2　干气密封

干气密封又名干式气体润滑机械密封,是在流体动压轴承技术的基础上发展起来的一种新型的非接触旋转轴密封。它是气体动压轴承和机械端面密封相结合的产物,是在普通机械密封技术上的改进,如图 8-16 所示。

图 8-16　干气密封

生产工艺要求离心压缩机在高转速、大气量、大压力,尤其是在压缩易燃、有害、有毒气体的条件下工作,为了防止这些气体沿着离心压缩机的轴端泄漏至大气中,在机壳的两端装有前、后轴端密封。对于安全性气体(如空气、氮气或二氧化碳等),轴端密封多采用迷宫密封;对于危险性气体(如氢气、天然气、氨等),在 20 世纪 80 年代以前,轴端密封主要采用浮环密封、机械密封、机械与浮环密封的组合。经过多年的快速发展,干气密封已完全取代迷宫密封、浮环密封和油润滑机械密封,成为离心压缩机主要的轴端密封形式。

如图 8-17 所示,干气密封结构与普通的机械密封有着相似的结构。干气密封结构包含静环、动环组件,副密封 O 形圈,静密封,弹簧和弹簧座等零部件。干气密封的特别之处是在动环表面加工出一系列螺旋状沟槽,每个沟槽的宽度自外向内逐渐缩小,深度一般为 0.0025～0.01 mm。动环密封面的结构如图 8-18 所示。静环位于不锈钢弹簧座内,用副密封 O 形圈密封。动环被安装在旋转轴上随轴高速旋转,一般由硬度高、刚性好、变形小且耐磨的硬质合金制造。弹簧在密封无负荷状态下使静环与固定在转子上动环组件贴合。

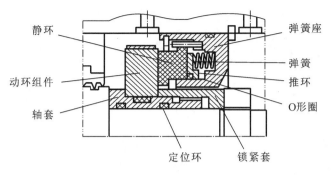

图 8-17　干气密封结构示意图　　　　图 8-18　动环密封面结构示意图

螺旋槽的干气密封的工作原理是靠流体静压力和流体动压力之间的平衡。密封气体注入密封装置,使动、静环受到流体静压力作用,不论配对环是否转动,这些力都是存在的,而流体的动压力只是在转动时才产生。配对动环上的螺旋槽是产生这些流体动压力的关键,当动环随轴转动时,螺旋槽里的气体被剪切从外缘流向中心,产生动压力,而密封堰对气体的流出有抑制作用,使得气体流动受阻,气体压力升高,这一升高的压力将挠性安装的静环与配对动环分开,当气体压力与弹簧力恢复平衡后,维持一最小间隙,形成气膜,并且气膜具有良好的弹性,即气膜刚度。由于动、静环间互不接触,密封端面几乎无磨损,因而使用寿命长。

如图 8-19 所示,动、静环工作时受力情况分析如下:①为动、静环间隙,根据不同密封形式,为 3～10 μm,②为动环内螺旋槽,高压气体由环的外侧进入螺旋槽内形成密封气动压力④,流动至密封堰⑤时受阻,气体压力升至最高值,然后迅速降低,并使静环离开动环一个微小间隙,该间隙的大小是弹簧力⑥、介质气体压力⑦以及动、静环间隙中密封气压力平衡的结果,并维持动、静环在一个合适的间隙值。

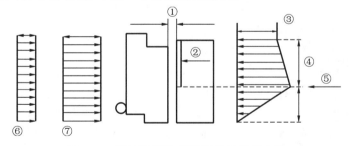

图 8-19　干气密封动、静环工作时的受力图

干气密封端面间气膜的刚度对维持密封的稳定十分重要,当某种原因引起端面彼此靠近,端面间隙的缩小将引起端面气膜压力迅速升高,迫使端面恢复到原来的分离间隙;反之,当某种原因引起端面的彼此远离,气膜压力将迅速下降,使得闭合力大于开启力,迫使端面在闭合力的作用下彼此靠拢,恢复到原来的分离间隙。气膜密封的间隙恢复机制保证了浮动环对静止环轴向位移、角位移或偏摆的良好追随性。

干气密封主要有单端面、双端面、串联式及带中间进气的串联式四种类型。

① 单端面干气密封(图 8-20)。

用于密封失效后允许少量介质外泄至大气的场合,压力:负压～高压。

优点:结构紧凑,泄漏量极少,性价比高。

缺点:无安全密封、存在隐患。

应用实例:氮压机、空压机、二氧化碳压缩机等。

② 双端面干气密封(图 8-21)。

双端面干气密封适用于压力不高(负压~2.0 MPa)的易燃、易爆、有毒介质,没有火炬条件,不允许工艺气向大气中泄漏,但允许少量阻封气进入工艺介质中的情况。

图 8-20 单端面干气密封   图 8-21 双端面干气密封

双端面干气密封相当于面对面(或背靠背)布置的两套单端面干气密封,两个密封分别使用两个动环。它在两组密封之间通入氮气作为阻塞气体,形成一个可靠的阻塞密封系统,控制氮气的压力使其始终维持在比工艺气体压力高 0.2~0.3 MPa 的水平,这样密封气泄漏的方向总是朝着工艺气和大气,从而保证了工艺气不会向大气泄漏。

优点:实现工艺介质零泄漏。

缺点:会有微量的氮气泄漏至压缩机内部。

应用实例:富气压缩机、解析气压缩机、火炬气压缩机等。

图 8-22 串联式干气密封

③ 串联式及带中间进气的串联式干气密封(图 8-22)。

串联式干气密封可看作是两套或多套干气密封按相同方式首尾相连而构成,密封气为工艺气本身。通常采用两级结构,第一级密封(主密封)承担全部或大部分负荷,而另外一级作为备用密封不承受或承受小部分压力降,通过主密封泄漏的工艺气被引入火炬燃烧。剩余极少量的未被燃烧的工艺气通过二级密封漏出,引入安全地带排放。当主密封失效时,第二级密封可以起到辅助安全密封的作用,可保证工艺气不向大气泄漏。如果遇到不允许工艺气泄漏大气中,又不允许阻封气泄漏到工艺气中的工况,此时串联式结构的两级密封间可加迷宫密封。

带中间进气的串联式干气密封,第一级密封气为工艺气,保证了工艺气不受外来气体的污染,第二级密封气为氮气。一级密封泄漏出的全部工艺气和通过中间梳齿泄漏的大部分氮气由火炬线排出。二级密封泄漏出的气体为氮气,从放空管线排出。主密封承受全部工作压力负荷,二级密封作为保护密封在低压下运行。主密封失效后,次密封可起到主密封的作用,保证机组安全。

带中间进气的串联式干气密封基本适用于所有易燃、易爆、危险大的气体介质,可以做到完全无泄漏。压力:负压～高压。

优点:安全性、可靠性最高。工艺气不会泄漏至大气环境中,外部氮气也不会进入工艺流程内。

缺点:结构复杂,成本较高。

应用实例:天然气压缩机、循环氢气压缩机、乙烯压缩机、丙烯压缩机等。

知识与技能 3　润滑油系统

1.润滑油系统的组成

润滑油系统是机组各轴承形成液体润滑状态的保证体系,是轴瓦减轻摩擦、降低磨损,带走机组运行时产生的摩擦热和传导热,实现机组长周期安全运行的主要条件。压缩机的润滑油系统由油箱、油泵、冷却器、过滤器、蓄能器、高位油箱等部分组成(图 8-23)。主油泵将油从油箱中抽出后分为三路:一路去汽轮机调节系统;一路经过压力调节阀返回油箱;一路经冷却器、过滤器,经过压力调节阀去润滑油总管润滑各轴承。各轴承回油汇集于回油管返回油箱。

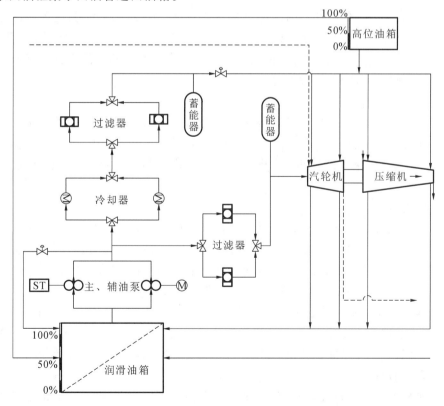

图 8-23　润滑油系统

（1）油箱。

油箱是润滑油供给、回收、沉降和储存的设备。其内部设有加热器，用以开车前润滑油加热升温，保证机组启动时润滑油温度能升至 35～45 ℃，以满足机组启动运行的需要。回油口与泵的吸入口设在油箱的两侧，中间设有过滤挡板，使流回油箱的润滑油有杂质沉降和气体释放的时间，从而保证润滑油的品质。油箱侧壁设有液位指示器，以监视油箱内润滑油的变化情况，防止机组运行中润滑油油位出现突变，影响机组的安全运行。

油箱容量一般为机组运转 3～8 min 的供油量，油箱上设有液位计和低液位报警开关，当液位过低时，会发出警报。

（2）油泵。

油泵一般配置两台，一台主油泵、一台辅助油泵。机组运行所需润滑油由主油泵供给，在主油泵发生故障或油系统出现故障使系统油压降低时，辅助油泵自动启动投入运行，为机组各润滑点提供适量的润滑油。所配油泵流量一般为 200～350 L/min，出口压力应不小于 0.5 MPa，润滑油经减压，以 0.08～0.15 MPa 的压力进入轴承。

从安全角度考虑，主油泵、辅助油泵一般分别由汽轮机和电机驱动。

（3）冷却器。

冷却器用于油泵后润滑油的冷却，以控制进入轴承内的油温。为始终保持供油温度为 35～45 ℃，润滑油冷却器均配置两台，一台使用，另一台备用（特殊情况下两台可以同时使用）。当投入使用的冷却器的冷却效果不能满足生产要求时，切换至备用冷却器维持生产运行，并将停用冷却器解体检查，清除污垢后组装备用。采用管板式换热器时，油走壳程，水走管程。油压大于水压，保证水漏不到油中。在冷却器的壳程设有排气管线回油箱，在该排气管线中设有截止阀、视镜及孔板。

（4）过滤器。

过滤器装于泵的出口，用于对进压缩机润滑油的过滤，是保证润滑油质量的有效设备。为了确保机组的安全运行，过滤器均配置两台，运行一台，备用一台。过滤器过滤精度一般为 10 μ，在滤油器的顶部设有排气管线回油箱，在该排气管线中设有截止阀、视镜及孔板。

（5）蓄能器。

当主油泵出现故障时，在辅助油泵切换自启过程中，油压迅速降低到停机压力而导致机组停机。主油泵跳闸时，由于润滑油总管与润滑油箱之间存在高度差，总管内润滑油会迅速倒流至油箱内，造成总管润滑油压迅速下降，而辅助油泵从零转速到达额定转速需要一定的时间。加之润滑油管路过长，垂直压降过大，所以即使辅助油泵正常启动，补压时间也会长于润滑油总管压力下降到跳闸的时间。蓄能器主要作用是在主、辅油泵切换时，防止管路压力迅速下降，保持供油压力的恒定，或由于某些原因所造成油压突然下降，在几秒钟内利用蓄能器蓄压油进行补压，避免在瞬间内造成压缩机停机事故。

（6）高位油箱。

高位油箱是一种保护性设备，在主、辅油泵供油中断时，高位油箱中润滑油靠重力作用流入各润滑点，以维持机组惰走过程的润滑需要，高位油箱储油量一般应维持不少于

5 min的供油时间。

机组正常运行时,油从高位油箱底部进入,由顶部溢流口排出直接返回油箱。一旦发生故障,高位油箱的油将沿着管路流经各轴承后返回油箱,确保机组惰走过程中对油的需要,保证机组安全停车。

为了确保高位油箱作用的实现,润滑油系统有以下技术措施。

高位油箱布置在距机组轴心线不小于5 m的高度之上,在机组轴心线一端的正上方,以使管线长度最短,弯头数量最少,保证油流回轴承时阻力最小。

高位油箱顶部要设呼吸孔,当润滑油由高位油箱流入轴承时,油箱的容积空间由呼吸孔吸入空气予以补充,以免油箱形成负压,影响润滑油靠重力流出高位油箱。

在油泵出口到润滑油进机组前总管线上设置止回阀,一旦发生主油泵故障,辅油泵未及时启动供油,止回阀立即关死,使高位油箱的润滑油必须经轴承回油管线,再返回油箱,防止高位油箱的润滑油短路,从而避免机组惰走过程中烧坏轴瓦。

如果润滑油系统是一密闭循环系统(如氨压缩机润滑系统),高位油箱顶部设有呼吸孔,故障停机时,高位油箱的润滑油仍需由进油管流至轴承。在润滑油逐渐流出时,高位油箱的空间逐步增加,逐步增加的空间由与润滑油箱连通的回油管及时补气予以补充,从而保证高位油箱保护功能的实现。

2.对润滑油系统的要求

为了满足机组运行对润滑油系统的要求,应做好如下工作。

(1)制定合理的施工程序,确保管线内表面有较好的清洁度。油路管线按施工图纸要求,分段将连接法兰焊好,清除焊渣、药皮及飞溅物,然后进行酸洗、中和及钝化工艺处理,钝化好的管线,两端密封保存待用。

(2)润滑油系统所有设备、阀门按施工要求进行安装前的解体检查。清除设备阀门内的杂质和浮锈等物,使设备和阀门在安装时有较高的清洁度,从而保证设备阀门安装投用后有较好的运行效果。

(3)设备安装就位后,实施管线的组对时,要选择合适的垫片。在法兰连接上紧螺栓时,要使螺栓上紧,保持连接部位密封的可靠性,同时要避免紧力太大,以保持垫片的原始状态和密封性能。

(4)润滑油系统设备、阀门和管线安装组对工作结束后,要进行油冲洗。冲洗用油与工作用油相同。在油冲洗过程中,油温要有适度变化,使附着于管内的铁锈及其他杂质,在热胀冷缩的变化中,被冲洗带走。油冲洗运行不仅可以提高润滑油系统的清洁度,同时对系统的严密性以及机件的可靠性都是一个考验。经油冲洗运行考验,如过滤器压差无变化,各机件无故障,各密封部位无泄漏,则认为润滑油系统已符合规范要求。

▎知识与技能4　离心压缩机操作与维护

1.离心压缩机的技术参数

离心压缩机性能的主要参数有流量、压缩比、转速、有效功率、轴功率和效率等。

（1）流量。通常以体积流量和质量流量两种方法来表示。体积流量是指单位时间内流经压缩机流道任一截面的气体体积，其单位为 m³/s。因气体的体积随温度和压力的变化而变化，当流量以体积流量表示时，须注明温度和压力。质量流量是指单位时间内流经压缩机流道任一截面的气体质量，其单位为 kg/s。

（2）压缩比。指压缩机的排出压力和吸入压力之比，有时也称压比。计算压比时排出压力和吸入压力都要有绝对压力。

（3）转速。指压缩机转子旋转的速度，其单位是 r/min。

（4）有效功率。在气体的压缩过程中，叶轮对气体所做的功，绝大部分转变为气体的能量，另有一部分能量损失，该损失包括流动损失、轮阻损失和漏气损失三部分，将被压缩气体的能量与叶轮对气体所做的功的比值称为有效功率。

（5）轴功率。离心压缩机的转子除了为气体升压提供有效功率，以及在气体升压过程中产生的流动损失、轮阻损失和漏气损失外，其本身也产生机械损失，即轴承的摩擦损失。以上功率消耗都是在转子对气体做功的过程中产生的，它们的总和即为离心压缩机的轴功率。轴功率是选择驱动机功率的依据。

（6）效率。指压缩机输出气体的有效功率与轴功率的比值，主要用来说明传递给气体的机械能的利用程度。

2.离心压缩机的性能曲线

在一定转速下，不同流量 Q 时的排气压力（或压力比）ε、功率 P 和效率 η 用曲线来表示，这些曲线称为压缩机的性能曲线或特性曲线，如图 8-24、图 8-25 所示。

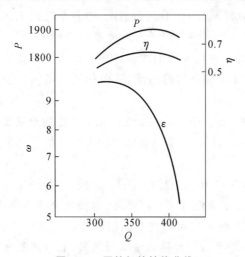

图 8-24　压缩机的性能曲线

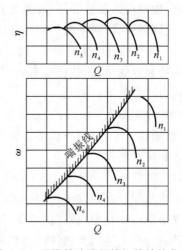

图 8-25　不同转速下压缩机的性能曲线

性能曲线一般由制造厂根据实验数据绘制，或根据模型机试验数据经过计算得出，并作为技术资料提供给客户。有时为了校核压缩机是否达到设计指标，需要在现场用真实气体做介质，重新标定性能曲线，以便与设计值进行比较，性能曲线应以现场实测为准。

性能曲线有以下特点。

（1）每个转速下都有一条对应的性能曲线，随着气体介质流量的增加，压比曲线由缓慢下降变为陡降,功率和效率曲线由上升、持平到缓慢下降,效率曲线的持平段为压缩机的最佳工况区,压缩机应在此区段的工况点运行,才能达到最佳状态。

（2）流量一定时,转速越高,排气压力越高,性能曲线越向右上方移动。

（3）随着转速的增加,性能曲线变得越来越陡。

（4）在一定转速下,当流量减少到一定值时,压缩机便开始喘振,不能正常工作,该流量称为喘振流量,该点称为喘振点。各转速下喘振点连接起来,便构成喘振线。压缩机流量不能等于或小于喘振流量规定值,否则便会发生喘振。喘振流量可通过试验或计算方法来确定,并标在性能曲线上。

（5）防护曲线（防喘振边界线）:为了防止压缩机喘振,保证运行的安全,一般设置最小流量限,它比喘振流量大,留有 5％的流量裕度,叫作防喘裕度。将最小流量限用曲线连接起来,此曲线称为防喘振边界线。

（6）压缩机的稳定工作区:是指从最小流量限制到最大流量限制以及其他限制之间的稳定工作区。为了机器运转安全,最小流量限制比喘振流量稍大。就压力来看有最大压力限制,就转速来看有最高转速限制,一般压缩机最大连续运转转速为额定转速的105％～110％。临界转速必须快速通过,压缩机的稳定工作区如图 8-26 所示。

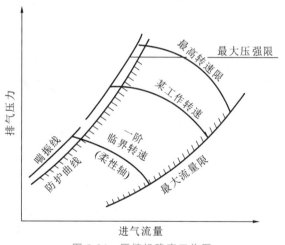

图 8-26　压缩机稳定工作区

衡量一台压缩机的好坏,不能只看设计工况下性能如何,更重要的是看整个稳定工作区的性能,包括稳定工作区的大小。

3.压缩机和管网的联合运行

（1）联合运行点。

压缩机在使用时,总是和其他设备用管道联系起来,和驱动机用传动机构连接起来,构成一个统一的系统。通常把为了输送气体连接压缩机的进气管道、排气管道、容器等全套设备,包括进气管线-排气管线称为管网。压缩机稳定运行,不仅取决于压缩机本身的性能,还取决于管网的特性和驱动机机械传动系统的性能。

管网的阻力特性是由管道和所连接的设备的阻力特性确定的。例如,由压力容器和连接管道组成的管网,阻力特性可用公式 $P_R = P_r + AQ^2$ 表示。式中,P_R 为阻力,P_r 为容器中气体的压力，Q 为管网的体积流量，A 为管道阻力系数。如果管道很短，容器压力高，则管网阻力主要由容器内气体的压力来定，即 $P_R = P_r$，反之，如果容器内气体的压力低，但管道长，则 $P_R = AQ^2$。

将管网的性能曲线和压缩机的性能曲线按同一比例画在一张图上，如图 8-27 所示。两条特性曲线的交点恰好满足上述要求，这就是管网和压缩机的联合运行点。

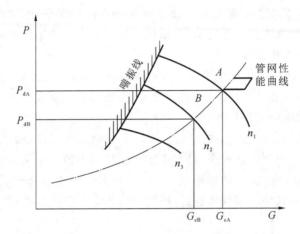

图 8-27　压缩机和管网的联合运行点

由于联合运行点是压缩机的性能曲线和管网的性能曲线共同决定的，所以正确设计、确定管网的性能对压缩机的运行是非常重要的。一台压缩机尽管设计得很好，效率高，但管网特性不好，和压缩机配合的结果使得联合运行点偏离高效率条件，压缩机在运行中的效率也会很低。此外，如果联合运行点离喘振区很近，还容易出现喘振。总之，管网的性能是很重要的，它是确定压缩机运行工况的一个重要方面。

（2）非稳定工况。

当压缩机的流量减少或增加到一定流量时会出现非稳定工况，相应的有最小流量限和最大流量限。大量的理论研究和实验表明，压缩机的气流不稳定工况与通流部分各元件气流的严重脱离密切相关。压缩机的非稳定工况有三种比较典型：阻塞、旋转失速和喘振。压缩机运行时出现非稳定工况，性能将大大降低。

① 阻塞。

压缩机在某转速下运行，转速不变，流量增加，当流量增加到某个值时，压缩机性能急剧降低，不能继续增加流量或提高排气压力，此现象称为阻塞。出现这一现象可能有两种情况：第一，在压缩机内流道中某个截面出现音速，进一步加大流量成为不可能，此种情形多发生在高转速下；第二，流量增加，损失增加太多，叶轮对气体做的功只能用来克服流道损失，而不能提高气体的压力。

② 旋转失速。

当在设计流量下操作时，气体进入叶轮无冲击损失，当流量减小到某一较小值时，气流进入叶轮时的速度就不再和叶片进口角一致，从而产生严重的冲击损失，在叶道中引起气流分离，气流将不能充满整个叶片间流道，在叶片的凸面一侧就没有气流通过。

由于叶片形状和安装位置不可能完全相同及气流流过叶片时的不均匀性,气流的分离可能先在叶轮的某个叶道(或某几个叶道)中出现,进而引起对气流的阻滞作用,使得发生气流分离的叶道不能通过和其他叶道相当的流量。沿着叶轮旋转方向,会把多余的气流挤向相邻的前后叶道,使后叶道的冲击损失加大,前叶道冲击损失减小,结果后叶道叶片凸面产生气流分离,前叶道气体流动得以改善,或者在凹面出现脱离。在下一时刻,后叶道出现的气流分离,会对该叶道的气流产生阻滞作用,导致重复上述过程。如此类推,气流分离现象相对叶片以一定的角速度转动,故称为旋转失速。

一般来说,气流分离旋转的角速度比叶片的旋转角速度小。在绝对坐标中,失速区仍跟着叶片旋转,失速区旋转角速度在气流分离旋转速度和叶片旋转速度之间。不难理解,在叶片扩压器的叶片间也可能发生气流分离。

③ 喘振。

当压缩机流量进一步减小,到足够小时,会在整个叶轮或扩压器流道中产生严重的脱离现象,压缩机出口压力突然下降,使管网的压力比压缩机出口压力高,迫使气流倒回压缩机,一直到管网压力下降到低于压缩机出口压力时,压缩机又开始向管网供气,压缩机恢复正常工作。当管网压力又恢复到原来压力时,流量仍小于喘振流量,压缩机又产生严重的旋转失速,出口压力下降,管网中的气流又会倒流回压缩机。如此周而复始,使压缩机的流量和出口压力周期性的大幅波动,引起压缩机强烈的气流波动,这种现象称为压缩机的喘振。管网容量越大,则喘振的振幅越大,频率越低;管网的容量越小,则喘振的振幅越小,频率越高。

压缩机出现喘振时,机组和管网的运行状态具有以下特征:压缩机工况极不稳定,压缩气体的出口压力和入口流量周期性地大幅度波动,频率较低,同时平均排气压力值下降;喘振有强烈的周期性气流噪声,出现气流吼叫声;机器强烈振动,机体、轴承、管道的振幅急剧增加。由于振动剧烈,轴承液体润滑条件会遭到破坏,损坏轴瓦。转子与固定元件会产生摩擦、碰撞,密封元件将严重损坏。

为防止压缩机喘振的发生,可以从以下几个方面入手:防止进气压力低、进气温度高和气体分子量减小等;防止管网堵塞使管网特性改变;在开、停车过程中,升、降速度不可太快,并且先升速后升压和先降压后降速;开、关防喘振阀时要平稳缓慢,关防喘振阀时要先低压后高压,开防喘振阀时要先高压后低压。如果出现喘振,应先打开防喘振阀,增加压缩机流量,然后根据情况进行处理。若是因进气压力低、进气温度高和气体分子量减小等原因造成的,要采取相应措施使进气气体参数符合设计要求;如是管网堵塞等原因,要疏通管网,使管网特性优化。

4.离心压缩机的流量调节

由于压缩机运行工况是压缩机本身和管网性能共同决定的,因此改变运行工况可以通过改变二者性能曲线来实现。

(1)压缩机出口节流调节。

在压缩机排气管上安装节流阀,改变阀门的开度即可改变管网的阻力特性,进而改变压缩机的联合运行工况。这种调节方法比较简单,但会带来附加的节流损失。如果压缩机特性曲线比较陡,调节量大,这种附加损失就大,所以这种方法是不经济的,也易引起压缩机喘振,在压缩机上用得较少。

(2)压缩机进口节流调节。

在压缩机进气管上安装节流阀,改变阀门的开度就改变了压缩机的进气状态,压缩机的性能曲线也就跟着改变。这种调节方法简便易行,较出口节流调节经济性能好,且进口节流调节阀开大可使压缩机的性能曲线向小流量方向移动,喘振流量也随之向小流量方向移动,扩大了稳定工作范围。

(3)变速调节。

压缩机转速不同,则性能曲线不同,可以通过变速调节来适应管网的需要。变速调节是压缩机最经济的调节方法,与前两种调节相比没有节流损失,但要求驱动机转速可变,目前在工业汽轮机驱动的压缩机中应用非常多。

(4)旁路调节和放空调节。

工艺要求气量比压缩机排量小时,可采用将多余部分气体经冷却器返回压缩机进口的调节方法,称为旁路调节。对空气压缩机而言,可将多余部分空气直接放入大气中,这种方法称为放空调节。旁路、放空两种调节方法都不经济。

5.离心压缩机的检修

1)转子的检修

(1)转子起吊的注意事项。

① 起吊转子必须使用专门的吊具和索具。吊具和索具至少须经200%的吊装荷载试验合格。

② 起吊转子时的绑扎位置不得位于轴颈,应选在起吊和就位时能保持转子水平,且不损伤转子的精加工表面和配合表面。

③ 起吊或就位转子时不许在止推轴承中装入任何止推瓦块。

④ 起吊转子时应使转子在汽缸中位于窜量的中间位置,起吊或就位转子应缓慢平稳,避免撞伤转子。

⑤ 转子支架必须牢固可靠,当在轴颈位置支持时,以硬木上加胶皮或羊毛毡为宜,且不得盘动转子,否则应在其他部位支承。支承转子不得位于检修平台的垂直下方。

⑥ 运输转子应使用专门运输支架或转子包装箱进行运输。

(2)转子的外观检查。

① 检查转子轴承轴颈、密封轴颈和轴端联轴器工作表面等部位有无磨损、沟痕、拉毛、压痕等类损伤,这些部位的表面粗糙度应达到 $R_a 0.4\ \mu m$。若表面轻微拉毛,可采用金相砂纸打磨予以消除,其他损伤应根据实际情况制定方案,选择适当方法予以处理。轴上其他位置的表面粗糙度也应达到设计制造图的相应要求。

② 检查转子上内密封工作表面处磨损沟痕的深度,应小于0.1 mm。叶轮轮盘、轮盖的内外表面、轴承套表面、平衡表面等原则上应无磨损、腐蚀、冲刷沟槽等缺陷,若为旧转子,所存在的轻微缺陷不应影响转子的性能和安全运行。叶片进出口边应无冲刷、磨蚀和变形。

③ 检查清除叶轮内外表面上的垢层,并注意观察是否为叶轮的腐蚀产物,对可能的腐蚀产物应进行分析,确定腐蚀的来源和性质。

④ 检查转子的联轴器工作表面和联轴器轮毂孔内表面,其接触应达85%以上。在转子拆卸前,应检查联轴器轮毂在轴上有无松动(轴向位移)和相对滑动(角位移),其方法是:测量轴端在联轴器轮毂孔内的凹入深度,检测联轴器轮毂与轴间的原装配对位标志,并与上次的装配数据比较,观察其有无变化,得出结论。

⑤ 检查转子的所有螺纹,丝扣应完好、无变形,与螺母的配合松紧适应。

⑥ 检查转子过渡圆角部位,圆角设计符合尺寸的要求,圆角及其过渡部位应无加工刀痕。

（3）转子的无损探伤检查。

① 整个转子用着色渗透探伤检查,重点检查键槽、螺纹表面、螺纹根部及其过渡处、形状突出部位、过渡圆角部位、焊接叶轮的焊缝以及动平衡打磨部位等。对怀疑的部位应采用磁粉探伤法做进一步检查。

② 对有可能遭受氢损害的合成气高压缸叶轮、轴的螺纹部位和轴径变化处,应定期用磁粉探伤法进行检查。

③ 对在运行中振动幅值和相位曾发生无规律变化的转子,应考虑对整个转子轴采用磁粉探伤法进行检查。

④ 主轴轴颈、轴端联轴器工作表面至少每两个大修周期用超声波探伤检查有无缺陷。

（4）转子的动平衡检查。

当发生下列情况之一时,应考虑对转子进行动平衡检查。

① 运行中振动幅值增大,特别是在频谱分析中发现工频分量较大时。

② 运行中振动幅值增大,而振动原因不明,或振幅随转速不断增大时。

③ 转子轴发生弯曲,叶轮端面跳动和主轴径向跳动增大,特别是当各部位跳动的方向和幅值发生较大变化时。

④ 叶轮沿圆周方向发生不均匀磨损和腐蚀,材料局部脱落时。

⑤ 通过临界转速时的振幅明显增大,且无其他可解释的原因时。

（5）其他检查。

转子在机壳内组装,应检查各级叶轮出口与扩压器进口中心线对位情况,对中偏差应符合设计图样要求;各轮盖密封应不悬出叶轮口环;两端密封组装的工作长度应能满足压缩量要求。

2）机壳与隔板的检修

（1）机壳检修技术要求。

① 清扫机壳内外表面,检查机壳应无裂纹、冲刷、腐蚀等缺陷。有疑点时,应进一步采用适当的无损探伤方法进行确认检查。

② 机壳扣合,打入定位销后紧固1/3中分面螺栓,检查中分面结合情况,用0.05 mm塞尺检查应塞不进,个别塞入部位的塞入深度不得超过机壳结合面宽度的1/3。

③ 机壳导向槽、导向键清洗检查,应无变形、损伤、卡涩等缺陷,间隙符合标准要求。

④ 认真清扫机壳猫爪与机架支撑面,该面应平整无变形,清洗检查机壳紧固螺栓和顶丝,丝扣应完好。猫爪与紧固螺栓之间预留的膨胀间隙应符合要求。

⑤ 机壳中分面平整,定位销和销孔不变形,中分面无冲蚀漏气及腐蚀痕迹。中分面有沟槽缺陷时,可先用补焊填平,然后根据损伤面积和部位确定修理方法。对小面积表面缺陷,可用手工锉、刮修整;对大面积或圆弧面,用车、镗才能保证修理质量。

⑥ 水平剖分机壳剖分面间的间隙值若小于 0.03 mm,或拧紧 1/4 机壳螺栓后间隙消除,可不做处理,只需按装配要求拧紧机壳螺栓。若机壳变形很大,影响密封和内件装配时,应做进一步空壳装配检查,视情况制定具体检修方案。

⑦ 为保证运行安全,对机壳应做定期探伤检查,通常采用着色法对内表面进行探伤。若裂纹深度小于机壳壁厚 5%,在壳体强度计算允许、不影响密封性能的情况下,用砂轮将裂纹打磨除去,可不再处理。除此之外的裂纹,都应制定方案进行补焊或更换。

⑧ 检查所有接管与壳体焊缝,应无裂纹、腐蚀现象,必要时进行无损探伤检查。机壳各导淋孔干净畅通,并用空气吹扫,以防堵塞。

⑨ 中分面连接螺栓探伤检查,若有裂纹或丝扣损伤等缺陷必须更换。

⑩ 检查壳体与轴承座的同轴度,机壳中心线与轴承中心线应在同一轴心线上,其同轴度偏差不大于 0.05 mm。如果偏差大于允许值,可根据结构情况及偏差方位调整轴承座,或修整轴承座孔,或重新配制新瓦壳。

(2) 隔板检修技术要求。

① 清洗、检查隔板,应无变形、裂纹等缺陷,所有流道应光滑平整,无气流冲刷沟痕。若有严重气流冲刷沟痕,应采取补焊或其他方法消除。每次大修对隔板均应进行无损探伤检查。

② 隔板上、下剖分面光滑平整、配合紧密、不错口,用 0.10 mm 的塞尺应塞不进。各沉头螺钉完好无损。

③ 隔板与机壳上隔板槽的轴向、径向配合应严密不松动。

④ 检查各级叶轮气封和平衡盘气封,应无污垢、锈蚀、毛刺、缺口、弯曲、变形等缺陷,气封齿磨损、间隙超标者应更换。各级气封套装配后无过松和过紧现象,固定气封套的各沉头螺钉完好无损。

⑤ 检查两端气封应无冲蚀、缺口、变形、腐蚀等缺陷,气封齿磨损、间隙超标者应更换。气封装配要求松紧适宜。

⑥ 气封两侧间隙用塞尺测量,两侧气封间隙之和即为水平方向气封间隙;吊出转子,在下机壳底部气封处放入铅丝,再将转子放入原来位置。在上机壳顶部密封范围内也放入铅丝,之后将上机壳扣上,并上紧部分螺栓。然后吊开上机壳及转子,测量同一密封处上、下铅丝厚度,上、下铅丝厚度之和即为垂直方向气封间隙。

⑦ 检查轴承座与下机壳的连接螺栓应无松动。

⑧ 当出现各级气封偏磨,经检查若发现是由于壳体变形或个别隔板、个别定位槽加工误差引起的某级隔板不同心,且偏心小于该处直径间隙的 1/3 时,允许修刮该密封进行补偿,否则应视具体情况制定方案处理;当全部密封出现有规律性的偏磨,经找正中心证明是由于轴承座松动变形引起时,则应对轴承座的位置进行调整。

3) 机组的对中找正

具体内容详见模块九"动设备机组对中找正"。

6. 离心压缩机的故障分析与处理

（1）离心压缩机开机注意事项。

开机前，若压缩机所输送的工艺气体不允许与空气混合时，在油系统正常运行后应用氮气置换空气，使压缩机系统内的气体含氧量小于规定值，再用工艺气置换氮气到符合要求，并把工艺气加压到规定的入口压力。加压要缓慢，使密封油压与气体压力相适应。

启动机组在规定转速下运行一定时间后，应对机组进行全面检查。内容包括：润滑油、密封油等系统是否异常；机器各段进、出口气体温度、压力是否异常；机器运转有没有异声。如一切正常，则可升速，压缩机开始负荷运行即逐步升压运行。

对于初次开车的机组，在设计工况下试运行 8 h 后，一般应停机检查对中情况，同时拆卸轴承进行检查。

向工艺系统送气应按工艺要求进行，在开启压缩机出口阀时应注意调整防喘振阀的开度以避免出口压力出现大的波动。

（2）离心压缩机停机注意事项。

停机后一般应开动盘车装置进行一段时间的盘车。

停机后润滑油系统应继续运行一段时间，直到各部分温度降下来。一般要求回油温度降到 40 ℃ 左右，停盘车后，再停油系统。

如果工艺气体易燃、易爆、有毒，在机组停机后需继续向密封系统供油，以确保气体不泄漏到机外。如果机组要长时间停机，在把进、出口阀都关闭后，应使机体内气体卸到常压，并用氮气置换，才能停油系统。

（3）离心压缩机的故障分析与处理。

离心压缩机常见的故障原因及处理方法如表 8-1 所示。

表 8-1 离心压缩机常见的故障原因及处理方法

序号	故障现象	故障原因	处理方法
1	压缩机的异常振动和噪声	不对中	检查对中情况
		压缩机转子不平衡	检查转子，看是否由污垢或损坏引起；如有必要应对转子重新进行平衡
		叶轮损坏	检查叶轮，必要时进行修复或更换
		轴承不正常	检查轴承，调整间隙，必要时进行修复或更换
		联轴器故障或不平衡	检查联轴器平衡情况；检查联轴器螺栓、螺母
		油温、油压不正常	检查各注油点油温、油压机油系统运行情况，发现异常及时调整
		油中有污垢、杂质，使轴承磨损	查明污垢、杂质来源，检查油质，加强过滤，定期换油，检查轴承，必要时进行修复或更换
		喘振	检查压缩机运行时是否远离喘振点，防喘裕度是否正确，防喘振系统工作是否正常
		气体管路的应力传递给机壳，由此引起不对中	气体管路应按设计固定良好，防止有过大的应力作用在压缩机汽缸；管路应有足够的弹性补偿，以应对热膨胀

序号	故障现象	故障原因	处理方法
2	轴承故障	润滑不正常	确保使用合格的润滑油;定期检查,不应有水和污垢进入油中
		不对中	检查对中情况,必要时应进行调整
		轴承间隙不符合要求	检查间隙,必要时应进行调整或更换轴承
		压缩机或联轴器不平衡	检查压缩机转子组件和联轴器,看是否有污物附着或转子组件缺损,必要时转子应重新找平衡
		油温、油压不正常	检查、调整油温、油压
3	止推轴承故障	轴向推力过大	检查气体进出口压差,必要时检查级间密封环间隙是否超标,检查段间平衡盘密封环间隙是否超标
		止推轴承间隙不符合技术要求	检查、调整止推轴承间隙
		润滑不正常	检查油泵、油过滤器和油冷器;检查油温、油压和油量;检查油的品质
4	压缩机性能达不到要求	设计错误	审查原始设计,检查技术参数是否符合要求;如发现问题应与卖方和制造厂交涉,采取补救措施
		制造错误	检查原设计及制造工艺要求;检查材质及加工精度;发现问题及时与卖方和制造厂交涉
		气体性质差异	检查气体的各种性质参数,如与原始设计的气体性质相差太大,应及时采取补救措施
		运转条件恶化	实际运转条件与设计条件相差太大必然使压缩机运转性能与设计性能偏移,如发现异常应查明原因
		沉积夹杂物	在气体流道和叶轮以及汽缸中是否有夹杂物,如有则应清除
		密封环间隙过大	检查各部间隙,不符合要求则必须调整或更换
5	压缩机喘振	运行点落入喘振区或距喘振边界太近	检查运行点在压缩机特性线上的位置,如距喘振边界太近,操作稍有波动就达喘振工况,应及时调整工况并消除喘振
		吸入流量不足	可能进气阀门开度不够,进气通道阻塞,入口气源减少或切断等,应检查原因设法解决
		压缩机出口气体系统压力超高	查明原因采取措施
		工况变化时放空阀或回流阀未及时打开	进口流量减少或转速下降,或转速急速升高时应查明原因;及时打开防喘振的放空阀或回流阀
		防喘振装置未投自动	正常运行时防喘振装置应投自动
		防喘振装置故障	定期检查防喘振装置的工作情况,如发现失灵、不准或卡涩,动作不灵应及时处理
		防喘整定值不准	严格整定防喘数值,并定期试验,发现数值不准及时校正
		气体性质改变或状态严重	调整工艺操作,使气体性质在设计范围之内;或当气体性质或状态改变之前,应换算特性曲线,如设备条件允许,可根据改变后的特性曲线整定防喘振值

序号	故障现象	故障原因	处理方法
6	压缩机叶轮破损	材质不合格,强度不够	重新审查原设计、制造所用材质,如材质不合格应更换叶轮
		工作条件不良(强度下降)	工作条件不符合要求,由于条件恶劣,造成强度降低,应改善工作条件
		负荷过大	因转速过高或流量、压比太大,超过叶轮设计强度导致叶轮破损;禁止超负荷运行
		异常振动,动、静部分碰撞	振动过大,造成转动部分与静止部分接触、碰撞,形成破坏;严禁振值过大强行运转;消除异常振动
		压缩机内进入夹杂物打坏叶轮	严禁夹杂物进入压缩机;检查进口过滤器是否损坏
7	压缩机流量和推出压力不足	通流量有问题	将排气压力与流量特性曲线相比较,检查并调整
		压缩机反转	检查旋转方向,旋转方向应与压缩机机壳上的箭头方向一致
		吸气压力低	检查入口过滤器等
		相对分子质量不符	采样分析气体实际相对分子质量是否比规定值小
		原动机转速比设计转速低	提高原动机转速
		反飞动量太大	检查反飞动量,过大则调整
		压力计或流量计故障	修理或更换计量仪表

子模块二　罗茨鼓风机

在化工生产中,风机主要用于排气、冷却、输送、鼓气等操作单元。其中,罗茨鼓风机(Roots blower)结构比较简单,运行平稳,效率高,便于维护和保养。此外,罗茨鼓风机的输风量与回转数成正比,当其出口阻力有变化时,输送的风量,并不因之而受显著的影响。由于工作转子不需要润滑,所输送的气体纯净、干燥,因此,在工业生产中得到广泛应用。罗茨鼓风机的缺点是加工制造比较麻烦,转子质量不易保证,造价高,运转中噪声较大。

罗茨鼓风机是回转容积式鼓风机的一种,不仅用于鼓风送气,还可用于抽真空,即罗茨真空泵。

罗茨鼓风机按结构形式可分为立式和卧式两种。卧式鼓风机的两根转子中心线在同一水平面内,鼓风机的进、出风口在机座的上部和下部侧面。立式鼓风机的两根转子中心线在同一垂直面内,鼓风机的进、出风口在机座的两侧面。通常情况下,流量大于

40 m³/min 时选用卧式,流量小于 40 m³/min 时选用立式。

罗茨鼓风机按冷却方式可分为风冷式和水冷式两种。风冷式鼓风机运行中的热量采取自然空气冷却,为了增加散热面积,机壳表面采用翅片式的结构。水冷式鼓风机运行中的热量采用冷却水冷却,在机壳表面制造水夹套,使冷却水在夹套中循环冷却。

罗茨鼓风机按驱动方式可分为两种:一种是与电机通过弹性联轴器直连;另一种是电机通过齿轮箱驱动罗茨鼓风机。

如图 8-28 所示,罗茨鼓风机由两只腰形渐开线转子,通过主、从动轴上的齿轮,使两根转子作等速反向旋转,完成吸气、压缩和排气过程。当上面转子作顺时针转动时,下面转子作逆时针转动,气体从左侧进口吸入,随着旋转,工作容积减少,气体受压缩,最后从右侧出口排出。

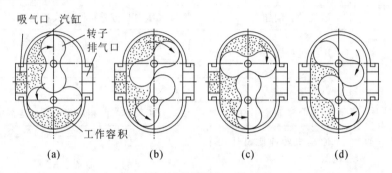

图 8-28 罗茨鼓风机工作过程

两叶轮之间,以及叶轮与墙板、机壳之间均应保持适当间隙,以保证风机的正常运行,间隙过大则气体被压缩时通过此间隙的气体漏损量增大,风机性能下降,也就是气体在一定压力下通过的流量减小;反之,间隙过小时,因为叶轮的散热情况比机壳墙板差,所以,热膨胀的不均匀性使运行间隙更小,甚至发生叶轮擦壳等设备事故。

知识与技能 1 罗茨鼓风机结构识读

1. 基本结构

罗茨鼓风机由机壳、前后墙板、叶轮、主轴、从动轴、密封、同步齿轮副、轴承、电动机、底座等部件组成,图 8-29 所示为 L36 型罗茨鼓风机装配图。部分大型罗茨鼓风机还带有润滑油循环系统、减速装置、除尘器、消声器以及安全阀等。

(1)机壳和墙板。

罗茨鼓风机的机壳和前后墙板组成密闭空间,保证输送气体的吸气、压缩和排出的过程。罗茨鼓风机的机壳有整体式(立式或卧式)和水平剖分式两种。整体式结构简单,制造方便,但安装和调整间隙比较困难,仅用于小型鼓风机。对性能参数较大的鼓风机,一般采用卧式结构,机壳和两端墙板均采用水平剖分式结构。虽然水平剖分式结构机械加工要求较高,制造工艺比较麻烦,但由于安装、调整间隙比较方便,因而被广泛采用。

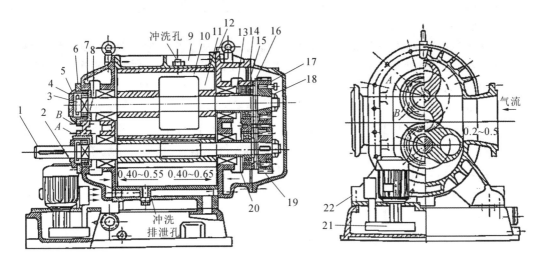

图 8-29　L36 型罗茨鼓风机装配图

1—主轴；2、8—圆形环；3—从动轴；4、16—轴承盖；5、20—轴承；6、15—轴承座；7—前墙板；9—机壳；10—叶轮；
11—轴端密封；12—后墙板；13—衬套；14—齿轮箱；17、19—齿轮圈；18—轮毂；21—电泵；22—油管

罗茨鼓风机的机壳上部和底部均设有冲洗孔，专供输送不干净或易沉积介质时，注入溶剂冲洗风机内部使用。

罗茨鼓风机的两侧墙板支撑着两根转子。小型鼓风机的两侧墙板都制成整体性。性能参数较大的鼓风机墙板采用水平剖分式结构，这种结构的特点是将密封室和轴承室隔开，输送易腐蚀介质时，可以避免对轴承的腐蚀，延长轴承的寿命。

（2）转子。

罗茨鼓风机的转子由叶轮和轴组成，小型鼓风机的叶轮可以制成实心的，大、中型鼓风机的叶轮为了减轻重量，可以制成空心的。叶轮的风叶有渐开线、摆线、包络线及圆弧线等，我国目前风机行业常用的是两叶渐开线直线形风叶，此风叶与其他类型风叶相比，当叶轮外径、长度及转速相同时，具有最大的排出风量，而且容积效率最高。

（3）轴封装置。

罗茨鼓风机的轴封装置有涨圈式、迷宫式、填料式、机械密封式、骨架油封式等，针对不同的环境、不同的介质、不同的转速，采取不同的密封方式。

（4）传动齿轮。

罗茨鼓风机的传动齿轮分为主动齿轮和从动齿轮，两齿轮的齿数和模数均相同，所不同的是从动齿轮的轮毂上有四个半圆形孔和两个销钉孔，用于调整转子的径向间隙。传动齿轮在安装时，要保证两个齿轮同步旋转，以避免引起侧隙，故装配时齿轮有较小的侧隙。但随着运行时间的增加，磨损增大，引起侧隙增加，当齿轮侧隙接近叶轮间最小间隙时，两叶轮会发生撞击现象，从而破坏鼓风机的运行，甚至发生设备事故。

传动齿轮的形式有直齿圆柱齿轮、斜齿圆柱齿轮和人字齿轮。直齿圆柱齿轮制造方便，其缺点是转速较高时容易引起冲击，且噪声较大。斜齿圆柱齿轮传动比较平稳，不会引起冲击，适用于转速较高和功率较大的鼓风机，但斜齿圆柱齿轮传动轴向力较大。人

字齿轮运转平稳,噪声小、强度高,但制造、安装和调整比较复杂。

（5）轴承。

罗茨鼓风机的轴承采用滚动轴承和滑动轴承。滚动轴承摩擦因数小,轴向尺寸小,径向间隙小,维护方便,使用广泛。滑动轴承可用在高转速场合,其承载能力更大,同时结构简单,现场施工容易。

（6）润滑。

对部分小型鼓风机,其轴承和齿轮的润滑采用润滑脂,润滑系统简单。而一些较大型的罗茨鼓风机有比较完整的油路系统,包括油箱、过滤器、冷却器、油泵、单向阀和仪表装置等,油路系统工作良好,罗茨鼓风机才能正常工作。

2.主要参数

1）排气量的计算

叶型为渐开线的两叶罗茨鼓风机理论排气量为

$$Q_{th} = 0.8545 D^2 L n$$

式中:D——转子直径,m;

L——转子宽度,m;

n——转速,r/min。

实际排气量为

$$Q_\delta = Q_{th} - Q_b$$

式中:Q_b——每分钟通过间隙的内泄漏量,m^3/min。

$$Q_b = \frac{600 \alpha \phi f p_2 \nu_1}{\sqrt{R T_2}}$$

式中:α——泄漏系数,取 $0.6 \sim 0.8$;

f——泄漏间隙总面积,m^2;

p_2——排气压力,MPa;

T_2——排气温度,K;

ν_1——吸气状态比体积,m^3/kg;

R——气体常数;

ϕ——流出系数。

流出系数为

$$\phi = \sqrt{2g \frac{K}{K-1} \left(\frac{p_2}{p_1}\right)^{\frac{2}{K}} \left[1 - \left(\frac{p_2}{p_1}\right)^{\frac{K-1}{K}}\right]}$$

式中:K——绝热系数,空气 $K=1.4$;

p_1——进气压力,MPa;

p_2——排气压力,MPa;

g——重力加速度,m/s^2。

平均间隙总面积近似为

$$f = L(\delta_1 + 2\delta_2) + (D + A)(\delta_3 + \delta_4)$$

式中:δ_1——两转子间的间隙,m;

δ_2——转子与机壳径向间隙,m;

δ_3、δ_4——转子与机壳端面间隙,m;

A——两转子的中心距,m。

2）间隙的选取与热膨胀值的计算

（1）间隙的选取。

当机壳与转子材料相同时：

$$\delta_2 = (0.0005 \sim 0.001)D$$
$$\delta_1 = \delta_3 = \delta_4 = (0.001 \sim 0.0015)D$$

当机壳与转子材料不相同时,则根据压力计算出温升和热膨胀值,确定间隙时应预留热膨胀值。

（2）热膨胀值的计算。

① 确定 δ_1 时预留的热膨胀值 Δ_1 为

$$\Delta_1 = A(\alpha_r t_r - \alpha_e t_e)$$

式中：t_r——转子平均温度,取进、排气温度的平均值,℃；

t_e——机壳平均温度,取转子平均温度与进气温度的平均值,℃；

α_r、α_e——转子与机壳的线胀系数,℃$^{-1}$。

② 确定 δ_2 时预留的热膨胀值 Δ_2 为

$$\Delta_2 = R(\alpha_r t_r - \alpha_e t_e)$$

式中：R——转子最大半径,mm。

③ 确定 δ_4 时预留的热膨胀值 Δ_4 为

$$\Delta_4 = L_4(\alpha_r t_r - \alpha_e t_e)$$

式中：L_4——转子长度,mm。

知识与技能 2　罗茨鼓风机操作与维护

1.罗茨鼓风机的检修

1）拆卸

罗茨鼓风机的结构形式不同,其拆卸方法有所不同。在拆卸之前应注意以下几点。

（1）拆卸前应测量检查被拆卸部件之间的装配间隙。对关键零件（如罗茨鼓风机的同步齿轮）的装配应作好记录,以免回装时发生错误。

（2）拆卸下来的结合面垫子和调整垫片应妥善保管,其装配位置和厚度应作好记录,作为回装依据。

（3）一些装配精度很高的组件,如罗茨鼓风机同步齿轮的轮毂和齿圈,如果齿圈未发现损伤,就不要轻易拆开螺栓打出销钉,因为此装配精度直接影响风机各部位的间隙。

（4）不同的零件,要选择适当的工具来进行拆卸,避免不正确的拆卸方式,杜绝野蛮拆卸,以免损坏零件,影响装配质量,甚至造成设备不能正常运转。

以 L36 型罗茨鼓风机（图 8-29）为例,其拆卸过程如下。

（1）拆卸电机地脚螺栓和电机电源线，将电机吊开。

（2）拆卸风机的进、出口管道和机体的连接螺栓。

（3）拆除润滑系统及其油管。

（4）拆除风机的联轴器。

（5）拆除齿轮箱盖。

（6）拆除齿轮锁帽，取下同步齿轮，其装配的相对位置做好记号。

（7）拆除轴承压盖，如果有端面垫子，注意保存。拆除轴承锁帽，将轴承座和轴承一并拆除。

（8）拆除前后墙板连接螺栓，将前后墙板拆除，拆除时应注意将两根转子固定好，避免造成两根转子碰撞。

（9）将两根转子缓慢吊出，并放置妥当。

（10）拆除前后墙板中的油封。

2）检修

（1）联轴器。

联轴器的检修过程如下。

① 检查联轴器是否有裂纹，如有应更换。

② 检查联轴器与轴的配合情况，包括内孔与轴的配合（H7/k6）。

③ 检查键与键槽的配合。

④ 检查弹性橡胶圈的磨损情况，磨损严重应更换。

⑤ 检查联轴器螺栓，有磨损、弯曲、裂纹等情况的应更换。

（2）机壳、墙板、齿轮箱。

机壳、墙板、齿轮箱的检修过程如下。

① 将机壳、墙板、齿轮箱清洗干净。

② 用放大镜检查机壳，墙板，齿轮箱的内、外表面，观察是否有摩擦、碰撞痕迹。如果有，可以用着色探伤做进一步检查。在回装时，应该找出原因进行纠正。

③ 检查机壳、墙板、齿轮箱各结合平面有无弯曲、变形、砂眼等缺陷。

（3）转子组件。

转子组件由轴、轴套和叶轮组成，如果检查没有缺陷则不必将叶轮拆卸。其检修过程如下。

① 将转子组件清洗干净。用着色探伤检查转子组件是否有表面裂纹，用超声波探伤检查轴颈是否有内部裂纹。

② 宏观检查轴和叶轮有无毛刺、凹痕和锈蚀，对于轻微的毛刺、凹痕和锈蚀，可用细锉刀修磨，然后用细砂布抛光。

③ 检查转子的弯曲和轴颈的圆度、圆柱度，保证符合装配技术要求；检查轴颈和轴承的配合尺寸，如果轴颈磨损较大，可采用镀铬或者喷镀方法对轴颈进行修复。

④ 检查叶轮表面和轴向平面有无摩擦痕迹，如果有摩擦痕迹，说明风机运行存在缺陷，应找出原因，并做适当处理。

⑤ 转子装配时，要保证轴和叶轮的装配精度。重新装配后的转子，需要进行平衡校正。

当 $B/D<0.2$(B 为转子厚度,D 为转子直径)时,只需做静平衡校正;反之,还需做动平衡校正。

（4）轴承。

罗茨鼓风机使用的轴承大部分采用滚动轴承,只有较大型的罗茨鼓风机才采用滑动轴承。

滚动轴承的检修过程如下。

① 检查轴承的内、外圈和滚珠有无生锈、裂纹、碰伤、变形等。

② 转动轴承,检查是否轻松,有无卡阻现象。

③ 检查轴承原始间隙是否符合要求,有无磨损。

④ 检查轴承外圈与轴承座的配合间隙是否符合要求。

⑤ 更换轴承时,轴承的安装采用热装法。

⑥ 轴承在安装过程中,其定位轴承要保证转子的横向窜量。在实际工作中,其轴向间隙一般取 0.02～0.06 mm,也可用经验公式求得。

滑动轴承的检修过程如下。

① 检查轴瓦的瓦衬是否有裂纹、脱落现象。

② 检查轴瓦与轴颈的接触情况。

③ 检查轴瓦的顶隙和侧隙是否符合要求。当顶隙小于规定数值时,可在上、下瓦之间加垫调整;当顶隙大于规定数值时,可在上、下瓦之间减去部分垫子。不允许刮削上、下瓦之间的结合面来调整间隙。

④ 检查轴瓦瓦背压紧力,瓦背压紧力通常控制在 0.03～0.06 mm。

（5）同步齿轮。

同步齿轮是保证罗茨鼓风机两根转子径向间隙的重要部件。在一般情况下,不允许拆除销钉。因为在拆装的过程中,很容易影响到转子的间隙。

同步齿轮检修过程如下。

① 检查齿圈是否有毛刺、裂纹。

② 检查齿轮齿表面的接触情况。

③ 齿轮的侧隙和顶隙应符合要求。侧隙一般取$(0.06～0.10)m$(m 为齿轮模数),顶隙一般取 0.25 m。一般采用压铅法或打表法测量。

④ 检查齿轮和轴颈的配合情况、键与键槽的配合情况,应符合技术要求。

（6）密封装置。

密封装置检修要点如下。

① 填料密封装置结构简单,但密封效果不理想,可靠性差,摩擦损耗大,需经常更换。每次检修时,要检查填料位置轴的磨损情况。新装配的填料不宜压得过紧,运行一段时间后,再逐渐紧固填料,这样可以避免填料发热。

② 涨圈式和迷宫式轴封装置属于非接触式密封,其寿命长,不易磨损,结构简单。但泄漏量大,轴向尺寸较长,不宜密封有毒、有害和易爆气体。

非接触式密封在安装时应注意:密封体上的气封片不得有松动现象,气封片的顶端应锐利,不应有歪斜和扭曲;气封片应与转子上的凹槽对准,轴向窜动量应小于气封片间的轴向间距;检查气封片径向间隙,应满足技术要求;涨圈环要活动自如,防止卡阻现象。

③ 骨架油封装置结构简单,容易老化,需要定期更换。为了保证密封效果,拆卸检查时应观察橡胶是否还有弹性,轴颈与油封密封唇的接触处是否光滑,是否有过盈量。

④ 机械密封装置的特点是密封效果好,可靠性高,使用寿命长,功耗小。

在现场安装时应注意:检查机械密封各组件是否齐全;检查动静环的密封面有无缺陷,表面粗糙度是否达到要求;检查轴或轴套表面是否光滑,特别是轴套与动环密封处,不允许有沟痕、毛刺;检查所有橡胶密封圈,原则上每次拆装都应更换;轴的轴向窜动量不应超过 0.25 mm;装配时,要保证机械密封的压缩量。

(7) 润滑装置。

润滑装置检修过程如下。

① 齿轮油泵解体清洗检查。要求齿轮两端面与轴孔中心线垂直度不大于 0.02 mm/100 mm。两齿轮宽度应一致,单个齿轮宽度误差不得大于 0.05 mm/100 mm,齿轮两端面平行度不大于 0.02 mm/100 mm,齿轮端面与端盖的轴向间隙为 0.05~0.10 mm,齿轮与壳体径向间隙为 0.10~0.15 mm。

② 油箱和油管清洗、疏通,检查油管接头是否完好。

③ 油过滤器拆卸、检查。清洗过滤网上的油泥、污垢,检查滤网有无破损。

④ 油冷器拆卸、清洗。检查其管程、壳程和封头,对油冷器进行水压试验,同时检查油冷器有无泄漏现象。

⑤ 油压调节阀清洗并检查零部件是否完好。

⑥ 油泵安全阀拆卸、清洗。检查零部件是否完好,阀芯、阀座的密封面不得有划痕、坑洼缺陷,表面粗糙度达到技术要求。

罗茨鼓风机所有零部件都进行检查、修理并符合技术要求后,才能进入回装阶段。

3) 回装

罗茨鼓风机的型号较多,其回装顺序不尽相同,仍以 L36 型罗茨鼓风机为例,对其装配过程作简要介绍。

(1) 将两根转子组件吊入机壳内,起吊要小心,避免两根转子碰撞损坏、变形。

(2) 安装前后墙板,装配定位销并拧紧固定螺栓。

(3) 装入油封,注意其油封弹簧不要脱落。L36 型罗茨鼓风机采用三组油封,油封和衬套装配到位后,安装油封压盖并紧固螺栓。

(4) 前后轴承座安装到位。由于轴承座还要参与调整叶轮的轴向间隙,故而轴承座与前墙板的间隙暂时调整到拆卸时测量的间隙。

(5) 安装前后轴承。轴承一定要安装到位,紧贴轴肩,上好轴承锁帽。

(6) 安装前后轴承压盖。前轴承压盖如果有端面垫片,应按照原来的垫片厚度回装,然后将压盖螺栓紧固。

(7) 调整叶轮与前后壁板之间的轴向间隙。

转子定位。前后轴承安装到位后,检查两根转子的轴向窜量,一般控制在 0.20~0.30 mm 范围内。通过加减前轴承盖与轴承座的端面垫片达到要求,增加垫片就增加轴向窜量,减少垫片就减小轴向窜量。如果将垫片全部减完,轴向间隙仍然偏大,则需要在轴承座与轴承的外圈接触面上加钢环来调整轴向窜量。

（8）装配同步齿轮。主、从动转子放在90°位置，装上键和齿轮组件，注意两副齿轮安装相对位置，按拆卸前所作记号原位回装，然后上紧齿轮锁帽。

（9）检查、调整两转子之间的径向间隙；检查、调整转子与机壳的间隙。

对于罗茨鼓风机来说，转子之间的间隙、转子与机壳之间的间隙、转子端面与机壳轴向平面的间隙是三个最为重要的间隙，是整个安装工艺中最重要的一环，它将直接影响机器的装配质量和运行质量。每台鼓风机对这三个间隙都有严格要求，具体可参照相应技术要求。

（10）吊装齿轮箱盖，紧固螺栓。

（11）安装联轴器，连接润滑系统及油管，吊装电动机，连接进、出口管道。

2. 试车、运行与日常维护

1）试车准备

罗茨鼓风机在试车前，应做好各种准备工作和各项检查，具体要求如下。

（1）检查地脚螺栓和各结合面螺栓是否紧固。

（2）手动盘车，罗茨鼓风机在旋转一周的范围内，转动是否均匀，有无摩擦现象。

（3）检查各润滑点是否润滑到位，油箱油位是否符合要求。

（4）检查冷却水阀是否完好，冷却水是否畅通。

2）试车

（1）单独运行油泵，检查油泵的声音、振动是否正常。调整油泵的出口油压，使其达到要求的数值。

（2）打开罗茨鼓风机的进、出口阀门。

（3）启动电动机，检查电动机的运转方向是否正确，电流是否正常。

（4）检查机组的声音、振动是否正常，罗茨鼓风机内部是否有异常响声，罗茨鼓风机轴承的最大径向振幅见表8-2。

表 8-2　罗茨鼓风机轴承的最大径向振幅

转速/(r/min)	≤500	500～600	600～800	800～1000	1000～1500	1500～2000	2000～3000
振幅/mm	0.24	0.20	0.16	0.14	0.11	0.10	0.06

（5）检查润滑系统的油温、油压是否正常。

（6）检查机组和进出口管线上是否有泄漏，以及密封装置的密封效果是否良好。

（7）检查仪表指示和自动控制是否正常。

（8）检查轴承温度是否正常，轴承的工作温度一般为50～65 ℃，不应超过70 ℃。

（9）检查附属装置（如消声器、安全阀等）是否有缺陷。

3）日常维护

（1）检查机组的连接螺栓。

（2）检查机组润滑情况，检查油温、油压以及冷却水供应情况。

（3）按照润滑制度规定要求，定期的加油和换油。

（4）经常检查风机的运行状态、压力、流量是否平稳，机组的声音、振动是否正常。

（5）检查仪表指示和联锁情况。

（6）检查电机的电流、振动情况。

3. 常见的故障原因及处理方法

罗茨鼓风机常见的故障原因及处理方法见表 8-3。

表 8-3　罗茨鼓风机常见的故障原因及处理方法

序号	故障现象	故障原因	处理方法
1	风量波动或不足	过滤网网眼堵塞	更换或清洗过滤器
		间隙增大	校对间隙
		传动皮带打滑，转速不够	调整或更换皮带
		管道法兰漏气	更换衬垫或紧固螺栓
		轴封装置漏气	修理或更换
		安全阀漏气	研磨或更换
2	电机过载	管路压力损失增大	校对进出口压力
		转子与壁板接触或两转子撞磨	调整转子轴向间隙或调整同步齿轮
3	机体过热	油位和油黏度不当或油不清洁	调整油位或更换润滑油
		两支承轴承不同轴或风机轴与电机轴不同心	修复或调整两轴同心度
		轴瓦接触不良或间隙过小	刮研或调整轴瓦
		轴承的定位轴向间隙不当	调整间隙
		轴承压盖紧力过大或轴瓦间隙过小	调整紧力和间隙
		滚动轴承损坏	更换轴承
		压力比增大	检查进出口压力
		转子与壁板接触	调整转子轴向间隙
4	敲击声	同步齿轮与叶轮转子位置不当	按规定位置调整
		装配不良	重新装配
		压力波动	检查调整
		齿轮损坏	更换齿轮
5	轴承和齿轮严重损坏	润滑不好	更换润滑油
		润滑油量不足	添加润滑油，更换轴承和齿轮
6	密封泄漏	密封部件装配不当	重新装配
		密封环内进入杂物	清洗或更换
		转子振动过大	消除转子振动
		密封部件有损坏	更换合格部件

课后思考

1. 简述水平剖分型和垂直剖分型离心压缩机的结构特点。

2. 离心压缩机转子和固定元件分别由哪些部分组成？

3. 何为转子的临界转速？对柔性轴而言，为什么必须迅速跳过一阶临界转速？

4 离心压缩机叶轮与离心泵叶轮在结构上有何异同？

5.平衡盘和推力盘的作用是什么？

6.机壳、隔板、扩压器、弯道、回流器的作用分别是什么？

7.径向轴承和止推轴承的作用分别是什么？

8.何为干气密封？

9.带中间进气的串联式干气密封结构有何特点，适用于何种场合？

10.离心压缩机润滑油系统由哪几部分组成，各自的作用是什么？

11.什么是离心压缩机的喘振？防止喘振的措施有哪些？

12.离心压缩机的流量调节方式有哪些？

13.隔板的检修技术要求有哪些？

14.简述罗茨鼓风机的结构组成与工作过程。

15.简述罗茨鼓风机同步齿轮拆装时的检查要求。

★ 素质拓展阅读 ★

波澜壮阔,中国压缩机行业发展史!

一、产业缘起

1.产业由来

我国古代劳动人民在冶炼生产中,就已经发明了橐籥(tuó yuè),这是一种鼓风助火工具,是风匣/风箱的前身。

《道德经》第五章云:"天地之间,其犹橐籥乎? 虚而不屈,动而愈出。"其大意为:"天地之间,岂不像个风箱一样吗? 它空虚而不瘪,越鼓动风就越多,生生不息。"

成书于1280年的一本题为《演禽斗数三世相书》卷二中有拉杆活塞式风箱的最早的图画。这种风箱轻便省力而且功效高,很快得到普及和发展。元代后期,陈椿《熬波图》中即绘有铸铁冶炼用回拉杆双阀门风箱。明代宋应星《天工开物》中,出现了更多的风箱绘图。这时的风箱已经具备了活塞、气阀等结构,是现代空气压缩机的雏形。

2.蹒跚起步

(1)新中国成立前压缩机产业约等于零。旧中国的工业基础非常薄弱,仅有煤炭、纺织、军工等少数工业。空压机产业几乎为零,生产能力和技术水平十分低下,基本上只能从事简单的仿制和修理,空压机产品均只能从国外进口。

(2)从"0"到"1"。新中国成立后,面临国家经济建设的迫切需要。为了迅速开发我国煤炭和矿山资源,恢复燃料和钢铁工业的生产,国家急需大量的矿山开采设备,尤其是空气压缩机等风控工具,这促成了我国空压机制造业的兴起。

1949年11月,东北人民政府机械局指示,将东北军区军工部移交的沈阳汽车总厂转向生产空气压缩机和风动工具。1959年正式更名为沈阳气体压缩机厂,是共和国空压机产业名副其实的"长子"。

1953年,由第一机械工业部第四机器工业管理局接收原纺织部的614纺织机械厂生产压缩机,后更名为重庆空气压缩机厂。

1953年,安徽省人民政府指示蚌埠铁工厂专业生产动力用空气压缩机。

1956年,自贡空气压缩机厂和浙江衢州煤矿机械厂开始从事空气压缩机的专业生产。

1958年,督办京都市政公所修理厂改名为北京第一通用机械厂。

1960年,将元大昌和良华机器厂合并成立上海第二气体压缩机厂,1967年更名为上海第二压缩机厂。

另外,太原机器厂改为太原气体压缩机厂,柳州制造厂改为柳州第二空压机厂等,这些单位也开始从事空气压缩机的制造。

除了以上这些专业厂,在新中国成立之初头十年这段时期,还有天津机器厂(后改名天津动力机厂)、浙江铁工厂(杭氧集团前身)、长春空气压缩机厂、太原气体压缩机厂、大连化工厂等单位都曾生产或试制过空气压缩机。

(3)更多转产及一批专业厂的建立。在1960年以后,又新建(或转产)了一批空气压缩机专业厂，主要如下。

1960年，上海精业机器厂（1966年改名为上海压缩机厂）扩建转产为压缩机专业制造厂。上海大隆机器厂是少数具有近代工业水平的民族工业优秀代表，由严裕棠创办。原来主要生产纺织机械设备。新中国成立后与泰利厂实现公私合营后，以生产石油机械配件为主，在1960年开始承接上海压缩机厂的化肥生产用泵及循环压缩机生产任务后，也成为压缩机生产的兼业厂。

这一时期，还有更多企业开始空气压缩机的制造生产：无锡通用机械厂（后改名无锡压缩机厂）、南京压缩机厂、柳州空气压缩机厂、赣南通用机械厂（江西气体压缩机厂）、许昌通用机械厂、北京第二通用机械厂（后改名北京重型机器厂）、上海华泰空压机厂（1960年更名为上海第一压缩机厂，后改为上海气阀厂）、上海铸明铁工厂（曾改名上海第三压缩机厂，于1979年将压缩机产品并入上海压缩机厂）、山东昌潍生建机械厂（后改为山东生建机械厂）、重庆华中机械厂（曾改名重庆东风机器厂，后又改名为重庆气体压缩机厂）、自贡市机械一厂、天津承顺铁工厂（曾改名天津空气压缩机厂，又与天津冷气机厂合并）、常熟市机械总厂（后成为制冷压缩机的专业生产厂）、鞍山市空气压缩机厂等。

（4）鼓风机、离心压缩机的起步。在我国通用机械的分类中，压缩机和风机是两个单独的门类。但我国动力式的离心压缩机和轴流压缩机均由风机行业的企业生产。这主要是由于我国压缩机刚起步时技术薄弱，但是需求非常迫切，因此以相对简单的容积式（主要是往复活塞式）为主要方向。而离心、轴流这类透平机械制造技术要求高，难度大，因此交由具有相似结构的通风机、鼓风机专业生产厂研究突破。

在20世纪50年代中期，上海汽轮机厂首先仿制出了国产离心压缩机。

1960年，沈阳扇风机厂（现沈鼓集团）参照苏联资料也制造出了国产离心压缩机，之后又先后设计制造了多款离心压缩机，填补了多项国内空白。

1971年，沈阳鼓风机厂支援建设的陕西鼓风机厂（现陕鼓集团）建成开始试生产，产品也包括离心压缩机。

在此期间，还有上海鼓风机厂、武汉鼓风机厂、重庆通用机器厂、上海压缩机厂、上海第一冷冻机厂、杭州制氧机厂、开封空分设备厂、兰州化工机械厂、锦西化工机械厂等都开始了离心压缩机的研制。

3. 专业力量的形成

虽然压缩机制造业初步建立，并逐步成为我国新兴的产业，但大多数空压机制造厂起步都很低，只能仿制国外产品来组织生产。产品无统一标准，五花八门、杂乱无章、质量低。虽然在此期间得到了苏联的大力帮助，引进了多个系列的产品图样与技术文件，也实现了批量生产，但仍然无法满足国产空压机技术发展的需求。形势的发展迫切需要尽快地培养出一大批压缩机专门人才。

1955年，我国参照苏联的办学经验，在交通大学（上海）筹建成立了压缩机专业，于1956年随校迁至西安市，1960年正式更名为西安交通大学。从此，我国开始正规地培养自己的压缩机专业人才。

1960年，第一机械工业部决定在武汉机械学院开设压缩机专业（后武汉机械学院并入华中工学院），包括活塞与透平压缩机专业。

在之后还在若干院校设立了化工机械专业，进一步加强了压缩机专业人才的培养。至1965年，我国空气压缩机行业的科研队伍基本形成。

1956年，第一机械工业部第一机器工业管理局在北京市成立了我国石油化工通用机械行业的第一个部属研究所——通用机械研究所，1958年改名为化工机械研究所；同年6月，第一机械工业部第一机器工业管理局成立通用与轻工机械研究所；同年11月，两所合并为通用机械研究所，1969年搬迁至合肥。该所设有流体机械等专业研究组，其中包括压缩机专业。成为行业技术归口单位和进行新产品研究的骨干力量。

1960年，按第一机械工业部一、三局机沈阳市机械局的指示，由沈阳气体压缩机厂的设计科和研究室合并成立了沈阳气体压缩机研究室，为部管二类所。

1965年，沈阳气体压缩机研究所编印的《压缩机技术》杂志定为部级科技刊物。

二、革故鼎新

在党的十一届三中全会以后，党中央做出了把工作重点转移到社会主义现代化建设中来的战略决策。随着计划经济逐步淡出历史舞台，社会主义市场经济逐渐深入人心。我国压缩机制造业和其他工业一样，得到了蓬勃发展，逐渐成为世界压缩机主要生产的基地。

1.经营联合体

在调整中，国家逐渐扩大了企业的自主权，并开始推行各种形式的经济责任制。企业开始把经营工作放在重要地位，使企业逐渐从单纯的生产型转向生产经营型。

1982年2月，在通用机械工业局的具体指导下，由沈阳气体压缩机厂、上海压缩机厂、北京第一通用机械厂、四川压缩机厂、无锡压缩机厂组成筹备组，邀请压缩机行业重点厂在北京市召开压缩机联合经销工作会议。会议决定由全国压缩机行业12个重点企业组成中国压缩机联合经销部，制订了章程、经营管理办法、订货会共同守则。这是计划经济与市场经济相结合，改变经营方式、面向用户的一次大胆尝试。联合经销部的成立打破了部门与地区的界限，加强了企业之间的联系，在空压机产业发展方面取得了一定的效果。

2.标准化与教科研

1979年，我国正式参加了国际标准化组织的压缩机、风动工具和气动机械技术委员会（ISO/TC—118）。

压缩机标准作为压缩机产品设计、制造及检验的依据，得到越来越多单位的关注和重视，行业由此加速制定与修订了一大批压缩机相关标准。

为了适应机械工业改革的深入，加强对外联系，协调压缩机生产制造和配件生产企业，1985年下半年开始筹备行业协会。

1988年6月3日，国家机械委（原机械电子部）以"机械通［1988］046号"文件批准成立中国通用机械工业协会压缩机分会，并于1988年11月1日至3日在广西柳州市召开了成立大会。

压缩机专业技术委员会于1979年成立并开展工作，是机械部压缩机专业技术、技术政策咨询审议组织。

1989年9月压缩机行业标准化技术委员会第一届委员会成立，它是国家标准化管理委员会批准成立的标准化专业技术机构。

中国压缩机产品质量监督检测中心于 1985 年 5 月，依据机械部［1985］机通函字 1015 号文，在通用机械研究所成立。

3. 技术引进

1978 年以后，随着改革开放的深入，我国加快了压缩机行业的引进技术工作步伐，通过引进国外先进技术在国内开发新产品，提高企业的技术开发能力。

1976 年，沈阳鼓风机厂从意大利新比隆引进多个系列离心压缩机设计制造技术；1979 年，陕西鼓风机厂从瑞士苏尔寿公司引进两个系列轴流压缩机设计制造技术；1983 年，南京压缩机厂引进德国绍尔父子机器制造公司船用空气压缩机技术；1983 年 11 月，无锡压缩机厂引进瑞典阿特拉斯多个系列产品生产技术，同时还引进了英国、日本的螺杆机先进加工设备。1995 年引进了日本神户制钢所无油螺杆压缩机技术；北京第一通用机械厂引进芝加哥风动工具公司的单螺杆压缩机设计制造技术；沈阳气体压缩机厂引进瑞士阿瑞克往复无油润滑压缩机设计制造技术。1984 年又引进了德国博尔其格大型往复气体压缩机专业技术等。

在技术引进的同时，压缩机制造厂也引进了大批先进的加工设备，如上海压缩机厂的螺杆转子铣床、重庆压缩机配件厂的阀片双端面磨床、沈阳气体压缩机厂的阀簧卷簧机、上海气阀厂的阀片薄膜真空包装设备等。

4. 国企、民企合资，外企百花齐放

这一时期，我国由计划经济向社会主义市场经济过渡，为增强国有企业的活力，对国有企业开始探索性改革。国家出台了一系列鼓励、推动民营经济发展的政策和措施，大大激发了民营投资办企业的积极性。为吸引国外投资，引进国外先进技术和管理经验，我国对外资实行特殊的优惠政策，吸引了国际知名企业来华投资。压缩机行业形成国企、民企、外企并存的新局面。

三、阔步前行

1. 空压机行业经济指标高速增长

2000 年以后，我国经济迎来高速发展期。尤其是政府加大了对基础和能源设施及国民经济各领域的建设投资，为装备制造业提供了广阔的市场。加上国家为振兴装备制造业出台的一系列优惠政策和措施，极大地促进了压缩机制造企业的迅速发展，使压缩机产业整体技术水平、装备能力得到全面的提升。

在 2000 年以前，全行业利润总额几近负值，行业普遍性亏损。2000 年以后压缩机制造业的工业产值、销售收入和利润水平进入高速发展时期，特别是在"十一五"期间，压缩机制造业的产值平均增长 18.6%。2001—2015 年，行业 90 家重点压缩机企业主要经济指标统计数据，反映了压缩机行业高速增长的经济走势。

2. 对外贸易

我国压缩机制造业经过半个世纪的发展，从 2005 年开始，压缩机制造业对外贸易开始出现顺差，这说明我国压缩机制造技术和产品质量得到了很大的提升。

压缩机行业出口前期以小、微型空压机为主，抢占了欧美市场很大一部分市场。因此欧盟启动了长达两年的反倾销调查，2008 年对中国小型空压机做出了反倾销终审裁定。小、微型空压机产品出口增速开始下滑。

但是我国的 CNG 压缩机也开始走出国门。尤其是 2010 年之后,工艺螺杆压缩机、气体压缩机、天然气压缩机、一般动力用螺杆压缩机等产品也开始积极参与国际竞争,部分压缩机的品牌获得了欧盟认证,走向国际市场。

一些国内压缩机企业通过资源整合、创新商业模式、品牌塑造和资本运作等方式,越来越多的产品出口到欧洲、美洲和东南亚地区,或走出国门到国外投资建厂开发项目。

3. 空压机能效提升,节能工作

全国压缩机产品消耗的能量约占全国年发电量的 9%,压缩机是机械部 12 类重点节能产品之一。在早期空压机产业初步形成时期,解决的是"有无"的问题。到了 20 世纪 70 年代末,"节能"摆到了空压机性能提升的中心位置。1981 年国家经委下达了国家 38 项重点科技攻关任务,组织节能科研攻关,其中包括压缩机五项。

"无锡会议",1982 年 11 月,通用机械工业局委托通用机械研究所在无锡主持召开了压缩机行业采用国际标准和节能产品技术座谈会。讨论修改了压缩机行业节能产品更新换代发展规划、采用国际标准规划和颁发产品许可证的意见。"无锡会议"的召开,对压缩机行业的节能工作产生了重大影响。

21 世纪后,国家为继续推动空压机节能产品的研究与开发,促进行业的转型升级,工信部实施了"能效标志"强制性政策,也相继实施了"节能机电设备(产品)推荐目录"、"节能产品惠民工程推广目录"、节能产品"能效之星"等鼓励政策。空压机节能产品占产品总量的比例得到很大提高,从 2003 年 3% 提高到 2018 年的 50% 以上。

4. 中高端产品在国家重大工程项目中得到应用

"十五""十一五"期间,我国能源工业的发展带动了压缩机行业的研发、设计、制造、检验、试验及服务水平的提高。压缩机行业的整体水平健康稳步提升,企业技术创新的积极性不断提高,产品升级换代的步伐在加快,不断进军高端市场,参与国家重大装备项目的研制。例如 500～1500 kN 活塞力的往复压缩、六列迷宫密封压缩机、ϕ816 mm 螺杆压缩机等一批新研制的中、高端压缩机产品得到广泛应用。

高压大型往复活塞工艺气体压缩机是炼油和煤液化工程中的关键设备。之前长期被国外厂商垄断,经过国产压缩机企业的努力,我国的大型工艺往复式压缩机、大型隔膜压缩机、大型迷宫式压缩机的设计制造能力已经走在世界前列。

根据国家节能减排的发展战略要求,大力发展清洁汽车产业。我国的 CNG 压缩机经过不断发展,部分品种的设计、制造质量和运行业绩都已达到国外先进产品的水平。

超高压纯氢气压缩机、高速撬装压缩机、工艺螺杆式压缩机、特殊气体压缩机、大型螺杆生成气压缩机、螺杆式膨胀机能量回收机组等产品在国内外工程项目中成功应用。

透平机械逐步开始向高端产品发展,生产离心压缩机的企业主要有:沈鼓、陕鼓、上鼓、重庆通用、江苏金通灵、中航黎明锦西化工、锦州新锦华、长沙赛尔、安徽科达埃尔、湖北双剑等;生产轴流压缩机的企业主要有:沈鼓、陕鼓。

四、跨越发展

1. 大国重器,国之砝码

装备制造业是工业的核心部分,承担着为国民经济各部门提供工作母机、带动相关产业发展的重任,可以说它是工业的心脏和国民经济的生命线,是支撑国家综合国力的重要基石。

压缩机制造业在我国二十世纪六七十年代化肥工业需求的拉动下获得了最早的发展机遇。改革开放后,随着经济快速发展各行业对压缩机的需求直线上升,压缩机制造业获得了更大的发展机遇。进入21世纪以后,压缩机制造获得新一轮的转型、升级机遇,我国压缩机产业进一步进步和壮大。经过70多年的发展,我国压缩机制造业已经形成了门类齐全、具有相当规模和水平的制造体系,产业规模跃居世界前列。

以沈阳鼓风机集团、陕西鼓风机集团为代表的透平压缩机骨干企业所生产的离心压缩机和轴流压缩机,设计和制造水准达到了当代国际先进水平,许多产品打破了国外垄断,实现了重大装备国产化,是让中国制造更有分量的"国之砝码"。

"沈鼓"——沈阳鼓风机集团是我国重大技术装备行业的支柱型、战略型领军企业。也是我国风机、压缩机行业的龙头企业。

(1)"西气东输"是我国仅次于长江三峡的又一重大项目,于2000年2月国务院第一次会议批准启动。"西气东输"是我国调整能源和产业结构、带动东部、中部、西部地区经济共同发展的重大战略决策。"西气东输"是全世界最长的天然气输送管道,目前一、二线工程已铺设天然气输送管线15000多千米。天然气管道输送每隔200千米就需要一个加压站,加压站核心装备就是长输管线压缩机,加上备用机,整个"西气东输"这种压缩机的需求量达数百套。在沈鼓取得国产化突破之前,这种压缩机只能从国外的GE、MAN公司进口,对价格毫无议价能力。央视纪录片《大国重器》为沈鼓取得的突破专门进行了介绍报道,谓之"国之砝码"。

(2)沈鼓"百万吨级乙烯压缩机"又是我国石化关键装备的重大突破。很多人都知道我国是纺织大国,但不知道的是,很多年里我们都无法用自己制造的机器生产合成纤维。合成纤维来自原油到乙烯的转变,在合成纤维技术中的关键设备"乙烯三机"(乙烯压缩机、裂解气压缩机和丙烯压缩机),尤其是乙烯压缩机一直是中国装备制造领域的短板,甚至在2006年之前,我国都无法制造自己的乙烯压缩机。2006年沈鼓成功设计我国第一台乙烯压缩机,这成为我国乙烯装备制造的一个转折点。2011年沈鼓成功研制百万吨级乙烯压缩机,彻底改变了依赖外国设备的局面。

(3)我国是富煤少油的国家,煤化工对我国石油化工是极为重要的补充。空分空气压缩机是煤化工的核心设备,我国在建和待核准的煤化工项目,需要10万 m^3/h 等级空分装置用空气压缩机组近百套。在此之前,此项核心技术被德国西门子和曼透平等国际工业巨头所把持。2015年沈鼓集团自主研发的我国首套10万 m^3/h 等级空分装置用压缩机组在"国家能源大型透平压缩机组研发(实验)中心"完成各项测试,性能达到国际先进水平,标志着沈鼓成为世界第三家能够生产该设备的企业。随后,该机组被应用在神华宁煤集团400万 t/年煤间接液化制油项目中。此规格机组的国产化应用,将有力推动我国煤炭深加工产业发展,产生巨大的经济效益。

"陕鼓"——陕西鼓风机集团是我国以设计制造透平机械为核心的大型成套装备集团企业。

(1)陕鼓服务转型之路。2005年始,陕鼓从单一产品制造商向系统解决方案和系统服务商的转型实践,开启了服务型制造的转型之路,推动企业实现"源于制造,超越制造",形成了能量转换设备制造、工业服务和基础设施运营三大业务板块。推动企业从百亿级的风机市场跨越到万亿级的分布式能源领域市场。成功转型为能量转换的系统服务商和总包商,西门子、GE、爱默生等知名跨国公司亦加盟其中。

目前,陕鼓已拥有欧洲研发公司(德国)、欧洲服务中心(捷克)、印度服务中心、印尼工程代表处、香港公司、卢森堡公司等12家海外公司和服务机构,18个运营团队,西门子、GE、爱默生等知名跨国公司加盟其中。从"生产型制造"到"服务型制造"的转型,陕鼓走出了高质量发展的实践之路。陕鼓作为装备制造业转型升级国家方阵代表入选央视纪录片《大国重器——智慧转型》。

(2)我国硝酸工业生产始于1935年,但硝酸四合一机组成套技术一直以来完全依靠进口,投资成本高,多年来已成为严重制约我国硝酸生产的瓶颈。为了摆脱我国硝酸四合一机组成套技术受制于人的局面,陕鼓紧盯国际竞争对手,在硝酸四合一机组国产化的道路上砥砺前行,持续提升技术水平。目前由陕鼓集团自主研发设计制造的"双加压法硝酸四合一机组"已形成系列化,最大45—60万吨/年的大型硝酸机组达到世界一流水平,国内外应用业绩达一百多套。先后获得国家能源科技技术进步奖三等奖、陕西省科学技术奖一等奖、中国机械工业科学技术奖二等奖。2020年,重庆华峰化工年产36万吨的硝酸生产装置建成并成功投运。该硝酸生产装置是目前我国规模最大的硝酸生产装置。

2.动力用空压机迎来黄金期

一般动力用空压机早期主要是往复活塞式。20世纪60年代以后,国外双螺杆式空压机技术逐渐成熟并得到广泛的应用,基本替代了一般动力用往复式活塞空压机。这种新型的压缩机引起了国内很多科研机构和空压机厂家的注意和重视,也做了很多理论研究和试制工作。但由于国内加工设备的原因,始终无法达到理想的性能。

在20世纪80年代末开始,一大批国外螺杆空压机跨国企业纷纷到中国开展业务,设立贸易公司或中外合资企业。这些外资公司选择合资的对象,基本上都是有一定螺杆空压机设计生产能力的行业头部企业,如上海大隆、无锡压缩机、柳州富达等。这造成了整个90年代和21世纪初的十几年,我国国产螺杆空压机核心技术的压缩机主机几乎是空白。

2000年前后大量民营资本开始进入螺杆空压机行业,早期基本上都只是从国外进口主机,进行整机组装,且大多集中在中低端产品上。即便如此,民营企业特有的敏锐市场嗅觉加上顽强生命力,使我的螺杆空压机市场保留了一些国产螺杆机重要的生存土壤。

2006年以后,随着国内企业汉钟、鲍斯等螺杆主机制造企业开始形成批量生产,螺杆主机终于有了"中国芯"。国产化后的螺杆空压机迎来"黄金期",之后的10年年产量平均增长47.1%。

在国产企业逐步掌握螺杆空压机主机设计制造技术后,迸发了强大的动员和创新能力。我国螺杆主机核心技术水平和加工制造能力得到显著提高,与国外先进技术的差距逐渐追平,某些领域的创新已经超过了国内的某些外资产品。涌现了一批具有较强国际竞争力的企业,部分竞争力不强的外资品牌开始退出我国市场。

同时在主机国产化的推动下,国内螺杆空压机的市场价格逐年降低,市场容量和市场份额逐年提高。据中国通用机械工业协会统计,到2015年国产螺杆空压机占据了90%以上的市场份额。生产各类螺杆空压机30多万台。

国内具备双螺杆主机制造能力的主要有:上海汉钟精机股份有限公司、宁波鲍斯能源装备股份有限公司、苏州通润驱动设备股份有限公司、杭州久益机械股份有限公司、浙江开山压缩机股份有限公司、厦门东亚机械工业股份有限公司、鑫磊压缩机股份有限公司、中车北京南口机械有限公司、宁波欣达螺杆压缩机有限公司等。

3.我国节能减排与空压机节能

"既要金山银山,又要绿水青山",绿色发展已成为我国走新型工业化道路、调整优化经济结构、转变经济发展方式的重要动力,成为推动我国走向富强的有力支撑。节能和提高能效正在发挥"第一能源"作用。

节能对经济社会发展的支撑作用显著。党的十八大以来,我国单位GDP能耗累计下降23.3%,节能约11.7亿吨标准煤,相当于少排放二氧化碳约25亿吨。

锅炉、电机、照明等通用设备是直接的耗能装置,能耗量大,据相关数据统计,目前全国用电量的70%通过电动机、变压器、风机、压缩机、水泵等21类重点用能设备消耗。

我国高度重视高效节能技术和节能设备的推广应用。"十一五"和"十二五"期间,通过编制国家重点节能技术推广目录,实施"节能产品惠民工程",出台节能技术和设备企业所得税税收优惠政策,开展节能产品政府采购等一系列措施,构建了节能技术和节能设备推广的政策体系。

我国能效国家标准的不断完善对提高能效起到了非常重要的作用。截至目前,国家已经制定并发布实施了72项重点用能设备能效标准,涵盖电机、风机、水泵、压缩机等工业设备和空调、冰箱、照明等家用设备。

2005年起施行能效标识制度,目前已发布14批能效标识目录,涵盖了37类用能产品;2009年起组织实施节能产品惠民工程,通过节能产品补贴政策,充分发挥财政政策对节能产品消费的促进作用,不断扩大节能产品的市场份额,带动企业加快技术改造与产业升级;2014年起实施能效"领跑者"制度,定期发布能源利用效率最高的终端用能产品目录,通过树立标杆、政策激励、提高标准,形成推动终端用能产品、高耗能行业、公共机构能效水平不断提升的长效机制。

依据设备能效标准,加强对重点用能企业和重点用能设备的节能监管工作,对电机、变压器、水泵、风机、空压机等重点用能产品设备实施专项监察,推动用能设备节能技术改造,推广先进成熟的节能技术,推进重点行业、重点用能设备能效水平提升。

4.我国容积式空气压缩机能效推广领先世界

自20世纪80年代末、90年代初开始,能效标准和标识在推动节能技术进步、指导消费者购买高效节能的产品、促进节能减排等方面发挥了重要的作用。

美国是最早提出能效标识制度的国家,于1975年在《能源政策与节约法案》中规定了强制性能效标识制度。随后世界主要经济体开始效仿:加拿大(1978年)、澳大利亚(1985年)、日本(1989年)、欧盟(1992年)。而我国在2005年也开始了能效标识制度。

除了日本外(日本能效标签的责任主体是零售商),其他 5 个经济体的能效标识都是比较型标签,且都是强制实施模式(责任主体是制造商、进口商)。即设定一个优等的能效值为节能能效值,并且还规定了最低能效值,达不到最低能效值的不允许上市销售。能效标准随技术发展不断提高,这一制度可激励制造商不断改进最新产品的能效值。

我国从能效标识实施之初就建立运行并向公众开放了能效标识网站和信息数据库,现已累积 124 万多个型号产品数据。是世界上最齐全完备、数据量最庞大的用能产品数据系统。能为掌握世界用能产品能效现状,支撑节能政策设计实施提供权威支撑。

近年来我国互联网信息技术在产业应用及跨界融合等方面走在世界前列。我国在世界上率先为能效标识引入了二维信息码。2016 年发布实施了新版《能源效率标识管理办法》,明确将"能效信息码"作为能效标识的基本内容之一。

"能效信息码"将更完整准确的产品性能、符合性信息以及服务资源等传递给消费者,便于消费者快速识别能效等级更好的产品。

容积式空气压缩机能效推广更是走在了世界前列。空压机能效标识依据的是国家强制性标准 GB 19153《容积式空气压缩机能效限定值及能效等级》。2003 年中国发布了《容积式空气压缩机能效限定值和能效等级》国家标准 GB 19153—2003,2009 年升级了第二版 GB 19153—2009 版,现行版本为 2019 年发布的 GB 19153—2019 版,该版本在 2020 年 7 月 1 日实施。新标准体现了最新的空气压缩机的能源效率概念,也体现了能效的发展方向。

除此之外,由中国通用机械工业协会发布,经中国通用机械工业协会压缩机分会和气体净化设备分会牵头组织制订,合肥通用机电产品检测院和行业知名压缩机企业共同起草的团体标准 T/CGMA 033001—2018《压缩空气站能效分级指南》,自 2019 年 1 月 1 日起已正式实施。这是国内第一个,也是全球第一个关于压缩空气系统能效的行业团体标准,对整个中国压缩机行业的发展具有里程碑式的意义。

五、走向辉煌

1. 我国空压机产业集中区概览

我国空压机制造业从"十一五"开始加速发展,"十二五"期间是发展最快的时期,"十三五"进入降速提质发展新常态,大量创新、新技术成为行业品质提升的标志。

据国家统计局 2019 年统计,全国共有压缩机生产企业 525 家,销售收入 1811 亿元。按照所有制划分,国企的数量约 3%,股份制企业占 50 以上,民营、合资与独资企业占 45% 以上。

经过多年的建设与发展,我国空压机行业已形成了一个比较完整的工业体系。空压机产品品种齐全,设备、工艺、技术日益先进,空压机行业及相关配套行业逐渐形成了较为明显的产业聚集。

就一般用空气压缩机来说,华东地区是我国最大的空压机生产基地,企业数量和产量都超过了行业总量的一半(主要集中在上海、江苏、浙江、福建)。其次是华南地区(主要集中在广东)。除此之外,华北地区的北京、天津、河北、华中地区的江西、东北地区的辽宁、西南地区的四川、重庆均有一定规模的空压机产业集群。

空压机产业的未来仍旧将面临新的历史环境和新的挑战,只有坚持自主创新和深化转型升级,才能使压缩机制造业走向更加辉煌的明天。

2.未来方向、技术趋势

随着工业 4.0 的兴起,以及"工业化、信息化"两化融合的不断推进,空气压缩机制造企业在工业互联网大潮的推动下,正在技术和商业上试探性的研究开发和创新尝试。

(1)应用细分。

以往限于技术水平以及应用需求,空压机的压力、排气量、空气品质和安防等级等,都只有粗略的分布。但随着行业不断成熟,以及应用工况更加严苛、复杂化,空压机的研发生产以及选型更加细分,专业化更强。

(2)两极化发展。

一方面随着我国在天然气、煤化工等新领域开发的不断深入,对大型化压缩机设备的需求持续增加,国产化是重中之重。另一方面,随着气动工具产品的不断衍生,压缩空气的应用领域越来越广,对于小型压缩机设备的需求将呈现持续稳定增长之势。

(3)高效、节能、环保。

这不仅是与国家的节能环保要求和对能效的鼓励与扶持政策有关,也是市场竞争中企业的自我驱动。可以预见,高效、节能、环保将会是压缩机行业未来永久的发展方向。

(4)智能化、系统化。

随着机电一体化技术的发展,空压机人机交互以及自动运行控制将更为完善。另一方面空压机的控制,将从单台设备的控制发展为对整个压缩空气系统的控制,以及根据用户需求的控制策略。

(5)信息化。

基于物联网技术,一方面,空压机组远程监控,让空压机的运行操控与售后更加便捷。另一方面,大量设备运行使用数据为制造企业提供研发创新方向。

(6)注重核心技术开发。

关键零部件是压缩机产品发展的基础、支撑和瓶颈。当发展到一定阶段后,行业高技术的研究主要聚集在螺杆、电机、传动和控制技术等关键零部件上。只有掌握了关键零部件的应用与组合,企业才会拥有核心竞争力。

(7)机器人应用。

长期以来,很大部分的空压机制造企业依旧以低素质、非专业劳动力为主,停留在人工组装、简单加工等劳动密集型阶段。一方面,工人专业程度对产品品质有直接影响,机器人可避免这种影响;另一方面,机器人代替人工是解决劳动密集型产业与人力资本矛盾的重要途径。

(8)模块化设计。

模块化设计目前在空压机电机、变频器和控制器等单元上应用较多。对空压机整机进行模块化设计,不仅能提高产品应用范围,而且能够满足柔性制造、快速响应市场需求。

模块九　动设备机组对中找正

　　泵、压缩机等动设备机组通过联轴器来连接其主、从动设备的两根轴,并使其共同旋转以传递扭矩。联轴器由两半部分组成,分别与主动轴和从动轴连接,是轴系传动最常用的连接部件。

　　在动设备机组安装时,通过联轴器连接的主、从动轴,都不可避免地存在着由相对位移和相对倾斜所形成的安装误差,即两轴轴线不在一条直线上,导致动设备在运转过程中产生振动,轴承温度升高和磨损,机械密封泄漏等故障。

　　一般情况下,在动设备机组安装时,联轴器在轴向和径向会出现偏差或倾斜,可能有以下四种情况。

　　(1) $s_1 = s_3$,$a_1 = a_3$。两半联轴器端面处于既平行又同心的正确位置,此时,两轴线必定位于一条直线上。

　　(2) $s_1 = s_3$,$a_1 \neq a_2$。两半联轴器端面平行但轴线不同心,两轴线之间有平行的径向位移 $e = (a_3 - a_1)/2$。

　　(3) $s_1 \neq s_3$,$a_1 = a_2$。两半联轴器端面虽然同心但不平行,两轴线之间有夹角。

　　(4) $s_1 \neq s_3$,$a_1 \neq a_3$。两半联轴器端面既不同心又不平行,两轴线之间既有径向位移 e 又有夹角。

　　主、从动轴偏移示意图如图 9-1 所示。

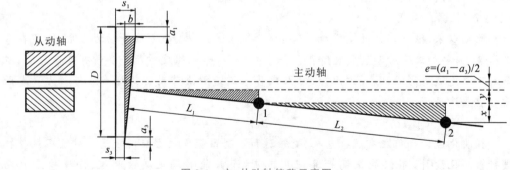

图 9-1　主、从动轴偏移示意图

　　两半联轴器第一种情况是找正致力达到的状态,而第二、三、四种情况都不正确,需要进行调整,找正目的就是使两半联轴器达到第一种情况,保证动设备机组在工作时主动轴和从动轴轴线在同一条直线上,即对中。

找正对中的精度关系到动设备机组能否正常运转,对高速运转的动设备机组尤为重要。具体来说,找正的目的主要有以下几个方面:

(1) 减少两轴相错或相对倾斜过大引起的振动和噪声;

(2) 避免轴和轴承间引起的附加径向载荷;

(3) 保证每根轴在工作中的轴向窜动量不受到对方的阻碍。

但须指出的是,主、从动轴绝对理想的找正对中是难以达到的,对连续运转的动设备机组要求始终保持准确的对中就更困难。各零部件的不均匀热膨胀、轴的挠曲、轴承的不均匀磨损、机器产生的位移及基础的不均匀下沉等,都是造成不易保持轴对中的原因。因此,在安装动设备机组时,规定两轴对中有一个允许偏差值,这也是安装联轴器时所需要的。因为单纯从装配角度讲,只要能保证联轴器安全可靠地传递扭矩,两轴对中允许的偏差值愈大,安装时愈容易达到要求。但是从安装质量角度讲,两轴对中偏差愈小,对中愈精确,动设备机组的运转情况愈好,使用寿命愈长。所以,不能错误地把联轴器安装时两轴对中的允许偏差看成安装人员施工所留的余量。

在动设备机组安装过程中,一般先安装从动设备(如泵),再安装减速器,最后安装主动设备(如电机)。减速器对从动设备而言可以看作是主动设备,对主动设备而言可以看作是从动设备。在从动设备安装到位并支平找正后,从动设备输入轴的位置就已确定,在后续的安装过程中,其位置始终是固定不变的。一般情况下,动设备机组找正是以从动设备的输入轴为基准,通过测量,来调整与基准轴连接的主动设备的输出轴,即待定轴的位置。

动设备机组对中找正的方法有简单找正法、单表找正法、两表找正法和三表找正法。

知识和技能 1　简单找正法

简单找正法是利用刀形尺和塞尺测量联轴器的不同心,利用楔形间隙轨和塞尺测量联轴器端面的不平行度,如图 9-2 所示。这种方法适用于弹性连接转速低、精度要求不高的设备。

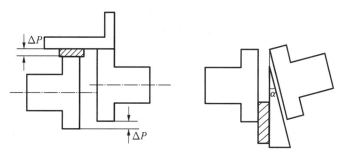

图 9-2　低转速、精度要求不高的找正方法

找正时注意以下事项。

(1) 在用塞尺和刀形尺找正时,联轴器径向端面的表面上应该平整、光滑、无锈、无毛刺。

（2）为了看清刀形尺的光线，最好采用光隙法。

（3）对于最终测量值，电机的地脚螺栓应是完全紧固，无一松动。

知识和技能 2 两表找正法

两表找正法的安装如图 9-3 所示，用磁性表座或专用夹具将百分表固定在其中一侧轴上，对另一侧轴的径向偏差 a 和轴向偏差 s 进行测量。同步盘动两轴，每隔 $90°$ 停下来测量记录一组数据，可获得 $0°$、$90°$、$180°$、$270°$ 四组数据，将测量数据记录在图 9-3 中右方所示的方位图内。值得注意的是，两轴重新转到 $0°$ 位置时，再一次测得的径向偏差和轴向偏差应与初次测量值相等，且 $a_1+a_3=a_2+a_4$，$s_1+s_3=s_2+s_4$，若有明显出入，应检查原因，排除后再重新测量。

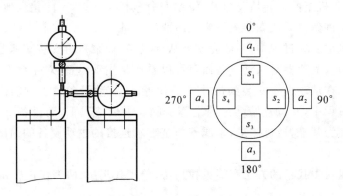

图 9-3　两表测量记录

在两表测量时，应检查并消除可能影响主、从轴同轴度的各种因素，如清理轴上的油污，锈斑及电机底脚、基础；连接轴时，保证两轴的间隙在规定范围内；用塞尺检查电机的底脚是否平整，有无虚脚，如果有，用塞尺测出数值，用铜皮垫实，消除虚脚；架表前，先进行粗找。否则偏差太大，百分表测量时，读数容易错误；安装磁性表座及百分表。架表要牢固，但要保证百分表测杆活动自如。测量径向的百分表测杆要尽量垂直轴线，其中心要通过轴心；为读数方便，将百分表的小表盘指针调到量程的中间位置，并最好调到整位数，大表盘指针调零。测量时，顺时针记为正数，逆时针记为负数。

（1）关于张口和偏心的讨论。

为便于分析，以轴向百分表打在电机侧为例进行讨论。

关于张口，即端面不平行，取决于 b 的正负。在竖直方向上，$b=s_1-s_3$，$b>0$ 为上张口，$b<0$ 为下张口；在水平方向上，$b=s_2-s_4$，$b>0$ 为 $90°$ 方位（右）张口，$b<0$ 为 $270°$ 方位（左）张口。

关于偏心，即两轴不同心，取决于 e 的正负。在竖直方向上，$e=(a_1-a_3)/2$，$e>0$ 为电机偏高，$e<0$ 为电机偏低；在水平方向上，$e=(a_2-a_4)/2$，$e>0$ 为电机偏向 $90°$ 方位（右），$e<0$ 为电机偏向 $270°$ 方位（左）。

例如，图 9-4(a)所示为某旋转设备主、从轴安装调整时，采用两表找正法进行测量所获得的数据结果。测量后按百分表格数记数,如记数 5 是指百分表指针跳过 5 格,在实践中,技术人员习惯称为 5"道"或 5"丝",实为 0.05 mm。按上述张口和偏心分析思路对所测径向和轴向偏差进行处理后,可获得图 9-4(b)的偏差分析结果。

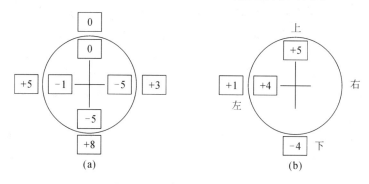

图 9-4　两表测量及偏差分析

依据偏差分析结果,可知两轴在竖直方向和水平方向上的张口和偏心情况。如图9-5所示,在竖直方向上,上张口,电机偏低;在水平方向上,270°方位(左)张口,电机偏向270°方位(左)。

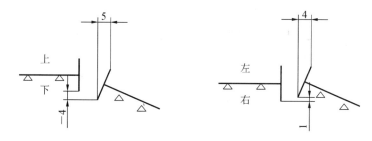

图 9-5　两向张口和偏心分析

(2) 调整计算。

仍假定轴向百分表打在电机侧,图 9-1 所示为竖直方向 $b>0,e<0$ 的情况,以竖直方向垫片调整量计算为例进行说明。

首先消除张口,以实现两轴端面平行。由图 9-1 可知,在支座 2 上增加厚度为 x 的垫片即可,再消除偏心,以实现两轴同心;再在支座 1、支座 2 上同时增加厚度为 $y-e$(考虑 e 的正负)的垫片即可。

综合起来,支座 2 增加垫片厚度 $x+y-e$,支座 1 增加垫片厚度 $y-e$。

利用相似三角形原理,$x=\dfrac{b}{D}L_2$,$y-e=\dfrac{b}{D}L_1-\dfrac{a_1-a_3}{2}$(式中 D 为联轴器直径,L_1 为前支座到联轴器上测量面的距离,L_2 为前后支座之间的距离)。

按照前文张口和偏心讨论的结果,可先绘制两轴的位置关系图,再按上述相似三角形原理进行几何处理,可推导出主、从轴不同位置关系时竖直方向上调整量的计算公式。事实上,上述计算公式不仅适用于竖直方向 $b>0,e<0$ 的情况,也适用于竖直方向的其他情况,其具有通用性。

若轴向百分表打在电机侧，$x+y-e>0$ 和 $y-e>0$ 表示增加垫片，反之表示减垫片；若轴向百分表打在设备侧，$x+y+e>0$ 和 $y+e>0$ 表示减垫片，反之表示增垫片。

竖直方向上垫片的增减调整量或水平方向上支座的移动调整量是依据测量数据和几何处理得出的，而测量数据和几何处理之间实际上存在着一定的误差。主、从轴同轴度越小，测量数据和几何处理之间的误差越小。在主、从轴同轴度优化之前，鉴于测量数据和几何处理之间的误差相对较大，因而按上述数据处理思路所得的调整量不完全精确。虽然首次计算的调整量与实际需要有出入，但依然可按此数据进行两个方向上的调整，因为主、从轴的同轴度是随着调整不断收敛减小的。如此重复测量数据，并按照几何关系进行处理，多次调整后完全可满足偏差要求。

此外，水平方向的调整一般在竖直方向完成以后进行，竖直方向上的调整一般通过计算来增减调整量，水平方向可在前后支座位置水平顶置百分表，一边看着表的读数，一边进行调整。

（3）两表实例。

采用两表进行测量，轴向百分表打在电机侧，结果如图 9-6 所示。

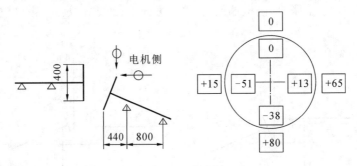

图 9-6　两表实例

在竖直方向上，由于 $b=0-(-38)=38>0$、$e=(0-80)/2=-40<0$，表明上张口、电机偏低。在水平方向上，由于 $b=13-(-51)=64>0$、$e=(65-15)/2=25>0$，表明 90°方位（右）张口、电机偏向 90°方位（右）。

前支座比例 $\dfrac{L_1}{D}=\dfrac{440}{400}=1.1$，后支座比例 $\dfrac{L_1+L_2}{D}=\dfrac{440+800}{400}=3.1$。

在竖直方向上，前支座 $y-e=1.1\times38-(-40)=81.8>0$，即增加垫片 0.818 mm，后支座 $x+y-e=3.1\times38-(-40)=157.8>0$，即增加垫片 1.578 mm。

在水平方向上，前支座 $y-e=1.1\times64-25=45.4>0$，即向 90°方位（右）移动 0.454 mm，后支座 $x+y-e=3.1\times64-25=173.4>0$，即向 90°方位（右）移动 1.734 mm。

在联轴器的调整过程中，应保证两个半联轴器的端面绝对平行。两个半联轴器的轴线绝对在同一直线上只是一种理想化的状态，在现场的实际调整过程中不可能达到，所以在联轴器的安装、调整过程中就必须确定一个误差范围。在调整联轴器之前先要调整两联轴器端面之间的间隙，此间隙应大于轴的轴向窜动量。联轴器的形式有多种多样，同一形式联轴器的规格也有多种，不同形式和不同规格的联轴器同轴度及端面间隙要求也不相同。

知识和技能 3 三表找正法

三表找正示意图如图 9-7 所示。三表找正法用两块百分表测轴向偏差,以消除转轴在回转时产生窜动所带来的影响,第三块百分表用来测量径向偏差。

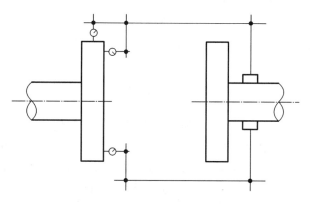

图 9-7 三表找正示意图

测量轴向偏差的两块百分表应距轴中心线距离相等,并尽可能使两测量点间的距离大一些,以提高找正精度。架好百分表后,试转一圈,检查径向百分表回原位,轴线方向上两块百分表回原位或变化相同。在测量时,两轴应在同方向同步转动,以使测量点基本在同一位置,可以减少由于零件制造误差(如联轴器轮毂不圆、联轴器轮毂同主轴偏心及歪斜等)而带来的测量误差。

三表找正法仅比两表找正法多了一块轴向测量百分表,故所测径向偏差的处理过程与两表找正法一致,轴向偏差可按公式 $S_i = (s_i + s_i')/2$ 先行算术平均处理,之后仍按两表找正法思路进行处理。记录数据时,每隔 90° 记录一组数据,所测数据须进行复核,0° 和 360° 径向偏差应相同、轴向偏差增加或减少量应一致,相对位置径向偏差之和应相等。

前文所述两表找正法和三表找正法的数据处理过程是针对冷态条件下主、从轴同轴度而言的,即在设备停车状态下,主、从轴处于实际作业环境温度时实现的在允许误差范围内的理想意义上的无负荷同轴。而实际情况是,设备在运转工况即热态下因带负荷、各部件发生热膨胀等因素,必然会引起主、从轴位置的变化。因此,冷态时主、从轴的完全同轴,不能保证设备在热态时的正常工作,甚至会造成严重的设备事故。在对旋转设备主、从轴进行安装调整时,为保证热态时的偏差在允许范围内,设备能够正常运转,一般要求主、从轴在冷态时有一定的偏差。有冷态不同轴要求的设备,需要依据设备主、从轴安装开口量和偏心量等技术要求,先找出冷态时的偏差要求值,再以此值对冷态测量偏差值进行修正,之后才能按上述两表找正法和三表找正法数据处理思路进行调整量计算,从而保证设备热态时处于理想的工作状态。

某旋转设备采用三表找正法进行测量,测量结果如图 9-8 所示。其中,$L_1 = 300$ mm,$L_2 = 1200$ mm,$D = 200$ mm。对同一圆周位置轴向偏差的两测量值进行算术平均处理,

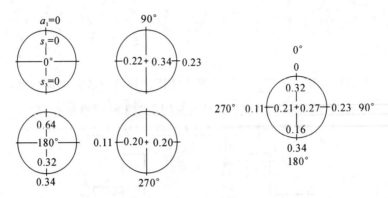

图 9-8　三表实例

连同径向偏差一同填入测量记录图中(此处测量值按 mm 记数)。

需要注意的是,此时轴向偏差百分表打在设备侧,因此,开口的判断结果与轴向百分表打在电机侧是相反的,偏心的判断结果不变。在竖直方向上,由于 $b=0.32-0.16=0.16>0$、$e=(0-0.34)/2=-0.17<0$,表明下张口、电机偏低。在水平方向上,由于 $b=0.27-0.21=0.06>0$、$e=(0.23-0.11)/2=0.06>0$,表明 270°方位(左)张口、电机偏向 90°方位(右)。

前支座比例 $\dfrac{L_1}{D}=\dfrac{300}{200}=1.5$,后支座比例 $\dfrac{L_1+L_2}{D}=\dfrac{300+1200}{200}=7.5$。

在竖直方向上,前支座 $y+e=1.5\times0.16+(-0.17)=0.07>0$,即减去垫片 0.07 mm,后支座 $x+y+e=7.5\times0.16+(-0.17)=1.03>0$,即减去垫片 1.03 mm。

在水平方向上,前支座 $y+e=1.5\times0.06+0.06=0.15>0$,即向 270°方位(左)移动 0.15 mm,后支座 $x+y+e=7.5\times0.06+0.06=0.51>0$,即向 270°方位(左)移动0.51 mm。

知识和技能 4　单表找正法(选学)

1. 数学法

(1) 调整图的几何处理。

A 轴为待定轴,B 轴为标准轴。将百分表架于 B 轴联轴器上,对 A 轴联轴器的径向偏差进行测量,称为 B 打 A。反之,称为 A 打 B。为消除两联轴器加工几何误差对测量结果的影响,在测量时,两联轴器应保持同步转动。在 B 打 A 时,按旋转方向,每隔 90°记录一次测量结果,所测 A 轴联轴器径向偏差分别记为 A_1、A_2、A_3、A_4。同理,在 A 打 B 时,所测 B 轴联轴器径向偏差分别记为 B_1、B_2、B_3、B_4。互打所测数据应在允许误差范围内满足 $A_1+A_3=A_2+A_4$,$B_1+B_3=B_2+B_4$。其中,A_1 与 A_3、B_1 与 B_3 表示竖直方向,A_2 与 A_4、B_2 与 B_4 表示水平方向,如图 9-9 所示。为了方便记录测量结果,在 0°方位时,可以通过调整百分表使 $A_1=0$,$B_1=0$。规定:在其余方位时,百分表顺时针转动,记为正数,反之,记为负数。考虑到分析过程的便利性,下面以竖直方向为例对调整图的几何处理过程进行说明。

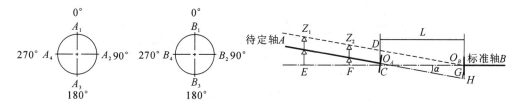

图 9-9　调整图几何处理

过 A 轴联轴器中心 O_A 向 B 轴线作 $O_AC \perp O_BC$，$O_AC = \frac{1}{2}|A_3|$（由 $O_AC + \frac{d}{2} = |A_1| = 0$ 和 $\frac{d}{2} - O_AC = |A_3|$ 推导而来，式中 d 为联轴器直径）。过 B 轴联轴器中心 O_B 向 A 轴线作 $O_BG \perp O_AG$，$O_BG = \frac{1}{2}|B_3|$（推导过程同上）。令 A、B 轴线夹角为 α，则 $O_BH = \frac{O_BG}{\cos\alpha}$。两联轴器测量面之间的距离为 L，若 $L \gg d$，则 $\alpha \to 0$，$\cos\alpha \to 1$，$O_BH \approx O_BG = \frac{1}{2}|B_3|$。

此时，如将 A 轴向上平移 O_BH，A 轴即到达图 9-9 中虚线所示位置，且经过 B 轴联轴器中心 O_B 点。在图 9-9 所示三角形 $\triangle CO_BD$ 中，$CD = O_AC + O_BH = \frac{1}{2}(|A_3| + |B_3|)$，$O_BC = L$。由此可见，若能单表互测获得 90°方位的 A_3 与 B_3 径向偏差值，则作图后所构成的 $\triangle CO_BD$ 即为已知三角形。

（2）调整量的数学推导。

根据 A_3 与 B_3 的测量结果，A 轴与 B 轴之间可能有图 9-10 依次所示的四种位置情况，分别为 $A_3 < 0$，$B_3 < 0$；$A_3 < 0$，$B_3 > 0$；$A_3 > 0$，$B_3 > 0$；$A_3 > 0$，$B_3 < 0$。图 9-10 中 L_1、L_2 分别表示 A 轴前后支脚之间的距离、前支脚与 A 轴联轴器测量面之间的距离。下面分情况进行讨论，在进行公式推导时，A、B 互测所得径向偏差值均带正负号进行运算。

① $A_3 < 0$，$B_3 < 0$。

在 A 轴平移至虚线位置后

$$CD = O_AC + O_BH = -\frac{1}{2}A_3 - \frac{1}{2}B_3 = -\frac{1}{2}(A_3 + B_3)$$

由 $\triangle CO_BD \backsim \triangle FO_BZ_2$ 可知

$$Z_2F = \frac{FO_B}{CO_B}CD = -\frac{1}{2}\frac{L_2 + L}{L}(A_3 + B_3)$$

由 $\triangle CO_BD \backsim \triangle EO_BZ_1$ 可知

$$Z_1E = \frac{EO_B}{CO_B}CD = -\frac{1}{2}\frac{L_1 + L_2 + L}{L}(A_3 + B_3)$$

由图 9-10 可知，前支座取出垫片厚度为

$$\Delta_1 = Z_2F - O_BH = -\frac{1}{2}\frac{L_2 + L}{L}(A_3 + B_3) + \frac{1}{2}B_3$$

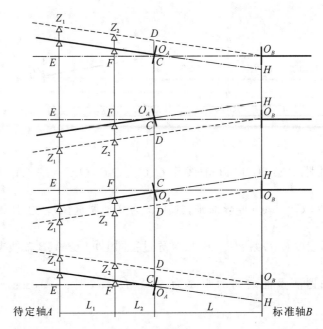

$$\text{图 9-10} \quad \text{调整量计算}$$

后支座取出垫片厚度为

$$\Delta_2 = Z_1 E - O_B H = -\frac{1}{2} \frac{L_1 + L_2 + L}{L}(A_3 + B_3) + \frac{1}{2}B_3$$

② $A_3 < 0, B_3 > 0$。

在 A 轴平移至虚线位置后

$$CD = O_B H - O_A C = \frac{1}{2}B_3 - \left(-\frac{1}{2}A_3\right) = \frac{1}{2}(A_3 + B_3)$$

由 $\triangle CO_B D \backsim \triangle FO_B Z_2$ 可知

$$Z_2 F = \frac{FO_B}{CO_B}CD = \frac{1}{2} \frac{L_2 + L}{L}(A_3 + B_3)$$

由 $\triangle CO_B D \backsim \triangle EO_B Z_1$ 可知

$$Z_1 E = \frac{EO_B}{CO_B}CD = \frac{1}{2} \frac{L_1 + L_2 + L}{L}(A_3 + B_3)$$

由图 9-10 可知,前支座增加垫片厚度为

$$\Delta_1 = Z_2 F - O_B H = \frac{1}{2} \frac{L_2 + L}{L}(A_3 + B_3) - \frac{1}{2}B_3$$

后支座增加垫片厚度为

$$\Delta_2 = Z_1 E - O_B H = \frac{1}{2} \frac{L_1 + L_2 + L}{L}(A_3 + B_3) - \frac{1}{2}B_3$$

③ $A_3 > 0, B_3 > 0$。

在 A 轴平移至虚线位置后

$$CD = O_A C + O_B H = \frac{1}{2}A_3 + \frac{1}{2}B_3 = \frac{1}{2}(A_3 + B_3)$$

由 $\triangle CO_BD \backsim \triangle FO_BZ_2$ 可知

$$Z_2F = \frac{FO_B}{CO_B}CD = \frac{1}{2}\frac{L_2+L}{L}(A_3+B_3)$$

由 $\triangle CO_BD \backsim \triangle EO_BZ_1$ 可知

$$Z_1E = \frac{EO_B}{CO_B}CD = \frac{1}{2}\frac{L_1+L_2+L}{L}(A_3+B_3)$$

由图 9-10 可知,前支座增加垫片厚度为

$$\Delta_1 = Z_2F - O_BH = \frac{1}{2}\frac{L_2+L}{L}(A_3+B_3) - \frac{1}{2}B_3$$

后支座增加垫片厚度为

$$\Delta_2 = Z_1E - O_BH = \frac{1}{2}\frac{L_1+L_2+L}{L}(A_3+B_3) - \frac{1}{2}B_3$$

④ $A_3>0,B_3<0$。

在 A 轴平移至虚线位置后

$$CD = O_BH - O_AC = -\frac{1}{2}B_3 - \frac{1}{2}A_3 = -\frac{1}{2}(A_3+B_3)$$

由 $\triangle CO_BD \backsim \triangle FO_BZ_2$ 可知

$$Z_2F = \frac{FO_B}{CO_B}CD = -\frac{1}{2}\frac{L_2+L}{L}(A_3+B_3)$$

由 $\triangle CO_BD \backsim \triangle EO_BZ_1$ 可知

$$Z_1E = \frac{EO_B}{CO_B}CD = -\frac{1}{2}\frac{L_1+L_2+L}{L}(A_3+B_3)$$

由图 9-10 可知,前支座取出垫片厚度为

$$\Delta_1 = Z_2F - O_BH = -\frac{1}{2}\frac{L_2+L}{L}(A_3+B_3) + \frac{1}{2}B_3$$

后支座取出垫片厚度为

$$\Delta_2 = Z_1E - O_BH = -\frac{1}{2}\frac{L_1+L_2+L}{L}(A_3+B_3) + \frac{1}{2}B_3$$

此外,第②种情况 $A_3<0,B_3>0$ 与第④种情况 $A_3>0,B_3<0$ 也有可能是图 9-11 和图 9-12 所示调整计算图,公式推导结果却与第①种和第③种情况一致。

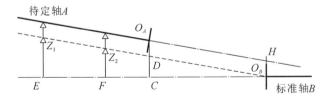

图 9-11　$A_3<0,B_3>0$ 的另一种情况

综合上述各种情况,在第①种和第④种位置关系需要取出垫片厚度的计算公式前添加负号,第②种和第③种位置关系需要增加厚度的计算公式保持不变,则在竖直方向上的调整量计算公式可统一采用下式表达。

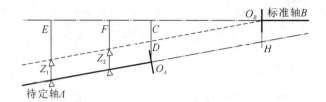

图 9-12　$A_3 > 0, B_3 < 0$ 的另一种情况

$$\Delta_1 = \frac{1}{2} \frac{L_2 + L}{L} (A_3 + B_3) - \frac{1}{2} B_3 \qquad ①$$

$$\Delta_2 = \frac{1}{2} \frac{L_1 + L_2 + L}{L} (A_3 + B_3) - \frac{1}{2} B_3 \qquad ②$$

在式①和式②中，A_3 与 B_3 均代入正、负号进行计算，计算结果的正负有实际含义，$\Delta_{(1,2)} > 0$，表示要增加垫片，反之，表示要取出垫片。

按照上述思路，水平方向调整量的计算公式应为

$$H_1 = \frac{1}{2} \frac{L_2 + L}{L} (A_4 - A_2 + B_4 - B_2) - \frac{1}{2} (B_4 - B_2) \qquad ③$$

$$H_2 = \frac{1}{2} \frac{L_1 + L_2 + L}{L} (A_4 - A_2 + B_4 - B_2) - \frac{1}{2} (B_4 - B_2) \qquad ④$$

在式③和式④中，$A_{(2,4)}$ 与 $B_{(2,4)}$ 同样代入正、负号进行计算，若 $H_{(1,2)} > 0$，表示水平方向向 A_2 方位移动，反之，表示水平方向向 A_4 方位移动。

（3）关于张口和中心的讨论。

仍以竖直方向为例，如图 9-13 所示。

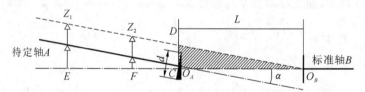

图 9-13　张口分析

由斜线阴影三角形 $\triangle CO_B D$ 与涂黑阴影三角形相似可知 $\dfrac{CD}{DO_B} = \dfrac{\Delta_k}{d}$，由 $\cos\alpha \to 1$，则竖直方向开口量可表示为

$$\Delta_k = \frac{d \dfrac{A_3 + B_3}{2}}{\dfrac{L}{\cos\alpha}} = \frac{A_3 + B_3}{2} \frac{d}{L} \cos\alpha \approx \frac{A_3 + B_3}{2} \frac{d}{L} \qquad ⑤$$

同理，水平方向开口量为

$$H_k \approx \frac{(A_4 - A_2 + B_4 - B_2)}{2} \frac{d}{L} \qquad ⑥$$

在式⑤、式⑥中，$\Delta_k > 0$，表示竖直方向上张口，$\Delta_k < 0$ 表示竖直方向下张口。$H_k > 0$ 表示水平方向 A_2 方位张口，$H_k < 0$，表示水平方向 A_4 方位张口。当然，$H_k = 0$ 和 $\Delta_k = 0$

表示水平和竖直方向均无开口。事实上，若 $L \gg d$，则 $H_k \rightarrow 0$，$\Delta_k \rightarrow 0$，即在水平和竖直方向上开口量是很小的，前文中对径向偏差的近似处理 $O_B H \approx O_B G = \frac{1}{2} |B_3|$ 是有意义的。

至于联轴器中心高低和左右（90°方位为左）情况，$A_3 < 0$ 表示在竖直方向上 A 轴中心高于 B 轴中心，$A_4 - A_2 < 0$ 表示在水平方向上 A 轴中心左于 B 轴中心。

（4）关于冷态不对中的讨论。

对中通常是机器处于常温下进行的，即冷对中。机器运转后由于各部分温度不同，膨胀量也就不同，要保证在运转状态下对中即热对中，则在冷态对中时就必须考虑热膨胀量，这样就破坏了冷对中，但冷态不对中却能较好地保证热对中。

若冷态径向偏差实际测量结果以 $a_{(1-4)}$ 和 $b_{(1-4)}$ 表示，机器冷态不对中规定径向偏差以 $a'_{(1-4)}$ 和 $b'_{(1-4)}$ 表示，则将 $A_{(1-4)} = a_{(1-4)} - a'_{(1-4)}$ 和 $B_{(1-4)} = b_{(1-4)} - b'_{(1-4)}$ 分别代入公式①到式④中，便可直接确定前后支座调整量，冷态不对中问题也得到了解决。

在联轴器单表对中作业数学方法的演算过程中，基于 $L \gg d$ 对径向偏差作了近似处理，由此可见，单表对中法适用于联轴器直径较小，联轴器档口之间的距离较大的场合，且二者相差越大，对中精度越高。单表对中的数学方法无须作图分析，若预先将计算公式编入移动版 Excel 计算表中，作业人员只需输入所测得的径向偏差值，便可直接获得竖直和水平方向上的调整量。此方法简单易行，可有效提高对中作业速度，并获得满意的对中结果。

2.几何法和解析法

为了便于分析，下面以竖直方向调整量获取的数据处理过程为例进行说明。水平方向调整量可按以下思路进行类比推导获取。

（1）几何法。

以图 9-14 所示找正调整图的几何作图过程为例进行说明。

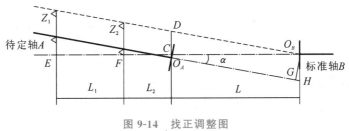

图 9-14　找正调整图

可先绘制标准轴 B 轴，之后，依据径向偏差 B_3 值确定 H 点。若 $B_3 < 0$，则 H 点位于 O_B 点的正下方；反之，H 点位于 O_B 点的正上方，由 $O_B H \approx O_B G = \frac{1}{2} |B_3|$ 便可确定 H 点。接下来确定 O_A 点，若 $A_3 > 0$，则 O_A 点低于 O_B 点；反之，O_A 点高于 O_B 点，由 L 和 $O_A C = \frac{1}{2} |A_3|$ 便可确定 O_A 点。连接 $O_A H$ 便可确定待定轴 A 轴位置。最终，由常量 L、L_1 和 L_2 找到前后垫脚对应位置，便可直接在所作几何图形上测量获取前后垫脚的上下调整量。

（2）解析法。

参照图 9-14 所示调整图，以 O_B 为原点，标准轴 B 轴为 x 轴，B 轴联轴器径向为 y 轴构建直角坐标系，则 O_A 和 H 点的坐标分别为 $(-L, -A_3/2)$ 和 $(0, B_3/2)$。待定轴 A 轴可由直线 $O_A H$ 表示，其方程表达式为 $y = kx + b$，其中，斜率 $k = (A_3 + B_3)/2L$，截距 $b = B_3/2$。分别令 $x = -(L + L_2)$ 和 $x = -(L + L_2 + L_1)$，便可求出前、后垫脚竖直方向上的调整量 $y_前$ 和 $y_后$，若 $y_{(前/后)} > 0$，表示要取出垫片，反之，表示要增加垫片。

3. 单表验证实例

A 轴为待定侧转轴，B 轴为基准侧转轴，以 B 轴为基准对 A 轴找正。采用单表法进行找正，测量结果如图 9-15 所示（此处测量值按 mm 记数）。

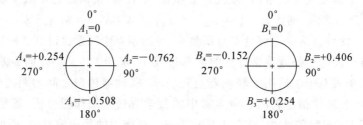

图 9-15　找正实例

离心压缩机前、后垫脚之间的距离 $L_1 = 1200$ mm，前垫脚与联轴器测量面之间的距离 $L_2 = 300$ mm，两联轴器测量面之间的距离 $L = 300$ mm。下面以待定侧压缩机前、后垫脚上下调整量的求取为例对前述三种方法进行验证。

（1）将所测径向偏差和常量代入计算公式，按前述数学法求取调整量。

前垫脚上下调整量为

$$\Delta_1 = \frac{1}{2}(A_3 + B_3) - \frac{1}{2}B_3$$

$$= \frac{1}{2} \times \frac{300 + 300}{300} \times (-0.508 + 0.254) - \frac{1}{2} \times 0.254$$

$$= -0.381 \text{(mm)}$$

后垫脚上下调整量为

$$\Delta_2 = \frac{1}{2}\frac{L_1 + L_2 + L}{L}(A_3 + B_3) - \frac{1}{2}B_3$$

$$= \frac{1}{2} \times \frac{1200 + 300 + 300}{300} \times (-0.508 + 0.254) - \frac{1}{2} \times 0.254$$

$$= -0.889 \text{(mm)}$$

由计算结果可知，Δ_1 和 Δ_2 均为负数，说明前后垫脚均应减少垫片厚度，前垫脚降 0.381 mm，后垫脚降 0.889 mm。

（2）依据所测径向偏差和常量作几何图，按前述几何法求取调整量。

由于 $A_3 < 0$，故 A 联轴器中心 O_A 高于 B 轴联轴器中心 O_B，由 $O_A C = \frac{1}{2}|A_3| = 0.254$ mm 和 $L = 300$ mm 可确定 O_A 点位置。由于 $B_3 > 0$，故 H 点位于 B 轴联轴器中心 O_B

上方，由 $O_BH = \dfrac{1}{2}|B_3| = 0.127$ mm，可确定 H 点位置。连接 O_AH 便确定了 A 轴的实际位置，如图 9-16 所示。由 $L_1 = 1200$ mm 和 $L_2 = 300$ mm 便可确定前、后垫脚的位置，很显然，A 轴前后垫脚均需降低，量取 Z_1E 和 Z_2F 长度，便可知前、后垫脚实际降低的数值。

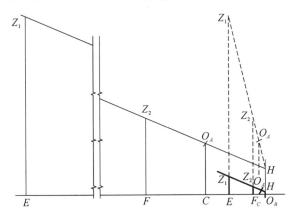

图 9-16　数据几何处理

在实际作图时，由于 O_AC、O_BH 及常量 L、L_1、L_2 的数值大小相差较大，若按数值真实大小进行作图，作图困难且不准确。因此，可在两个方向上按不同比例进行绘制，Z_1E 和 Z_2F 的实际测量值只需按绘制比例进行换算即可，并不影响调整量的最终结果。在图 9-16 中，细实线表示的 O_AC 和 O_BH 均放大了 1000 倍，L、L_1、L_2 采用原值，细实线表示的 $Z_1E = 889$ mm，$Z_2F = 381$ mm；粗实线表示的 O_AC 和 O_BH 均放大了 100 倍，L、L_1、L_2 均缩小了 10 倍，粗实线表示的 $Z_1E = 88.9$ mm，$Z_2F = 38.1$ mm；虚线表示的 O_AC 和 O_BH 均放大了 1000 倍，L、L_1、L_2 均缩小了 10 倍，虚线表示 $Z_1E = 889$ mm，$Z_2F = 381$ mm。不同的绘图结果只要按相应的绘图比例进行换算，结果必然一致，即前垫脚降 0.381 mm，后垫脚降 0.889 mm。

（3）将所测径向偏差和常量代入方程，按前述解析法求取调整量。

待定侧转轴所在 O_AH 直线方程为

$$y = \frac{A_3 + B_3}{2L}x + \frac{B_3}{2} = \frac{-0.508 + 0.254}{2 \times 300}x + \frac{0.254}{2}$$

当 $x = -(L + L_2) = -600$ mm 时，$y_{前} = 0.381$ mm；

当 $x = -(L + L_2 + L_1) = -1800$ mm 时，$y_{后} = 0.889$ mm。

计算结果 $y_{(前/后)} > 0$，表明前后垫脚在竖直方向上均需取出垫片，分别降低 0.381 mm 和 0.889 mm。

（4）小结。

几何法可采用坐标纸或 CAD 软件进行作图，直观明了，无须计算。数学法和解析法可采用 Excel 表或程序语言预先编制好计算过程，计算简便，快速直接。本文用离心压缩机联轴器单表找正实例对数学法、几何法和解析法进行了验证，取得了一致的调整结果。在具体找正作业时，若还需考虑机组运行时的热膨胀量，即要求冷态不对中，可先按冷态不对中规定偏差数据对单表找正测量数据进行修正即可，上述三种数据处理方法依然可行。

（5）两表找正检修单（见图 9-17）。

基本信息	设备位号	组员		指导教师

	测量数据： 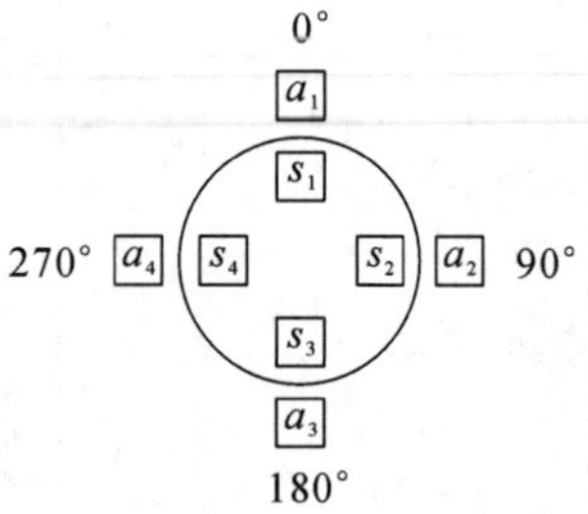

联轴器计算图（只画竖直方向）：

计算垫片调整量（写出竖直方向的计算公式及过程）：

找正过程记录

1.找正结果数据测量填写：

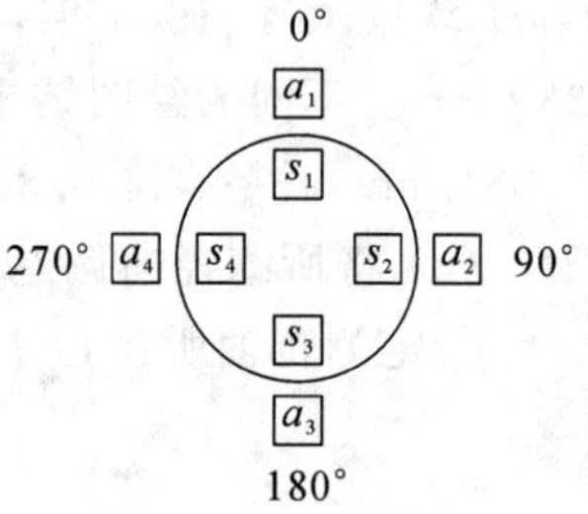

找正检修结果

2.检修标准情况　符合□　不符合□
3.试车情况　符合□　不符合□
4.工完料尽场地清　符合□　不符合□
5.遗留问题：
说明：2-5 栏由指导教师填写！

图 9-17　两表找正检修单

★ 素质拓展阅读 ★

工匠精神：执着专注、精益求精、一丝不苟、追求卓越

通过本模块知识和技能的学习，我们可以深刻体会到化工设备检维修应"精益求精"。执着专注、精益求精、一丝不苟、追求卓越的工匠精神，既是中华民族工匠技艺世代传承的价值理念，也是我们立足新发展阶段、贯彻新发展理念、构建新发展格局、推动高质量发展的时代需要。

"天下大事，必作于细"。在我国广大一线技术工人中，涌现出一大批以苦为乐、勤学技术、苦练本领、执着专注、追求卓越的高技能人才。正是以干一行、爱一行、钻一行的精神做支撑，他们用巧手造就"慧眼"卫星遨游太空、"奋斗者"号载人潜水深探万米海底、"复兴号"高铁疾驰南北、港珠澳大桥全线贯通……科学和技术密不可分，再高端的技术、再先进的设备、科技含量再高的产品，都离不开技术工人操作生产。

精益求精是工匠精神的灵魂所在。它对技术工人提出了严格的要求，需要不断提升技艺、产品、质量，甚至达到"技可进乎道，艺可通乎神"的境界。"80后"周皓是中国科学院深海科学与工程研究所的一名钳工。他在辽宁省阜新矿业集团机械制造公司工作期间，练就了一身过硬的技术本领，仅用手触摸就能感知头发丝1/16粗细深度的痕迹。手工加工两个配合在一起的零部件，接缝处不透水。参与深海科研设备安装后，技艺要求更加精湛。"在安装调试过程中，无论遇到何种'疑难杂症'，只要经过我的手，就能得到圆满解决。我至今仍保持着零件加工制作零失误的纪录。"周皓说。

技能强则中国强。进入新发展阶段，我国经济由高速增长阶段转向高质量发展阶段。人力资本对经济增长的贡献率逐渐提高。经济发展过程中遇到的结构性就业矛盾深刻表明，培养一支高技能人才队伍是抓住新一轮科技革命机遇、为战略性新兴产业提供人才支撑、促进高质量就业的当务之急。

近年来，我国技能人才工作取得积极成效。截至2020年底，全国技能劳动者超过2亿人，其中高技能人才约5800万人，高技能人才占技能人才的比例近30％。但是，高技能人才在总量、结构、培养、使用等方面，与实际需求仍存在一定差距。"十四五"时期，我国将以实施技能中国行动为牵引，大规模多层次培育技能人才。具体目标为，实现新增技能人才4000万人以上，技能人才占就业人员比例达30％，东部省份高技能人才占技能人才比例达35％，中西部省份高技能人才比例在现有基础上提高2个至3个百分点。

新的时代需求丰富了劳动的内涵，使工匠精神成为对劳模精神、劳动精神的升华，强调了在技术上的不懈追求。从不同行业涌现出来的大国工匠身上，我们能发现他们最闪亮的共同之处：执着专注、精益求精、一丝不苟、追求卓越。这些特征不仅仅是高技能人才群体美好的品质，更是广大劳动者在不同岗位长期积淀形成的心无旁骛钻研技能的专业素质、持之以恒力求完美的职业精神。

如今，全社会弘扬工匠精神、厚植工匠文化、恪守职业道德、崇尚精益求精。为培育更多大国工匠，打造更多享誉世界的中国品牌，需要不断完善激励机制，树立终身学习理念，鼓励技能人才把职业作为事业，把谋生与实现自我价值融为一体，通过劳动和创造磨

炼意志、提高自己、赢得未来。

经济高质量发展需要能工巧匠的高超技艺,社会文化需要弘扬精益求精的工匠精神。在平凡的岗位上创造精品和佳绩,展现价值和作为,收获幸福和快乐,应当成为每一位劳动者的共同心声和普遍追求。

主要参考文献

[1] 中国石油和石化工程研究会.炼油设备工程师手册[M].北京:中国石化出版社,2010.

[2] 杨可桢,程光蕴,李仲生.机械设计基础[M].5版.北京:高等教育出版社,2006.

[3] 李宽圣,马文友.化工机泵拆装实训指导[M].北京:北京理工大学出版社,2013.

[4] 技能士の友编辑部.操作工具常识及使用方法[M].徐之梦,翁翎,译.北京:机械工业出版社,2017.

[5] 潘传九.化工设备机械基础[M].2版.北京:化学工业出版社,2007.

[6] 中国石油化工集团公司人事部,中国石油天然气集团公司人事服务中心.机泵维修钳工[M].北京:中国石化出版社,2011.

[7] 靳兆文.化工检修钳工实操技能[M].北京:化学工业出版社,2010.

[8] 成大先.机械设计手册(第2、3卷)[M].5版.北京:化学工业出版社,2008.

[9] 文斌.联轴器设计选用手册[M].北京:机械工业出版社,2009.

[10] 曾正明.常用工具速查手册[M].北京:机械工业出版社,2012.

[11] 黄红兵,庞瑞青,黄慧.运转设备对中找正及其计算方法[J].化工机械,2013,40(1):65-67.

[12] 杨爱学.提高离心式压缩机联轴器找正精度的方法[J].中氮肥,2009(2):56-57.

[13] 张健飞,李桂莉,苟巍,等.单表找正的手机程序法[J].石油和化工设备,2014,17(12):57-60.

[14] 张俊义.联轴器单表找正的数学方法[J].机械研究与应用,2017,3(30):39-45.

[15] 中国石油化工集团公司职业技能鉴定指导中心.机泵维修钳工[M].北京:中国石化出版社,2006.

[16] 蒋志强,冯锡兰,沙全友,等.联轴器的安装找正分析及其微机辅助设计[J].机械传动,2004,28(4):52-55.

[17] 任晓善.化工机械维修手册(上卷)[M].北京:化学工业出版社,2004.

[18] 禹韶松.浅述单表找正法和三表找正法[J].石油和化工设备,2011,14(10):54-57.

[19] 张俊义.压缩机组找正过程数据处理研究[J].化工自动化及仪表,2018,45(1):80-82.

[20] 慕莉,王欣威.一种简便激光对中仪设计及其数学模型的研究[J].机床与液压,2009,37(10):164-167.

[21] 马秉骞.化工设备使用与维护[M].3版.北京:高等教育出版社,2019.

[22] 中华人民共和国国家质量监督检验检疫总局.TSG 21—2016固定式压力容器安全技术监察规程[S].北京:新华出版社,2016.